L'ART

DE

PRÉPARER LES TERRES,

ET D'APPLIQUER LES ENGRAIS.

PARIS. — IMPRIMERIE DE FAIN,

RUE RACINE, N°. 4, PLACE DE L'ODÉON.

L'ART

DE

PRÉPARER LES TERRES,

ET D'APPLIQUER LES ENGRAIS,

OU

CHIMIE

APPLIQUÉE A L'AGRICULTURE;

PAR SIR HUMPHRY DAVY,

MEMBRE DU COMITÉ D'AGRICULTURE, DE L'ACADÉMIE ROYALE D'IRLANDE,
DE CELLES DE PÉTERSBOURG, STOCKHOLM, BERLIN, PHILADELPHIE, ETC.
ET PROFESSEUR DE CHIMIE A L'INSTITUTION ROYALE.

TRADUIT DE L'ANGLAIS,

PAR A. BULOS.

PARIS.

BAUDOUIN FRÈRES, LIBRAIRES,
RUE DE VAUGIRARD, N°. 36.

URBAIN CANEL, LIBRAIRE,
PLACE SAINT-ANDRÉ-DES-ARTS, N°. 31.

1825.

L'ART

DE

PRÉPARER LES TERRES,

ET

D'APPLIQUER LES ENGRAIS.

CHAPITRE PREMIER.

Idée générale des objets de l'ouvrage, et de l'ordre
dans lequel ils seront discutés.

La Chimie agricole a pour objet toutes les
combinaisons par lesquelles passe la matière
pendant le développement et la nutrition des
plantes, la valeur comparative de leurs produits, comme substances alimentaires, la constitution des sols, la manière dont ils s'améliorent au moyen des engrais, ou deviennent
fertiles par divers procédés de culture. Ces recherches ne peuvent manquer d'intérêt pour
tous ceux qui s'occupent d'agriculture, soit en
théorie, soit en pratique. Elles fournissent aux
premiers les principes sur lesquels cette même

théorie se fonde ; et aux seconds , des préceptes simples et faciles pour diriger leurs travaux. Elles les mettent à même de suivre une marche systématique et sûre pour bonifier leurs terres.

On ne peut , pour ainsi dire , faire un pas dans cet art sans reconnaître aussitôt qu'il dépend plus ou moins des doctrines chimiques ou des conséquences qui s'en déduisent.

Si un fonds est stérile, et qu'on veuille le corriger , il faut d'abord rechercher les causes de son aridité. Elles tiennent nécessairement à quelque vice de composition que l'analyse chimique aura bientôt fait connaître.

Plusieurs terres , quoique d'une très-bonne apparence , sont néanmoins tout-à-fait improductives. L'observation ni la pratique n'apprennent de quoi dépend cette circonstance fâcheuse , et ne donnent les moyens d'y remédier.

L'application des réactifs lève toute espèce d'incertitude ; ils mettent en évidence les principes dangereux que le sol contient infailliblement, et qu'on peut presque toujours détruire.

Contient-il en effet des sels de fer : ils sont décomposés par la chaux. Abonde-t-il en sable siliceux : employez l'argile et les calcaires. Est-ce ceux-ci qui manquent : vous avez le remède sous la main. Y a-t-il un excès de matières végétales : faites usage de la chaux , écobuez. La matière végétale n'est-elle pas en proportion suffisante : suppléez-y par des engrais.

Quelles sont les espèces de pierres à chaux dont il convient de se servir dans la culture ? Cette question se présente souvent. Si on voulait la décider par l'expérience, il faudrait peut-être plusieurs années d'épreuves, et ces épreuves seraient préjudiciables aux récoltes ; tandis que les réactifs résolvent sur-le-champ la difficulté, et font connaître aussitôt si la substance dont il s'agit doit être employée comme engrais ou comme ciment.

Certaines variétés de tourbes sont excellentes pour amender les terres ; d'autres au contraire sont nuisibles aux plantes par le grand excès de matières ferrugineuses qu'elles contiennent. Rien n'est plus simple que le procédé chimique à l'aide duquel on détermine la nature de celles qui s'offrent à nous, et les usages dont elles sont susceptibles.

Dans quel état convient-il d'enfouir les engrais ? Cette question, si long-temps débattue, et qu'on agite encore, n'en est pas une pour celui qui connaît les plus simples élémens de la chimie. En effet, dès qu'ils entrent en fermentation, tous les produits volatils, c'est-à-dire ceux qui sont les plus efficaces, se perdent et se dissipent. Lorsque la décomposition a fait des progrès, et qu'ils sont réduits en une masse

savonneuse et liante, ils ont en général perdu
du tiers à la moitié de leurs principes fertili-
sans. Il est donc évident que, pour obtenir
tout l'effet qu'ils peuvent produire, il faut en
faire usage dès que les signes de putréfaction se
manifestent.

Il serait facile de multiplier les faits de ce
genre ; mais ceux que j'ai cités suffisent pour
prouver que l'agriculture et la chimie sont
liées l'une à l'autre. Loin d'être chimérique,
cette liaison donne lieu à des principes qu'il est
indispensable de connaître, et qui ne peuvent,
si on les suit, manquer de produire les plus
heureux résultats.

Un coup d'œil sur les objets de l'ouvrage,
et la manière dont ils seront traités, ne sera
pas, je pense, hors de propos ; il fera connaître ce qu'on doit en attendre, en même
temps qu'il donnera une idée générale de l'en-
chaînement des différentes parties du sujet
qui nous occupe, et de l'importance qu'elles
ont les unes par rapport aux autres. Il me per-
mettra aussi d'entrer dans quelques détails his-
toriques sur les progrès de cette branche de
nos connaissances, et de raisonner, de ce qui
est connu et fait, à ce qui reste à vérifier ou à
découvrir.

Les phénomènes de la végétation doivent
être considérés comme une partie importante

de la science de la nature organisée ; mais, quoique les végétaux occupent un rang bien supérieur à celui de la matière inorganique , ils sont néanmoins en grande partie assujettis aux mêmes lois ; ils sont pourvus d'organes particuliers , au moyen desquels ils s'assimilent des élémens externes et s'en nourrissent. L'examen de leur constitution chimique et physique , les corps et les forces qui agissent sur eux , les modifications qu'ils éprouvent , constituent la partie scientifique de la chimie agricole.

D'après cela , il est évident que l'étude de cette science doit commencer par des recherches générales sur la composition et la nature des corps matériels , et les lois auxquelles sont soumises les transformations qu'ils subissent. La surface de la terre, l'atmosphère et les eaux qu'elle verse, doivent fournir , soit ensemble , soit séparément , tous les principes de la végétation ; mais ce n'est qu'en examinant la nature chimique de ces principes qu'on peut découvrir quels sont ceux qui servent à la nutrition des plantes , et la manière dont ils sont fournis et élaborés. C'est pourquoi les élémens de la constitution des corps seront d'abord le sujet de nos considérations.

A l'aide des instrumens chimiques et électriques imaginés récemment, l'analyse a fait voir que toutes les substances matérielles se

résolvent en un petit nombre de principes qui ,
n'ayant pu être décomposés, sont considérés
comme simples dans l'état actuel de nos connaissances. On en compte aujourd'hui quarante-
sept : trente-huit sont métalliques , sept inflammables, et deux gazeux. Ces derniers s'unissent
avec ceux des deux premières classes ; et cette
union engendre les acides , les alcalis et les
terres , ou autres composés analogues. Les élémens chimiques, en réagissant entre eux ,
donnent naissance à divers agrégats. Dans les
combinaisons les plus simples , ils produisent
une foule de substances cristallines remarqua-
bles par la régularité de leurs formes. En se
combinant entre eux d'une manière plus compliquée , ils constituent les différentes variétés
de substances végétales et animales qui présentent une organisation d'un ordre plus élevé et
servent aux usages de la vie. La chaleur, la
lumière et l'électricité développent une série
non interrompue de changemens : la matière
prend de nouvelles formes, des classes d'êtres
se détruisent ; cette destruction en conserve
d'autres ; la décomposition et l'existence , la
mort et la reproduction sont liées entre elles ,
et les accidens qui troublent quelques parties
du système ne portent aucune atteinte à l'harmonie générale.

Après avoir jeté un coup d'œil sur la nature

des corps et les principes des changemens chimiques, nous exposerons la structure et la constitution des plantes. Il existe dans toutes un système de tubes ou vaisseaux dont une des extrémités se termine en racines, et l'autre en feuilles. C'est par l'action capillaire des premiers de ces organes, qu'elles pompent dans le sol la matière fluide. A mesure que la sève monte, elle devient plus dense et se dispose à la solidification ; parvenue dans les feuilles, elle s'altère davantage par l'action de la chaleur, de la lumière et de l'air ; elle descend ensuite, pénètre l'écorce, et se résout dans une nouvelle matière organisée. C'est ainsi qu'au printemps et à l'automne elle donne naissance à des parties nouvelles, ou développe celles qui existaient déjà.

Je donnerai à cet égard un précis des observations faites par les naturalistes qui se sont occupés avec le plus de succès de physiologie végétale, tels que Grew, Malpighi, Sennebier, Darwin, et surtout Knight, dont les travaux sont plus récens et ont tant agrandi nos connaissances sur cet intéressant sujet.

La composition chimique des plantes a été, dans ces derniers temps, étudiée avec succès par un grand nombre de savans. Leurs recherches forment une belle partie de la chimie générale ; mais elles sont trop étendues pour être exposées en détail : en conséquence, nous nous bornerons à celles qui peuvent fournir quelques règles de pratique.

L'analyse chimique prouve que la variété de formes affectée par les végétaux est due aux combinaisons diverses d'un petit nombre de principes. Ils ne s'élèvent pas à plus de huit, et même la plus grande partie de la matière organisée n'en renferme que trois. C'est la disposition seule de ces élémens qui détermine les propriétés des produits de la végétation, soit qu'on les emploie comme alimens ou qu'on les fasse servir à tout autre usage.

Les fruits de la terre sont mieux appréciés, et les applications dont ils sont susceptibles mieux saisies, quand la chimie éclaire les connaissances pratiques. Les composés végétaux réellement nutritifs qui servent à l'entretien des animaux, se réduisent à la farine ou à la matière pure de l'amidon, au gluten, à la gelée végétale et à l'extrait.

Le gluten est la plus nutritive de ces substances, celle qui approche davantage de la nature des matières animales ; c'est à elle que le blé doit sa supériorité sur les autres céréales. Le sucre vient ensuite, puis la farine, et enfin les matières gélatineuses et extractives. On estime la puissance nutritive de ces divers corps par la quantité de substance alimentaire qu'ils donnent à l'analyse. Dans les années d'abondance, le goût et l'apparence influent beaucoup sur la consommation; mais lorsque la disette se fait sentir, on est moins difficile, et les connaissances dont nous parlons peuvent alors devenir de la plus grande utilité. Le sucre, la farine ou l'amidon présentent une composition à peu près analogue, et se convertissent les uns dans les autres au moyen de procédés chimiques. J'exposerai plus tard les résultats de quelques expériences récentes et susceptibles d'être appliquées soit à l'économie de la végétation, soit à certains procédés de manufacture.

Toutes les substances qui se trouvent dans les plantes sont dues à la sève; elle-même provient de l'eau ou des fluides répandus dans le sol; les principes atmosphériques les altèrent ensuite ou se combinent avec eux. L'influence du terrain, de l'eau et de l'air sera d'abord le sujet de nos considérations. Les sols sont toujours formés d'un mélange de différentes matières finement pulvérisées, de substances végétales ou animales qui se décomposent, et de quelques ingrédiens salins; les corps terreux en forment la véritable base. Les autres élémens, soit qu'ils aient été naturellement ou artificiellement introduits, agissent à la manière des engrais. Quatre terres abondent en général dans la composition des champs : l'alumine, la silice, les calcaires et la

1*

magnésie ; elles ne sont, ainsi que je l'ai découvert, que des métaux très-inflammables, combinés avec l'oxigène ou l'air pur ; elles ne sont
ni décomposées ni altérées dans l'acte de la.vé-
gétation : nous n'avons du moins aucun fait qui
nous permette de le croire.

La principale fonction du sol est de servir de
support à la plante ; il lui permet de se fixer par
les racines et de pomper peu à peu, au moyen
des suçoirs, les substances dissoutes qui peuvent la nourrir.

Il n'est pas douteux que la fertilité ne tienne
à un mélange de terres particulier. Les sols les
plus stériles deviennent productifs quand on en
modifie la composition. Je décrirai la méthode
la plus simple dont on fasse usage pour connaître la constitution et les ingrédiens chimiques
dont elle paraît dépendre ; en même temps je re-
marquerai que les découvertes récentes ont fait
disparaître une partie des difficultés qui s'oppc-
saient autrefois aux recherches qui nous occupent.

Le luxe avec lequel l'humidité développe les
plantes, et la promptitude avec laquelle elles se
flétrissent quand elles manquent d'eau, firent
admettre dans les écoles que celle-ci était le
grand élément productif, la substance dont toutes les autres peuvent se former, et dans laquelle elles finissent par se résoudre. Le « ἀριςόν

μὲν ὕδωρ » du poëte, « l'eau est ce qu'il y a de plus noble, » semble exprimer cette opinion que les Grecs avaient reçue des Égyptiens, que Thalès enseigna, et que les alchimistes firent ensuite revivre. Dans l'année 1610, Van-Helmont crut avoir prouvé, par une expérience décisive, que tous les produits des végétaux peuvent provenir de ce liquide; Woodward fit voir, en 1691, l'inexactitude de ce résultat; mais la véritable fonction de l'eau dans l'acte de la végétation ne fut connue qu'en 1785, époque à laquelle Cavendish fit cette mémorable découverte, qu'elle est composée de deux fluides élastiques ou gaz : le gaz inflammable ou hydrogène, et le gaz vital ou oxigène.

L'air était aussi regardé comme simple par les anciens. Quelques chimistes hasardèrent, dans les seizième et dix-septième siècles, des conjectures plus justes sur la nature de ce corps. Sir Kenelm Digby, en 1660, supposa qu'il contient une matière saline essentielle à la nutrition des plantes. Boyle, Hooke et Mayow annoncèrent, entre 1665 et 1680, qu'il n'y avait qu'une petite quantité d'air qui fût consommée dans la respiration des animaux et la combustion des corps inflammables; néanmoins la vraie composition n'en a été connue que sur la fin du siècle passé. C'est à Scheell, Priestley et Lavoisier que nous sommes redevables d'un si grand résultat. Ces hommes illustres firent voir que le fluide atmosphérique est formé de deux gaz, l'oxigène et l'azote, dont le premier est nécessaire pour entretenir la flamme et la vie des animaux, et le second les éteint l'une et l'autre. Ces deux gaz sont toujours mélangés avec un peu de vapeur aqueuse et d'acide carbonique. Le chimiste français prouva en outre que ce dernier corps est un fluide élastique composé de carbone dissous dans l'oxigène.

Jethro Tull avança, en 1733, que des molécules terreuses déliées forment la seule nutrition du monde végétal, que l'air et l'eau servent principalement à l'atténuation de ces molécules, que les engrais n'agissent qu'en améliorant la texture des sols, en un mot, que leur action est purement mécanique. Cet ingénieux agronome avait remarqué que la division des terres et la pulvérisation qu'elles éprouvent par l'action de l'atmosphère et de la rosée, produisent d'excellens effets; mais il tomba dans l'erreur en exagérant les conséquences de cette observation. Duhamel, dans un ouvrage imprimé en 1754, adopta la doctrine de Tull, et prétendit qu'en divisant bien le sol, on pouvait en obtenir plusieurs récoltes consécutives; il tenta même de prouver, par des expériences directes, que les végétaux sont susceptibles de venir sans engrais; mais, dans la suite, il abandonna cette opinion. De nouvelles recherches le conduisirent à admettre que plusieurs substances servent à la nutrition des plantes. Les hommes sans préjugés en étaient depuis long-temps convaincus; ils voyaient chaque jour que les corps qui servent à amender les terres sont entièrement consommés dans l'acte de la végétation. L'épuisement des sols par les récoltes de blé, et les effets du parcage, sont des preuves sensibles de cette vérité. Plusieurs chimistes, entre autres Hassenfratz et Saussure, ont fait voir, par des expériences convaincantes, que les substances végétales et animales déposées dans le sol sont absorbées par les plantes, et deviennent partie constituante de la matière organisée. Quoique ni l'eau, ni l'air, ni la terre ne fournissent individuellement toute la nourriture qu'elle exige, tous ces corps agissent néanmoins sur la végétation. Le sol est le laboratoire dans lequel l'aliment se prépare. Aucun engrais ne peut être absorbé par les racines, sans la présence de l'eau; et celle-ci ou ses élémens existent dans tous les produits du règne végétal. Les grains ne germent pas s'ils sont privés d'air ou de gaz oxigène. Les plantes décomposent, à l'aide de la chaleur solaire, le gaz acide carbonique que le premier de ces fluides contient; elles s'emparent du carbone et dégagent l'oxigène, avec lequel il était com-

biné. C'est ainsi que l'économie de la végétation contribue à maintenir l'ordre général du
système de la nature.

Des recherches multipliées ont fait connaître
que la composition de l'atmosphère n'a pas
varié depuis l'époque où on en fit l'analyse
pour la première fois. Cette fixité est due en
grande partie aux plantes qui absorbent ou décomposent les produits gazeux de la putréfaction, ainsi que les émanations continuelles dé-
gagées par les débris des substances animales et
végétales.

Le gaz acide carbonique se forme d'une multitude de manières : la fermentation, la combustion, la respiration des animaux lui donnent naissance, et la végétation est le seul
agent connu qui le détruise. Les deux règnes
produisent des corps qui semblent nécessaires
à leur existence mutuelle. Tous les êtres sont
liés les uns aux autres dans l'exercice des fonctions vitales, et sont dans une dépendance ré-
ciproque sans laquelle ils périssent. L'eau fournie par l'Océan se répand dans l'air : celui-ci
la verse sur le sol et vivifie les plantes. Les
couches atmosphériques se mêlent et se confon-
dent par l'action des vents et les variations de
température ; elles sont successivement mises en
contact avec la terre, et exercent sur elle la puissance de fertilisation dont elles sont pourvues.

L'homme, à son tour, modifie le sol et applique les engrais : la nature semble les avoir mis à sa disposition pour exciter son industrie et développer son activité.

La théorie de l'action générale des engrais devient fort simple, à l'aide de quelques principes chimiques; mais il reste beaucoup à faire pour trouver les meilleures méthodes de rendre solubles les substances animales et végétales. Une découverte non moins importante est celle d'un procédé pour accélérer ou retarder leur décomposition, et obtenir tout l'effet qu'elles peuvent produire. Nous discuterons ces questions dans un chapitre spécial sur cet objet.

L'analyse démontre que les plantes sont principalement composées de carbone et de matières aériformes. Distillées, elles donnent de l'oxigène, de l'air inflammable, une masse charbonneuse et de l'azote, ou ce fluide élastique, impropre à la combustion, qui forme une grande partie de l'atmosphère. Elles s'approprient ces élémens, soit par leurs feuilles, s'ils sont répandus dans l'air, soit par leurs racines, s'ils sont engagés dans le sol. Tous les engrais provenant de substances organisées contiennent les principes de matières végétales qui, pendant la putréfaction, deviennent ou solubles dans l'eau ou aériformes. C'est dans cet état qu'ils sont absorbés par les plantes. Nul

ne forme à lui seul le *pabulum* de la vie végétale ; ni le carbone, ni l'hydrogène, ni l'a-
zote, ni l'oxigène, ne l'entretiennent exclusivement : tous y contribuent en divers états et en
diverses combinaisons. Aussitôt que les fonctions vitales sont suspendues, les corps organi-
ques éprouvent une série de changemens qui
n'ont d'autre terme que la destruction et la dispersion complète des parties dont ils se composent. Les matières animales sont promptement détruites par l'action de l'air, de la chaleur
et de la lumière ; les végétales cèdent plus lentement, mais enfin elles obéissent aux mêmes
lois. La connaissance de ces principes détermine l'époque de l'application des engrais fournis par les deux règnes. Je citerai quelques faits
nouveaux qui dissiperont toute espèce de doutes sur cette partie de la chimie agricole.

La théorie des engrais les moins composés,
tels que le gypse, les alcalis et diverses combinaisons salines qui s'emploient à petites doses,
a été jusqu'à présent excessivement obscure. On
supposait qu'ils agissent sur l'économie végétale de la même manière que les condimens ou
stimulans sur l'économie animale, et qu'ils
rendent les alimens ordinaires plus nutritifs. Il
est cependant beaucoup plus probable qu'ils contribuent directement à la nourriture des plantes, et qu'ils fournissent à la fibre végétale cette

espèce de matière analogue à la substance osseuse qui se rencontre dans la structure des animaux.

L'action du gypse est extrêmement capricieuse, et l'on n'a encore recueilli aucune donnée précise sur les circonstances où il convient de l'appliquer.

On peut se promettre avec confiance que la chimie éclairera tôt ou tard ce point important. Les plantes auxquelles le corps dont il s'agit profite le mieux, en donnent constamment à l'analyse; le trèfle et la plupart des fourrages artificiels en contiennent, mais il n'existe qu'en très-petite quantité dans l'orge, le blé et le turneps. Les cendres de plusieurs variétés de tourbes, dont le prix est assez élevé dans le commerce, recèlent une proportion considérable de cette substance, mêlée à un peu de fer : il paraît même qu'elle en est l'ingrédient le plus actif. J'ai analysé plusieurs sols amendés par elles avec succès, et je n'ai jamais pu découvrir que quelques traces de gypse. En général, les terres cultivées renferment la dose de ce principe que les graminées exigent, et l'application n'en peut être utile. Les plantes n'ont besoin que d'une certaine proportion d'engrais; un excès, loin d'être avantageux, peut devenir préjudiciable.

La théorie de l'action des substances alcalines est une des branches de la chimie agricole les plus simples et les plus positives. Elles existent dans toutes les plantes ; c'est pourquoi on les range parmi les parties constituantes dont celles-ci se composent : il est probable qu'elles agissent par leur puissance de combinaison, et qu'elles introduisent dans la sève des principes qui servent à la nutrition des végétaux.

Les alcalis fixes étaient autrefois mis au rang des corps simples ; j'ai eu le bonheur de les décomposer. Ils sont formés d'air pur combiné avec des substances métalliques éminemment inflammables. Jusqu'à présent, rien n'autorise à croire qu'ils soient réduits dans l'acte de la végétation.

Dans cette partie de l'ouvrage je développerai avec quelque étendue l'important article de la chaux, sur laquelle je présenterai des vues nouvelles.

Pline nous apprend que les Romains amendaient avec cette substance éteinte les terres dans lesquelles ils cultivaient les arbres à fruits. Les Bretons et les Gaulois faisaient anciennement usage de la marne comme d'un excellent engrais ; mais je ne crois pas qu'on connaisse d'une manière précise l'époque où la chaux vive fut généralement introduite dans l'économie rurale ; il est probable qu'elle le fut de bonne heure. Un corps dont on avait éprouvé d'heureux effets dans la culture des jardins, ne pouvait tarder à passer dans celle des champs, et les pays qui n'avaient pas de marne devaient naturellement la remplacer par la pierre à chaux calcinée.

Les anciens agronomes n'avaient pas de notions justes sur la nature de la chaux, de la pierre à chaux, de la marne, ni de leurs effets. C'est une suite nécessaire de l'état d'imperfection où était alors la chimie. Les alchimistes considéraient la matière calcaire comme une terre particulière qui se combinait par la chaleur avec un acide inflammable. Evelin, Hartlib, et, beaucoup plus tard, Lisle, l'ont présentée, dans les ouvrages qu'ils ont publiés sur l'agriculture, comme un engrais chaud, utile pour les terrains froids. C'est au docteur Black, d'Édimbourg, qu'on doit les premières idées exactes qu'on ait eues à cet égard ; ce savant célèbre fit voir par des expériences décisives, vers l'année 1775, que la chaux et toutes ses variétés, les craies et les marnes, sont formées d'une terre particulière, unie à un acide aériforme ; que cet acide est chassé par la calcination, circonstance qui rend cette substance caustique, et occasione une perte en poids de plus de 40 p. 100.

Ces faits importans furent aussitôt appliqués, avec une égale certitude, à l'explication des usages de la chaux, soit comme ciment, soit comme engrais. Dans le premier cas, elle devient plus dure et résiste mieux à mesure qu'elle absorbe l'acide aériforme (acide carbonique) qui existe toujours en petite quantité dans l'atmosphère ; elle acquiert par cette nouvelle combinaison ses propriétés primitives.

Les craies, les marnes calcaires ou pierres à chaux réduites en poudre, n'exercent aucune action particulière ; elles fournissent simplement une substance utile dans la composition des sols, et produisent un effet plus ou moins favorable, suivant les proportions de calcaire. Ce dernier corps, variable dans sa quantité, paraît être un ingrédient essentiel des terrains fertiles ; peut-être est-il nécessaire pour rendre leur texture moins compacte, peut-être entre-t-il dans la formation des organes des plantes.

La chaux vive agit d'abord en décomposant les matières des deux règnes ; elle semble les mettre plus tôt en état de servir à la nutrition des végétaux ; mais peu à peu l'acide carbonique la neutralise et la transforme en une substance analogue à la craie. Dans cet état, elle se divise mieux, et se mêle d'une manière plus égale avec les autres élémens du sol. Il est probable qu'elle profite plus à la terre qu'aucune autre substance calcaire dans son état naturel.

Le fait le plus remarquable que ces dernières

années nous aient fait connaître, relativement à
la pierre à chaux, est dû à M. Tennant. On sa-
vait depuis long-temps qu'une variété de cette
espèce, qui se rencontre en divers endroits du
nord de l'Angleterre, produisait la stérilité, ou
du moins exerçait sur les terres une influence
aussi longue que funeste lorsqu'on l'employait
en quantité considérable, soit vive, soit éteinte.
Ce chimiste en fit l'analyse en 1800, et trouva
qu'outre les substances ordinaires, elle contenait de la magnésie; il établit par plusieurs expériences que cette base est préjudiciable à la
végétation, lorsqu'on en fait usage à l'état caustique et à fortes doses. Cependant, la chaux magnésienne est généralement employée, mais avec
modération, dans les sols fertiles du Leichester-
shire, du Derbyshire et du Yorkshire; elle y
produit d'excellens effets : on en consomme
même beaucoup dans les terrains qui contién-
nent une grande proportion de matières végétales. Quand la magnésie est combinée avec
l'acide carbonique, elle ne paraît pas être nuisible à la végétation; et, dans les fonds riches en
humus, la décomposition que celui-ci éprouve
l'amène promptement à cet état.

Après avoir discuté la nature et l'action des engrais, nous passerons à l'examen des opérations
d'agriculture susceptibles d'être éclairées par les
principes de la chimie.

La théorie des jachères est simple. Le repos accordé au sol ne le bonifie en aucune façon ; au contraire, il favorise l'accumulation de matières décomposables qui, dans le cours ordinaire des récoltes, eussent été absorbées à mesure qu'elles étaient produites. Enfin, on ne peut citer un seul cas où il y ait de l'avantage à laisser dormir les terres pendant un an ; cette méthode n'est profitable que lorsqu'il s'agit de détruire les mauvaises herbes et de purifier un fonds infecté.

La théorie chimique des opérations de l'écobuage sera complètement discutée dans cette partie de l'ouvrage.

On conçoit facilement qu'elles doivent toujours détruire une certaine quantité de matières végétales, et qu'elles sont principalement utiles pour les sols qui en contiennent un excès. L'action du feu améliore la texture des argiles, en ce qu'il les rend moins cohérentes et moins perméables à l'eau.

Lorsque le sable siliceux forme la base du terrain, elles sont tout-à-fait pernicieuses ; elles décomposent le peu de matières végétales ou animales qu'il renferme, et auxquelles il doit sa fertilité.

Les avantages de l'irrigation, qui ont été tout récemment l'objet d'une attention spéciale, n'étaient pas ignorés des anciens. Il y a plus de deux

siècles que le chancelier Bacon a recommandé
cette méthode aux agriculteurs : « L'irrigation
des prés, suivant cet homme illustre, n'est pas
seulement utile aux graminées, par l'humidité
où elle les tient, mais encore parce qu'elle leur
présente en dissolution des substances nutritives,
et qu'elle préserve leurs racines des effets du
froid. »

On ne peut poser aucun principe général, relativement au mérite comparatif des divers systèmes de culture et d'assolemens, sans connaître
la nature chimique des sols, et les circonstances
physiques auxquelles ils sont assujettis. Les terrains empâtés, cohérens, sont ceux qui profitent le plus par la division et l'action de l'air.
C'est surtout dans un système d'agriculture en
rayons, que les effets en sont sensibles. Il est possible cependant que les localités soient telles,
qu'ils ne compensent ni la peine ni les dépen-
ses qu'ils exigent. Les climats humides sont les
plus propres aux prairies artificielles, aux avoi-
nes, aux récoltes de plantes à feuilles larges ; les
sols alumineux, compactes, conviennent aux
blés ; les terrains calcaires produisent du sainfoin et du trèfle excellens.

Rien ne serait plus utile pour l'agriculture
qu'une suite d'expériences détaillées, dans lesquelles on tiendrait compte de toutes les circonstances qui influent sur le produit des moissons.

Cet art ne fera de progrès qu'autant que ses m
thodes deviendront plus exactes. Dans ces r
cherches, comme dans toutes celles qui appa
tiennent à la physique, il faut évaluer jusqu'a
plus petites causes : la chute d'un demi-pou
d'eau, plus ou moins, dans le cours d'une sa
son, quelques degrés de température, une l
gère différence dans les couches intérieures, c
dans la pente de la terre, peuvent faire vari
les résultats.

Les conséquences déduites de ces recherch
seraient plus exactes, et pourraient se lier au
principes généraux de la science, si celles-
étaient bien faites ; elles éclaireraient les fermier
et leur profiteraient plus que tous ces essais im
parfaits que l'empirisme tente chaque jour. O
rencontre fréquemment des partisans exclusi
de la pratique et de l'expérience ; ils repousse
tout projet qui tend à perfectionner l'agricultur
au moyen des méthodes chimiques. Sans dout
on trouve beaucoup de vague et de hasardé dan
certains ouvrages sur l'économie rurale : il n'es
pas rare d'en voir qui sont remplis de terme
techniques, tels que oxigène, hydrogène, car
bone et azote ; comme si la science était fondé
non sur les choses, mais sur les mots ! Dans l
fait, c'est une nouvelle preuve de la nécessit
d'établir des principes sur cet objet. En effet
dès qu'on parle d'agriculture, on est obligé d

recourir à la chimie ; on ne peut faire un pas sans elle. Si on se contente de considérations incomplètes ; ce n'est pas qu'on les préfère à des connaissances exactes ; c'est qu'elles sont plus répandues. Cependant, lorsqu'on voyage au milieu des ténèbres de la nuit, et qu'on ne veut pas se laisser égarer par les feux follets, l'unique moyen est de s'armer d'un flambeau.

On a dit qu'un chimiste théoricien serait un très-mauvais fermier, et cela est vrai, à moins qu'il n'eût fait l'apprentissage de la pratique et de la théorie de l'art. Mais on peut croire avec assurance que, de deux hommes qui seraient également étrangers à l'économie rurale, celui qui connaîtrait la chimie réussirait le mieux. Dans quelque situation qu'une personne se trouve, cette science peut lui être utile ; elle n'est pas d'ailleurs la seule nécessaire ; elle ne forme qu'une faible partie des bases philosophiques de l'agriculture : mais cette partie est importante, et produit les meilleurs effets toutes les fois qu'elle est bien appliquée.

A mesure que la science marche, les principes deviennent moins compliqués, et conséquemment plus utiles ; on en fait aux arts une application plus avantageuse. Le simple artisan ne peut, en aucun cas, être pénétré des doctrines générales de la philosophie ; mais il ne repousse pas une pratique dont l'excellence lui est dé-

montrée, parce qu'elle est suggérée par la théorie.
Le matelot prend confiance à la boussole, quoiqu'il ignore profondément les découvertes de
Gilbert sur le magnétisme, et les principes ab-
straits développés par le génie d'Épinus. Le tein-
turier fait usage de la liqueur à blanchir, quoiqu'il ne soupçonne peut-être ni la nature, ni
même le nom de la substance qu'il emploie. Le
grand objet des recherches chimiques, sur le
sujet qui nous occupe, est de trouver de bonnes méthodes de culture, ce qui exige la réunion des connaissances théoriques et pratiques.
Les spéculations pures mènent souvent aux découvertes, et l'industrie n'est jamais si prospère
que quand elle est guidée par la science.

C'est aux grands, aux riches propriétaires,
à ceux que l'éducation a rendus capables de
former des plans bien conçus, et que la fortune
a mis à même de les exécuter, qu'il appartient
de répandre l'instruction parmi les classes su-
balternes : ils y sont d'ailleurs intéressés ; car
les bénéfices de celui qui possède sont liés à
ceux de la personne qui exploite. L'attention
de l'un sera plus minutieuse et plus soutenue,
quand il sera convaincu des connaissances de
l'autre, et qu'il n'aura plus l'espérance de le
tromper. L'ignorance de celui-ci, sur la manière
dont les terres doivent être tenues, est souvent
cause de la négligence de celui-là. *Agrum pes-*

*simum mulctari cujus dominus non docet, sed au-
dit villicum.*

Il ne faut pas croire qu'il faille beaucoup de temps et qu'il soit nécessaire d'avoir une connaissance approfondie de la chimie générale, pour faire des expériences sur la nature des sols et les propriétés des engrais. Rien n'est plus facile que de voir s'ils font effervescence ou s'ils changent de couleur par l'action des acides, s'ils brûlent quand on les soumet à celle de la chaleur, et combien ils perdent en poids ; néanmoins, ces indications si simples sont très-importantes dans un système de culture. De telles expériences sont peu coûteuses, un petit cabinet suffit pour renfermer tous les appareils qu'elles exigent. Des fioles, quelques acides, une lampe et un creuset, voilà tout ce qui est nécessaire.

Les recherches de chimie agricole, celles même qui sont suggérées par la théorie la plus sage, n'ont pas toujours le succès désirable ; pour une qui réussit, dix manquent. Ces accidens sont inévitables, attendu la nature capricieuse et incertaine des causes qui agissent, et l'impossibilité de prévoir toutes les circonstances accidentelles ; mais ces désagrémens ne doivent pas décourager ceux qui les éprouvent ; un seul résultat heureux qui introduit quelque perfectionnement dans les procédés d'agricul-

ture, suffit pour dédommager d'une vie entière
de tentatives. Celles qui n'ont pas une bonne
issue, établissent souvent, quand elles sont bien
observées, des vérités importantes, ou détruisent des préjugés funestes.

En ne considérant cette branche de connaissances que sous le point de vue philosophique,
elle mérite encore toute notre attention. En
effet, quoi de plus intéressant que les formes
par lesquelles passent les êtres doués de la vie,
les applications et les usages dont ils sont susceptibles ? Quoi de plus digne de notre admiration
que les changemens successifs éprouvés par la
matière inorganique, jusqu'à ce qu'elle ait atteint sa destination et qu'elle serve aux besoins
de l'homme ?

Plusieurs sciences sont cultivées avec ardeur.
On les considère comme des études réservées
aux esprits élevés. Elles donnent une vive satis-
faction intellectuelle ; elles agrandissent les idées
que nous avons de la nature et des objets qui
nous entourent. Mais combien le sujet qui nous
occupe n'est-il pas plus digne de nos médita-
tions! Il réunit tous les attraits que les autres présentent et il a par-dessus eux l'avantage de tourner
au profit immédiat de la société. *Nihil est melius,
nihil uberius, nihil homine libero dignius.*

Les découvertes en agriculture n'appartiennent pas seulement au temps et au pays où elles

sont faites. Elles exercent une heureuse influence sur les siècles à venir; elles améliorent la
condition humaine ; elles pourvoient à la subsistance des générations futures , elles multiplient la vie et en assurent les jouissances.

CHAPITRE DEUXIÈME.

Des puissances générales de la matière qui influencent la végétation. — De la gravitation, de la cohésion, de l'attraction chimique, de la chaleur, de la lumière, de l'électricité, des substances pondérables, des élémens de la matière, et particulièrement de ceux qu'on trouve dans les végétaux. — Lois qu'ils suivent dans leurs combinaisons et arrangemens.

Les grandes opérations de l'agriculteur ont pour objet la production et le perfectionnement de certaines classes de végétaux. Elles sont ou mécaniques ou chimiques, et sont par conséquent soumises aux mêmes lois que la matière ordinaire. Les plantes elles-mêmes en dépendent jusqu'à un certain point ; c'est pourquoi il est nécessaire d'étudier les effets qu'elles produisent, soit en considérant les phénomènes de la végétation, soit en examinant la culture du règne végétal.

Une des plus importantes propriétés de la matière est la *gravitation* ou puissance qui en attire les masses les unes vers les autres. C'est elle qui précipite les corps lancés en l'air, et qui maintient les diverses parties du globe dans leurs positions respectives. L'action qu'elle exerce est proportionnelle à la quantité de matière sur laquelle elle agit. D'où il résulte que les corps graves placés au-dessus de la surface de la terre, suivent, en tombant, une ligne droite qui, prolongée suffisamment, passerait par son centre. Une seconde conséquence de la même loi, c'est qu'un corps dont la chute a lieu près d'une haute montagne, fléchit vers celle-ci et se dévie de la verticale, ainsi que l'ont démontré les expériences du docteur Maskeline.

La gravitation exerce une influence très-remarquable sur l'accroissement des plantes. Il est probable, d'après les recherches de Knight, que la direction particulière des racines et des branches, est presque entièrement due à cette force.

Ce savant déposa des graines de fèves de jardin sur la circonférence d'une roue placée successivement dans une situation verticale et horizontale, et mise en mouvement par une contre-roue, mue elle-même au moyen d'un courant d'eau. Le nombre des révolutions pouvait en être réglé. Les fèves furent tenues humides et dans des circonstances favorables à la germination. La plus grande vitesse imprimée fut de 250 révolutions par minute. Knight reconnut que dans tous les cas les fèves se développent, et que la direction des racines et des tiges est influencée

par la rotation. Quand la force centrifuge était
supérieure à la force de gravitation, ce qu'on
supposait avoir lieu lorsque la roue placée dans
une situation verticale, accomplissait 150 révolutions par minute, toutes les radicules, quelle
que fût d'ailleurs la direction qu'elles eussent
reçue par la position de la fève, tournaient leurs
pointes hors de la circonférence, et croissaient
en faisant un angle presque droit avec l'axe; les
tiges, au contraire, prenaient une direction
opposée, et se trouvaient, après quelques jours,
au centre de la roue.

Lorsque celle-ci était horizontale, que la
force centrifuge n'avait que le degré d'intensité
suffisant pour modifier la force de gravitation,
et qu'on imprimait au système la plus grande
vitesse de rotation possible, les radicules s'in-
clinaient, au-dessous du plan de la roue, d'environ dix degrés, et les tiges s'élevaient de la
même quantité au-dessus. La déviation de la
verticale était d'autant moindre que le mouvement était moins rapide.

Ces faits nous donnent la solution d'un pro-
blème curieux qui a été long-temps un sujet de
dispute parmi les savans. Les uns, comme de
Lahire, expliquaient la direction des plantes
par la nature de la sève; d'autres, comme
Darwin, par la force vitale, par le stimulus de
l'air sur les feuilles, et l'action de l'humidité

sur les racines. Il est reconnu aujourd'hui qu'elle ne dépend que de causes mécaniques. La gravité semble être la seule force à laquelle on puisse la rapporter ; c'est la seule dont l'action soit universelle, la seule qui tende à imprimer à toutes les parties une direction uniforme.

Si la cause que nous venons d'assigner est véritable, il est évident que le nombre des plantes sur une surface donnée, ne peut être accru en rendant cette surface irrégulière, ainsi que quelques personnes l'ont supposé. Il ne vient pas plus de tiges sur une montagne que sur un espace de terrain égal à sa base ; la petite attraction qu'exercent les inégalités du terrain ne les écarte que faiblement de la perpendiculaire. Il est possible qu'il en soit autrement pour les plantes traçantes, telles que le fiorin décrit récemment par Richardson ; mais le principe paraît rigoureux pour les récoltes de blé.

La direction des racines et des tiges est telle, que les unes et les autres sont nourries et influencées par les agens externes qui sont nécessaires à leur développement et à leur croissance. Les premières se trouvent en contact avec les fluides dans le sein de la terre ; les deuxièmes sont exposées à l'action de l'air et de la lumière ; et la même loi qui maintient les planètes dans leurs orbites, préside aux fonctions de la vie végétale.

Quand on fait glisser deux pièces de verre

2*

poli l'une sur l'autre, elles adhèrent ensemble
et exigent une certaine force pour être séparées.
Ce phénomène est dû à l'*attraction de cohésion ;*
c'est à la même cause qu'il faut attribuer l'élévation des liquides dans les tubes étroits, et les
formes globulaires que prennent les gouttes
d'eau : aussi l'appelle-t-on souvent *attraction
capillaire.* Elle paraît, ainsi que la gravitation,
être commune à toute la matière ; il semble même
qu'elle ne soit qu'une modification de la loi générale à laquelle celle-ci est assujettie : comme
la gravité, elle exerce une grande influence sur
la végétation ; elle conserve les formes d'agré-
gation de toutes les parties des plantes, et détermine l'absorption des fluides par leurs racines.

Si on jette un peu de magnésie pure (la magnésie calcinée des droguistes) dans le vinaigre
distillé, elle se dissout graduellement. Cet effet
est attribué à l'*attraction chimique*, qui tend à
confondre en un seul corps différentes espèces
de matières. Celles-ci s'unissent suivant leur nature avec différens degrés d'énergie ; ainsi, l'a-
cide sulfurique s'empare plus vivement de la magnésie que le vinaigre rectifié. Si on prend une
dissolution de ces deux dernières substances et
qu'on y ajoute de la première, le vinaigre est mis
en liberté et l'acide se substitue à sa place. Cette
attraction s'appelle aussi *affinité chimique*, elle

se fait sentir dans la plupart des phénomèmes de la végétation. C'est elle qui dissout les divers ingrédiens dont la sève se compose, et qui en incorpore plusieurs dans les organes des végétaux : tout du moins porte à croire que c'est elle qui produit cette assimilation. Elle change divers produits de la nature, et leur communique de nouvelles formes. La nourriture des plantes s'élabore dans le sol ; les débris de substances végétales et animales s'altèrent par l'action de l'air et de l'eau, et se convertissent en liquides ou en fluides aériformes. Les roches se décomposent et se changent en terres qui subissent ensuite elles-mêmes une plus grande pulvérisation, et deviennent propres à recevoir les racines des plantes.

Les différentes espèces d'attraction tendent à conserver les arrangemens de la matière, ou à en former de nouveaux. Si elles n'étaient pas balancées par des forces qui agissent en sens contraire, la nature serait bientôt réduite à un état de repos parfait, et le monde physique serait plongé dans un sommeil éternel. Les puissances mécaniques, les mouvemens de projection, la force centrifuge, sont en lutte continuelle avec la gravitation ; et leur action réunie règle, détermine les mouvemens des corps célestes. *L'énergie répulsive de la chaleur* oppose le même obstacle à la cohésion et à l'attraction

chimique, et le cycle harmonieux des changemens terrestres s'accomplit par la combinaison
de causes si diverses.

Les corps se transmettent la chaleur et sont
dilatés par elle. Ce fait est facile à prouver. Un
cylindre métallique chaud ne passe plus dans
l'anneau qui le recevait froid. De l'eau exposée
dans un matras à l'action du feu, s'élève dans
le col du vase. L'air qu'enferme une cloche
renversée sur une cuve pneumatique, augmente
de volume par la même cause. Dès que sa température s'élève, il traverse le liquide et s'é-
chappe.

Les thermomètres sont des instrumens destinés à mesurer la chaleur au moyen des dilata-
tions qu'éprouvent les fluides contenus dans des
tubes étroits. C'est généralement le mercure qui
est employé à cet usage. 100000 parties au degré
de température où l'eau se congèle, deviennent
101835 au terme de son ébullition. L'intervalle
compris entre ces points extrêmes, est divisé
en 100 degrés. L'état des corps varie suivant la
quantité de chaleur qu'ils contiennent; à mesure qu'elle augmente; ils passent du solide au
liquide, et de celui-ci au gazeux. Ainsi, une
certaine dose de calorique liquéfie la glace,
une plus grande la réduit en fluide élastique;
mais ce principe disparaît dans les opérations,
ou, comme on dit, il devient *latent* jusqu'au

moment où la substance dont il s'agit, reprenant sa première manière d'être, présente des phénomènes inverses. Il résulte de là qu'il se produit du froid pendant que les vapeurs se forment, et de la chaleur pendant qu'elles se condensent.

Cette loi souffre quelques exceptions qui semblent dépendre de changemens dans la constitution chimique des corps, ou d'accidens de cristallisation. L'argile se contracte par une haute température ; mais cette anomalie est produite, selon toute apparence, par un petit dégagement d'eau. Le fer fondu, l'antimoine cristallisent en refroidissant et prennent de l'expansion. La glace est beaucoup plus légère que l'eau. Celle-ci se dilate un peu avant son point de congélation, et atteint son maximum de densité à 5° ou 5,5. Cette circonstance est très-importante dans l'économie générale de la nature. L'influence que les variations des saisons et les diverses positions du soleil exercent sur les phénomènes de la végétation attestent combien la chaleur doit influer sur les fonctions des plantes. Les matières qui servent à leur nutrition doivent être fluides pour que les suçoirs les absorbent ; elles tarissent quand la surface de la terre est congelée : les organes des végétaux ne peuvent rien en extraire. Lorsque la température est élevée, l'activité des combinaisons chimiques devient plus grande, et l'ascension des liquides dans les tubes capillaires plus rapide.

Il est facile de prouver ce dernier fait ; car si l'on prend deux verres pleins, l'un d'eau chaude, l'autre d'eau froide, et qu'on fasse plonger dans chacun d'eux un tige creuse, herbacée, semblable, pliée le long des parois, afin de soutirer une portion du liquide, l'eau chaude s'écoulera plus rapidement que l'eau froide. La fermentation et la décomposition des substances végétales et animales, exigent un certain degré de chaleur ; celle-ci est conséquemment nécessaire pour la préparation de la nourriture des plantes. D'une autre part, comme l'évaporation est d'autant plus abondante que la température est plus élevée, le superflu de la sève se dissipe en moins de temps, lorsque l'ascension de ce fluide est plus prompte.

On n'est pas d'accord sur la nature de la chaleur. Les uns la considèrent comme un fluide subtil, dont les particules sont animées d'une force répulsive mutuelle, et d'une grande affinité pour les corps étrangers ; les autres l'envisagent comme un mouvement vibratoire imprimé aux molécules de la matière. Ce mouvement, plus ou moins intense suivant les circonstances qui le déterminent ou le modifient, produit les variations de température. Quelle que soit celle de ces deux opinions qui l'emporte, il est certain qu'il y a une matière répandue entre les corps célestes et nous, que cette matière se meut en ligne droite, et qu'elle est capable de produire de la chaleur. C'est ainsi que les rayons solaires en dégagent, lorsqu'ils frappent la surface de la terre. Les belles expériences de Herschel ont prouvé que parmi ceux dont se compose le faisceau lumineux, il y en a qui n'éclairent pas, mais qui donnent plus de *chaleur* que les *rayons visibles*; celles de Ritter et de Wollaston ont fait voir ensuite qu'il y en a d'autres qui sont *invisibles*, et se distinguent par leurs effets *chimiques*.

L'influence particulière que les uns et les autres peuvent avoir sur la végétation, n'a pas encore été étudiée; mais il n'est pas douteux qu'ils en exercent une, indépendamment de la chaleur qu'ils développent. Ainsi, les plantes tenues dans l'obscurité d'une serre chaude végètent avec force, et n'ont cependant jamais des couleurs aussi vives que celles qui croissent en plein air : leurs feuilles sont blanches ou pâles, leur jus aqueux et peu sucré.

Un bâton de cire d'Espagne, frotté avec un morceau d'étoffe de laine, acquiert la propriété d'attirer les corps légers, tels que les barbes de plumes et les cendres : on dit alors qu'il est *électrisé*. Un cylindre métallique, supporté par une tige de verre, et mis en contact avec ce

même bâton, acquiert momentanément la même
propriété. L'électricité se communique donc
comme la chaleur? Quand deux corps reçoivent
la même influence électrique, ou sont électrisés
par le même corps, ils se repoussent mutuellement; quand l'un d'eux, au contraire, est
électrisé par la cire, et l'autre par le verre, ils
s'attirent. L'électricité du verre est dite vitrée
ou positive; et celle de la cire, résineuse ou
négative.

Quand deux corps sont soumis à un frottement mutuel, l'un se charge d'électricité positive, et l'autre d'électricité négative. Cet effet a
constamment lieu; et, dans les machines électriques ordinaires, les métaux supportés par
des cylindres de verre passent toujours à cet
état. Le contact développe également le fluide
dont il s'agit : un morceau de zinc et une pièce
d'argent placés, celui-là au-dessus, celui-ci
au-dessous de la langue, impriment en se tou-
chant une légère secousse. Un certain nombre
de plaques de cuivre et de zinc, cent, par
exemple, disposées en piles et séparées par
des morceaux de drap humectés avec de l'eau
salée, dans l'ordre suivant : zinc, cuivre, drap
mouillé; zinc, cuivre, drap mouillé, et ainsi
de suite, forment une batterie électrique qui
produit de fortes commotions, et donne de
vives étincelles. La puissance chimique en est

très-remarquable. Les phénomènes lumineux développés par l'électricité commune, tels que le tonnerre et les éclairs, sont connus ; il serait hors de propos de s'en occuper ici.

Des variations électriques ont constamment lieu à la surface de la terre et au sein de l'atmosphère ; mais on n'a pas encore bien examiné l'influence qu'elles exercent sur les végétaux. Des expériences faites au moyen de la pile voltaïque (instrument formé de zinc, de cuivre et d'eau), ont démontré que les composés peuvent en général être réduits par le fluide qu'elle développe. Il est probable que les divers phénomènes électriques qui se succèdent dans la nature, influent sur la germination des graines et l'accroissement des plantes. Je me suis assuré que le blé germe beaucoup plus vite dans l'eau chargée d'électricité vitreuse, que dans celle qui contient le principe opposé. On a reconnu que les nues sont habituellement négatives ; et comme, dès qu'un nuage est dans un état, la partie de la terre située au-dessous est dans un état opposé, il est probable que le globe est communément positif.

Les savans sont divisés sur la nature de l'électricité : les uns supposent que tous les phénomènes qu'elle engendre sont dus à un fluide unique ; les corps qui en contiennent un excès sont dits positifs, et ceux qui n'en renferment pas une quantité suffisante, sont censés négatifs. D'autres, pour expliquer les mêmes faits, admettent deux principes, qu'ils nomment vitré et résineux ; enfin, d'autres les regardent comme des affections ou mouvemens de la matière, ou comme une manifestation de puissances attractives semblables à celles qui produisent les compositions ou décompositions chimiques, avec cette différence, néanmoins, qu'elles n'agissent que sur les masses.

Les forces dont nous venons de donner une idée succincte, agissent continuellement sur la matière ; elles en altèrent, elles en changent les formes, et donnent naissance à des combinaisons appropriées aux besoins de la vie. Les corps sont simples ou composés. Ils sont réputés simples, quand ils ne peuvent être résolus en aucune autre forme de matière : ainsi, quoiqu'on fonde au moyen de la chaleur, ou qu'on dissolve dans les menstrues corrosives l'or et l'argent, néanmoins ces deux métaux n'éprouvent aucune altération dans leurs propriétés, et sont appelés corps simples. On dit qu'un corps est composé, quand on en retire deux ou un plus grand nombre de substances : tel est le marbre ; en le soumettant à une forte chaleur, on le convertit en chaux et en fluide élastique ; ce dernier se dégage pendant l'opération. Pour que la composition assignée aux corps puisse être considérée comme véritable, il faut qu'ils soient susceptibles d'être recomposés par les mêmes substances dans lesquelles ils se sont résolus : c'est ainsi que la chaux, exposée pendant long-temps à l'action du fluide élastique mis en liberté pendant la calcination, se convertit en une substance semblable à du marbre pulvérisé.

Dans l'état actuel de la science, le mot élément a la même signification que ceux de corps simples ou indécomposés. Il est probable que nous ne connaissons encore aucun des véritables élémens de la matière ; plusieurs substances supposées simples autrefois, ont été réduites dans ces derniers temps. La classification chimique des corps ne doit être considérée que comme une simple expression de faits qui résultent d'expériences statiques exécutées avec soin.

Les substances végétales sont en général d'une nature très-composée ; elles renferment un nombre considérable d'élémens, dont la plupart appartiennent à d'autres règnes, et se présentent sous diverses formes. Examinons d'abord les combinaisons simples qu'ils produisent, nous passerons ensuite aux plus composées.

Les corps qu'on n'a pu jusqu'à présent décomposer, sont deux gaz, soutiens de la combustion, sept substances inflammables, et trente-huit métalliques.

Toutes les fois que ces élémens entrent dans la composition d'une substance inorganique, ils s'unissent en proportions définies ; en sorte que si on les représente par des nombres, celles-ci s'expriment par ces nombres mêmes, ou par quelques-uns de leurs multiples les plus simples.

La doctrine des combinaisons définies, nous aidera à nous former des idées justes sur la composition des plantes et l'économie du règne végétal ; mais dans les opérations où les puissances vitales agissent, et où il existe une si grande diversité d'organes et de fonctions, on ne peut obtenir une exactitude de poids et de mesures aussi grande et aussi précise que celle des résultats statiques qui sont fondés sur l'uniformité des lois auxquelles la matière morte est assujettie.

Les classes des corps inorganiques définis, même en comprenant les arrangemens cristallins du règne minéral, sont en bien petit nombre, si on les compare avec les formes et les substances qui appartiennent au règne animal. La vie donne un caractère particulier à tout ce qu'elle anime; elle modifie l'attraction et la répulsion, la combinaison et la décomposition. Quelques principes, par la diversité de leurs arrangemens, sont destinés à donner naissance aux corps les plus dissemblables ; et les substances similaires proviennent de composés qui, examinés superficiellement, paraissent n'avoir rien de commun.

CHAPITRE TROISIÈME.

De l'organisation des plantes. — Des racines, du tronc et des branches. — De leur structure. — De l'épiderme, des parties corticales et parenchymateuses des feuilles, des fleurs et des semences. — De la constitution chimique des organes des plantes, et des substances qu'elles renferment. — Des substances mucilagineuse, saccharine, résineuse, huileuse, et autres composés végétaux. — De leurs arrangemens dans les organes des plantes, de leur composition, changemens et usages.

Quelque variées que soient les substances qui composent le règne végétal, il y a une assez forte analogie entre les formes et les fonctions des diverses espèces de plantes, pour qu'elle puisse servir de base aux principes qui traitent de leur organisation commune.

Les végétaux jouissent de la vie, mais ils ne donnent aucun signe de perception ; ils sont privés de la faculté loco-motive que possèdent les animaux ; ils n'ont d'organes que pour se nourrir et se reproduire ; tout se borne chez eux à la conservation et au développement de l'individu, ou à la multiplication des espèces.

Il y a deux choses à considérer dans les vé-

gétaux, la forme extérieure et la constitution
interne.

Toute plante offre dans sa structure externe
au moins quatre systèmes d'organes ou quelques
parties analogues : 1°. les racines; 2°. le tronc et
les branches ou la tige ; 3°. les feuilles ; 4°. les
fleurs et les semences.

Les racines sont la partie du végétal qui
frappe le moins la vue ; mais elles sont essentielles ; elles fixent la plante dans le sol. C'est
l'organe de la nutrition, et l'appareil qui sert à
pomper les sucs répandus dans le sein de la
terre. Sa texture anatomique est à peu près la
même que celle du tronc et des branches ; on
peut dire qu'elle n'est qu'une continuation du
premier, qui se termine en ramifications et en
filamens déliés, au lieu de se terminer en feuilles. Si on enfouit les branches de certains arbres,
et qu'on expose les racines à l'action de l'atmosphère, celles-ci donnent des bourgeons et des
feuilles, et celles-là des fibres radicales et creuses. Cette expérience, faite par Woodward sur
le saule, a été répétée depuis par un grand nombre de physiologistes.

Quand on coupe transversalement une branche ou racine d'arbre, on aperçoit en général
trois espèces de corps distincts : l'écorce, le
bois et la moelle, dont chacun se subdivise à
son tour.

L'écorce parfaitement formée est recouverte d'une membrane très-mince, qu'il est facile de détacher, et à laquelle on donne le nom d'*épiderme*; elle se compose d'un nombre plus ou moins grand de feuillets, apposés les uns sur les autres, et peu adhérens entre eux lorsque les sujets vieillissent; elle n'est pas vasculaire, et sert simplement à défendre les parties intérieures; elle est peu utile aux arbres de haute futaie, aux grands arbrisseaux qui ont une texture compacte, mais elle produit les meilleurs effets dans les roseaux, les cannes, les graminées et les plantes à tiges creuses. Aussi, dans ce dernier cas, est-elle extrêmement forte; vue au microscope, elle présente l'aspect d'une espèce de réseau vitreux, composé en grande partie de terre siliceuse.

Il en est de même pour le blé, l'avoine, différentes espèces de prêle, et surtout pour le rotang, dont l'épiderme contient une si grande quantité de quartz, qu'il donne des étincelles lorsqu'on le choque avec le briquet, ou même lorsqu'on en frotte deux morceaux l'un contre l'autre. Ce fait, que je remarquai pour la première fois en 1798, m'engagea à faire quelques recherches, et je me convainquis que la terre siliceuse existe dans les épidermes de toutes les plantes à tiges creuses.

Cette écorce dure leur donne plus de consistance ; elle les préserve des insectes , et semble entrer dans l'économie de ces faibles végétaux , comme la coquille entre dans celle des crustacées.

Immédiatement au-dessous de l'épiderme , se trouve le *parenchyme* , substance douce , composée de cellules remplies d'un fluide dont la teinte est presque toujours verdâtre. Examinées au microscope , elles paraissent hexagones. Toutes les membranes cellulaires des végétaux affectent la même forme ; elle semble être le résultat de l'action mutuelle des parties solides : c'est quelque chose d'analogue à ce qui se passe dans les ruches à miel. L'art avec lequel les abeilles construisent leurs alvéoles , a été admiré long-temps ; mais cette symétrie savante ne paraît être , suivant l'observation de Wollaston , que la conséquence des lois mécaniques auxquelles sont assujettis des cylindres de matière ductile , qui se pressent les uns les autres. Quand ces insectes sont isolés , les cellules qu'ils bâtissent sont uniformément circulaires.

La partie la plus intérieure de l'écorce est formée par les *couches corticales* , dont le nombre varie suivant l'âge du sujet : quand on coupe celle d'un arbre de quelques années , on voit distinctement les dépôts annuels , quoiqu'on ne puisse pas toujours assigner la limite où ils finissent.

3

Les couches corticales sont composées de parties fibreuses, transversales et longitudinales, qui paraissent enchevêtrées les unes dans les autres ; celles-ci sont généralement membraneuses et poreuses, celles-là ne paraissent être qu'un assemblage de tubes.

Les fonctions des parties parenchymateuses et corticales de l'écorce sont de la plus haute importance. Les tubes qui composent les parties fibreuses semblent destinés à recevoir la sève ; les cellules, selon toute apparence, servent à l'élaborer et à l'exposer à l'action de l'atmosphère. De nouvelle matière se forme chaque printemps, et se dépose sur la surface intérieure de la dernière couche.

Les expériences de Knight et de plusieurs autres physiologistes ont prouvé que la sève descendante à travers l'écorce, après avoir été modifiée dans les feuilles, est la cause principale de l'accroissement des arbres. D'où il résulte que si l'écorce a souffert, elle se régénère par la partie supérieure de l'endroit blessé ; et que si le bois lui-même a été atteint, il s'en forme de nouveau immédiatement sous l'écorce. Néanmoins, les dernières observations de M. Palisot de Beauvois, tendent à établir que la sève est transportée dans celle-ci, de manière à exercer ses fonctions nutritives, indépendamment de tout système général de circulation. Ce savant a isolé sur plusieurs arbres différentes portions d'écorce, et a reconnu que, dans la plupart des cas, elles prenaient de l'accroissement comme si elles eussent été dans leur état naturel. Cette expérience a été faite avec succès sur le tilleul, l'érable et le lilas. Les lanières dont il est question furent séparées dans le mois d'août 1810, et, le printemps suivant, celles des deux derniers arbrisseaux étaient déjà recouvertes de la petite couche annuelle à la partie blessée.

Le bois est composé d'une partie externe ou vivante, appelée *aubier* ou *bois de sève*, et d'une partie interne ou morte, désignée par le nom de *cœur* ou bois parfait : la première est blanche et pleine de sucs ; dans les jeunes arbres et les pousses de l'année, elle s'étend jusqu'à la moelle. L'aubier est le grand système vasculaire des végétaux à travers lequel la sève circule ; les vaisseaux qui en font partie enveloppent la plante depuis les feuilles jusqu'au dernier filament des racines.

L'aubier contient une substance membraneuse formée de cellules constamment remplies de sève, et dont le système vasculaire renferme diverses espèces de tubes. M. Mirbel en compte quatre : les tubes simples, les tubes poreux, les trachées et les fausses trachées.

Les premiers semblent contenir des fluides

résineux ou huileux, particuliers aux différentes plantes;

Les seconds contiennent aussi ces fluides, et paraissent destinés à les charrier dans la sève pour produire de nouvelles combinaisons.

Les trachées sont également pleines d'une matière fluide qui est constamment limpide, aqueuse et transparente. Ces organes, ainsi que les fausses trachées, dépouillent probablement les sucs de leur partie aqueuse ; ils les disposent à solidifier et à produire du nouveau bois.

On discerne dans la texture des fibres ligneuses deux séries bien distinctes, l'une de lames blanches et éclatantes, qui vont du centre à la circonférence, et constituent ce qu'on appelle le *grain d'argent* du bois, ou prolongement médullaire ; l'autre, de couches concentriques qui donnent naissance au *faux grain*. Le nombre de celles-ci indique l'âge du sujet.

Le grain d'argent est élastique et contractile. M. Knight suppose que les changemens de volume que cette substance éprouve par les variations de température, sont une des principales causes de l'ascension de la sève. Ses fibres paraissent constamment se dilater le matin, et se contracter le soir. Or nous avons fait voir, que l'élévation des liquides dépend surtout de l'action de la chaleur.

Le grain d'argent est très-distinct dans les arbres des forêts ; les arbrisseaux annuels présentent un système de fibres qui en imite l'aspect. La nature est toujours en harmonie avec elle-même, et des effets semblables sont en général dus à des organes semblables.

La moelle occupe le centre de la tige ; sa texture est membraneuse : elle est composée de cellules circulaires à ses extrémités, et hexagonales à son centre ; elle est très-peu développée dans les végétaux naissans ; elle se dilate graduellement et offre un diamètre considérable dans les jeunes sujets et les pousses de l'année ; mais à mesure que les arbres avancent en âge, le cœur et les nouvelles couches d'aubier la pressent et la compriment : elle diminue peu à peu, et disparaît enfin. On n'en rencontre aucune trace dans ceux qui sont tombés de vieillesse.

On a émis diverses opinions sur l'usage de la moelle. Halles suppose qu'elle est la cause de l'expansion et du développement des autres parties des plantes ; que, comme elle est la plus intérieure, elle réagit avec plus de force sur tous les organes, et que c'est à cette réaction qu'il faut attribuer l'extension qu'ils prennent.

Linnée, dont l'imagination était continuellement occupée à chercher des analogies entre le règne animal et le règne végétal, pensait que « la moelle accomplit dans les plantes les mêmes fonctions que le cerveau et les nerfs

remplissent dans les êtres animés. » Il la consi-
dérait comme un organe d'irritabilité, comme
le siége de la vie.

Les découvertes récentes ont prouvé que
ces deux opinions sont également mal fondées. M. Knight a retiré la moelle de plusieurs
jeunes arbres, sans qu'ils aient cessé de vivre ni
même de croître.

Il est donc démontré qu'elle n'est qu'un organe
d'importance secondaire. Lorsque les pousses
sont avancées, et que la végétation est vigoureuse, la moelle est pleine d'humidité. Peut-être
est-elle simplement destinée à faire les fonctions
d'un réservoir qui se remplit de sucs nutritifs,
pour les dispenser aux arbres dans un temps où
la terre ne leur en fournit qu'avec parcimonie.
A mesure que le bois de cœur augmente, elle s'é-
loigne de l'aubier, ses fonctions cessent, elle-
même diminue, meurt et disparaît.

Les *vrilles*, les *épines*, et autres parties analogues des plantes, présentent une organisation
semblable à celle des branches. Les couches corticales et l'aubier n'offrent pour ainsi dire aucune
différence. Les dernières recherches de M. Knight
établissent que la direction des premiers de ces organes, et la forme de spirale qu'ils prennent,
sont dues à l'action inégale que la lumière
exerce sur eux. M. Decandolle assigne la
même cause au phénomène des plantes qui

suivent les mouvemens du soleil. Cet ingénieux physiologiste suppose que les rayons accourcissent les fibres des végétaux, et font fléchir ceux-ci vers le lieu d'où ils proviennent.

Les feuilles, cette grande source des beautés permanentes de la végétation, quoique diversifiées à l'infini dans leurs formes, présentent constamment la même organisation intérieure, et accomplissent les mêmes fonctions.

La substance membraneuse verte doit être considéréecomme une extension du parenchyme, et son enveloppe si fine et si déliée comme un épiderme. Ainsi l'organisation des racines et des branches peut être étudiée dans les feuilles; celles-ci présentent cependant une structure plus parfaite et plus délicate.

Les feuilles servent à exposer la sève à l'action de l'air, de la chaleur et de la lumière; elles ont une surface considérable; elles sont poreuses, transparentes, composées de tubes et de cellules extrêmement déliées.

La sève abandonne dans les feuilles une grande quantité de son eau; elle se combine avec de nouveaux principes, se dispose à une forme organisée, et passe probablement ensuite des tubes extrêmes de l'aubier dans les ramifications des tubes corticaux, et de là dans l'écorce.

La partie supérieure des feuilles, exposée au soleil, est recouverte d'un épiderme épais,

mais transparent, qui se compose d'une matière
pourvue d'un commencement d'organisation :
c'est communément une terre ou quelque
substance chimique homogène. Dans les herbes, elle est en partie siliceuse ; dans le laurier, résineuse ; et dans l'érable, l'aubépine,
constamment analogue à la cire.

Ces dispositions empêchent l'évaporation d'a-
voir lieu par d'autres canaux que ceux qui sont
destinés à cette fonction.

L'épiderme qui recouvre la surface inférieure
est une membrane mince et transparente, pleine
de cavités ; c'est probablement par cette surface
que l'humidité et les principes atmosphériques
nécessaires à la végétation sont absorbés.

Si on tord une feuille, et qu'on la force de
présenter au soleil sa surface inférieure, on la
voit bientôt éprouver dans ses fibres un mouvement en sens contraire, qui tend à la ramener
dans sa position naturelle. Quand elles sont
exposées à son action, toutes se relèvent sur
leurs tiges, et semblent se mouvoir vers cet
astre.

Cet effet paraît dû en grande partie à l'influence mécanique et chimique de la chaleur et
de la lumière. Bonnet ayant placé sous la surface inférieure de feuilles artificielles une éponge
mouillée, et un fer chaud au-dessus de la supérieure, trouva qu'elles se comportaient comme

si elles eussent été naturelles. Cette expérience ne peut cependant être envisagée que comme une grossière imitation des procédés de la nature.

Le phénomène auquel Linnée a donné le nom de sommeil des feuilles, ne provient que de l'absence de la lumière, de la chaleur et d'un excès d'humidité.

L'état dans lequel tombent les plantes après le coucher du soleil n'avait pas encore été remarqué, lorsqu'un heureux hasard l'offrit au botaniste d'Upsal. Celui-ci avait observé pendant le jour quatre fleurs sur une espèce de lotus. N'en apercevant plus que deux vers le soir, il s'approche et reconnaît qu'elles sont cachées par des touffes de feuilles fermées. Une circonstance ausssi extraordinaire ne fut pas perdue pour un tel observateur. Il prit une lanterne, et fut témoin d'une série de faits jusque-là inconnus. Toutes les feuilles simples lui présentèrent une disposition différente de celle qu'elles ont habituellement pendant le jour. Le plus grand nombre étaient roulées sur elles-mêmes et enveloppées les unes dans les autres.

On peut, dans quelques cas, produire artificiellement le même phénomène. Cette expérience a été faite par Decandolle sur la sensitive. Placée au milieu du jour dans une pièce obscure, ses feuilles se fermèrent aussitôt; on alluma des flambeaux, elle s'ouvrirent sur-le-champ; tant

3*

elles sont sensibles aux effets de la lumière et du calorique rayonnant.

Dans le plus grand nombre des plantes, les feuilles tombent annuellement et sont annuellement reproduites. Leur chute a lieu soit à la fin de l'été, comme dans les climats chauds où la sécheresse du sol et la force de l'évaporation tarissent la sève, soit en automne, comme dans les climats tempérés, au commencement des froids. Elles cessent d'accomplir leurs fonctions et se détachent aussitôt que la circulation des fluides est interrompue. Leur teinte change probablement par l'effet de quelque altération chimique; et comme en général il y a formation d'acides, elle jaunit, passe au brun, ou affecte toute autre nuance. Pour le chêne c'est un brun clair, pour le bouleau c'est l'orangé, pour l'orme le jaune, pour la vigne le rouge, pour le sycomore le brun sombre, pour le cornouiller le pourpre, et le bleu pour le chèvrefeuille.

Les arbres verts conservent leurs feuilles pendant la mauvaise saison. La cause de ce phénomène n'est pas exactement connue. Les expériences de Halles tendent à établir que la force de la sève est beaucoup moindre dans les sujets de cette espèce que dans les autres. Il est probable qu'elle ne cesse pas tout-à-fait de circuler pendant l'hiver. Elle est moins aqueuse qu'elle n'est communément dans les plantes, peut-être même est-elle moins susceptible d'être congelée. Elle est d'ailleurs défendue par une plus forte enveloppe contre l'action des élémens.

La production des autres parties de la plante a lieu dans le temps où les feuilles remplissent le plus vigoureusement leurs fonctions. Si on les arrache au printemps, l'arbre périt; si elles ont souffert par des accidens météorologiques, il devient difforme et languissant.

Si les feuilles sont nécessaires à l'existence individuelle des arbres, les fleurs ne le sont pas moins à la propagation de l'espèce. Aucune partie des plantes n'égale celles-ci en finesse et en beauté. Elles sont le chef-d'œuvre de la nature dans le règne végétal. L'éclat des couleurs, la variété des formes, la délicatesse de la structure, tout en elles nous flatte et nous ravit.

Plusieurs des parties dont elles se composent méritent une attention spéciale. Tel est d'abord le *calice*, ou la partie membraneuse verte qui sert de support aux feuilles florales colorées. Elle est vasculaire et tout-à-fait analogue à la feuille ordinaire, par la texture et l'organisation. Elle défend, supporte et nourrit les parties plus parfaites. Vient ensuite la *corolle*, qui est formée soit d'une seule, soit de plusieurs pièces. Dans le premier cas, elle est

dite monopétale, et dans le deuxième, poly-
pétale. Elle est généralement très-foncée en
couleur et remplie d'une variété infinie de pe-
tis tubes de l'espèce poreuse. Elle enveloppe et
défend les parties intérieures essentielles et leur
dispense la sève. Ces parties sont les *étamines*
et les *pistils*.

La partie essentielle des étamines est les som-
mités ou *anthères* qui sont communément circulaires et d'une texture vasculeuse. Elles sont
couvertes d'une poussière extrêmement fine,
appelée *pollen*.

Le pistil est cylindrique et surmonté par le
style, dont le sommet est généralement de
même forme et protubérant.

Quant on l'examine au microscope, on voit
qu'il contient une multitude de petits corps sphé-
riques qui semblent être les germes des semences
que la saison va développer.

Ce sont les étamines et les pistils qui servent de
base à la classification de Linnée. Le nombre de
ces organes dans la même fleur, l'ordre et la division suivant lesquels ils se présentent dans celles
qui ne sont pas de même espèce, ont suggéré au
savant suédois, un système admirablement propre
à soulager la mémoire et à faciliter l'étude de la
botanique. Les plantes les plus rapprochées par
leurs caractères généraux, ne sont pas toujours
groupées ensemble ; mais cette méthode est

néanmoins imaginée avec tant de bonheur, qu'elle fait connaître toutes les analogies des parties les plus essentielles.

Le pistil contient les rudimens de la semence; mais celle-ci n'acquiert la faculté de se reproduire qu'au moyen du pollen, ou poussière des anthères.

Cette action mystérieuse des organes les uns sur les autres est nécessaire à la propagation des diverses espèces de végétaux. C'est un nouveau trait de ressemblance qu'offrent les différens ordres d'êtres, et qui établit de plus en plus la belle analogie que la nature montre dans toutes ses productions.

Les anciens avaient déjà observé que certains palmiers donnent des espèces de fleurs différentes, et que celles qui contiennent des pistils ne sont jamais remplacées par des fruits, à moins que dans le voisinage il n'y en ait d'autres qui renferment des étamines. Malpighi, vivement frappé d'un fait aussi étrange, s'assura, non-seulement qu'il avait lieu, mais encore que d'autres végétaux présentent des phénomènes analogues. Grew généralisa le premier ces résultats, et répandit dans ses ouvrages des raisonnemens pleins de justesse à cet égard. Linnée, en donnant une forme scientifique et précise à ce qui n'avait été énoncé que d'une manière générale, eut la gloire de fonder le système sexuel sur des observations détaillées et des expérien-ces exactes.

Les *semences*, dernière production d'une vé-gétation forte, se présentent sous les aspects les plus variés. La nature prend pour les con-server un soin proportionné à leur importance. Tantôt elle les enveloppe d'une pulpe douce et profonde, comme dans les fruits succulens; tan-tôt elle les revêt de membranes épaisses, comme dans les légumineux, d'écailles dures ou d'un fort épiderme, comme dans les fruits de pal-miers et dans les gramens.

Il faut distinguer dans chaque graine, 1°. l'or-gane de la nutrition; 2°. la plante naissante, ou la plumule; 3°. la racine naissante, ou la radicule.

Dans les fèves de jardin communes, les or-ganes de la nutrition sont divisés en deux lobes appelés *cotylédons*. La plumule est le petit point blanc placé au-dessus de l'un et de l'autre; et la radicule, le cône recourbé disposé au-dessous.

Dans le blé et la plupart des graminées, cet organe est simple, et les plantes prennent le nom de *monocotylédones*. Dans plusieurs autres, il est composé de plus de deux parties; alors elles sont dites *polycotylédones*; mais en général il n'en renferme que deux, dans ce cas elles sont appelées *dicotylédones*.

Dans son état ordinaire , la matière de la semence est inerte ; elle ne présente ni forme ni signe de vie ; mais si l'humidité et la chaleur viennent à agir sur elle , aussitôt elle se décompose, les cotylédons s'enflent, les membranes éclatent , la radicule s'assimile de nouvelles substances, et pénètre dans le sol en même temps que la plumule s'élève dans l'air. Peu à peu les organes de la nutrition des plantes dicotylédones deviennent vasculaires ; ils se convertissent en rudimens de feuilles , et la plante parfaite se montre au-dessus du sol. La nature a répandu partout des principes de germination. L'eau , l'air pur et la chaleur ont une activité universelle , et les moyens qu'elle emploie pour la conservation et la multiplication de la vie, sont à la fois simples et grands.

Il n'entre pas dans le plan de cet ouvrage de traiter plus au long de la physiologie végétale. Je n'ai donné une idée générale de cette science, que pour mettre l'agriculteur à même de comprendre les fonctions des plantes. Ceux qui voudront en faire une étude approfondie, pourront consulter les ouvrages de Linnée , Desfontaines, Decandolle , Saussure , Bonnet et Smith.

L'histoire des particularités de la structure de diverses classes de végétaux , appartient plus à la botanique qu'à l'agriculture. Ainsi que je l'ai dit en commençant , les organes des plantes pré-

sentent les analogies les plus distinctes, et sont
assujettis aux mêmes lois. Dans les gramens et
les palmiers, les couches corticales sont proportionnellement plus grandes que les autres parties ; mais elles paraissent avoir le même usage
que dans les arbres des forêts.

Dans les racines bulbeuses, la substance pa-
renchymateuse forme la plus grande partie du
végétal ; mais, dans tous les cas, elle paraît contenir la sève ou les matières solides qui en proviennent.

Les feuilles minces et presque sèches du pin
et du cédre, accomplissent les mêmes fonctions
que celles du figuier et du noyer, qui sont si
larges et si bien nourries.

Il est probable que dans les cryptogames,
qui ne présentent aucune fleur distincte, les semences se produisent de la même manière que
dans les plantes les plus parfaites. Les mousses
et les lichens qui appartiennent à cette famille,
n'ont ni feuilles apparentes ni racines ; mais elles
sont pourvues de filamens qui en tiennent lieu.
Les fungus eux-mêmes et les champignons ont
un système de vaisseaux destinés à absorber la
sève et à lui donner de l'air.

Nous avons établi, dans le chapitre précédent,
que toutes les parties des plantes peuvent se résoudre en un petit nombre de principes. Les
usages dont elles sont susceptibles, comme ali-

mens ou comme objets propres aux arts, dépendent des combinaisons des mêmes principes,
soit qu'ils proviennent de ces parties mêmes ou
du jus qu'elles contiennent. L'examen de la nature de ces substances forme une branche essentielle de la chimie agricole.

Les fruits d'un grand nombre de plantes donnent de l'huile lorsqu'on les comprime ; les fluides résineux s'exsudent naturellement du bois,
la sève contient des matières saccharines ; les
feuilles et les pétales des fleurs produisent des
ingrédiens de teinture. Il faut, pour isoler ces
diverses substances végétales, des procédés particuliers, tels que la macération, l'infusion ou
la digestion dans l'eau, ou les esprits ; mais ces
méthodes seront mieux comprises lorsque nous
aurons exposé la nature chimique des corps dont
il est question.

Les substances composées qui se rencontrent
dans les végétaux sont, 1°. la gomme ou mucilage, et ses différentes modifications ; 2°. l'amidon ; 3°. le sucre ; 4°. l'albumine ; 5°. le gluten ;
6°. la gomme élastique ; 7°. l'extrait ; 8°. le tannin ; 9°. l'indigo ; 10°. le principe narcotique ;
11°. le principe amer ; 12°. la cire ; 13°. la résine ; 14°. le camphre ; 15°. les huiles fixes ;
16°. les huiles volatiles ; 17°. le ligneux ; 18°.
les acides ; 19°. les alcalis, les terres, les oxides
métalliques et les composés salins.

Je vais décrire, d'une manière générale, les propriétés et la composition de ces corps, ainsi que la manière dont on les obtient.

1. La *gomme* est une substance qui s'exsude de certains arbres, sous la forme d'un fluide épais, mais qui se concrète aussitôt qu'il est exposé à l'action de l'air, et devient solide; alors elle est blanche ou d'un blanc jaunâtre, plus ou moins transparente et tant soit peu cassante. Sa pesanteur spécifique varie de 1300 à 1490.

Il existe une grande variété de gommes; les plus connues sont, la gomme arabique, la gomme du Sénégal, la gomme adragante, et celle de prunier ou de cerisier. Elle est soluble dans l'eau, insoluble dans l'esprit de vin. Si on ajoute de l'alcohol à une dissolution de gomme dans le premier de ces liquides, celui-ci se trouble aussitôt, et la gomme se précipite sous forme de flocons blancs. On ne l'enflamme qu'avec une extrême difficulté. Dans sa combustion, elle donne beaucoup d'eau, une fumée épaisse, une flamme bleue très-faible, et un dépôt considérable de charbon.

Les propriétés caractéristiques de la gomme sont sa grande solubilité dans l'eau, et son insolubilité dans l'alcohol. On a proposé divers réactifs pour en manifester la présence, mais il est douteux qu'ils soient assez sensibles pour inspirer une confiance entière. La plupart d'entre eux, et les sels métalliques surtout, en produisant des changemens dans les solutions de gomme, semblent bien plutôt agir sur quelque composé salin contenu dans la substance, que sur la substance elle-même. Thomson recommande l'emploi d'une solution aqueuse de silice dans la potasse; il prétend que la gomme et la silice se précipitent mutuellement; mais les résultats obtenus par cette méthode méritent peu de confiance, à moins qu'ils ne soient compliqués par l'action d'aucun acide.

Le *mucilage* doit être envisagé comme une variété de gomme; il possède les principales propriétés de cette substance, mais il a moins d'affinité pour l'eau. Lorsque l'un et l'autre sont dissous dans ce liquide, on peut, d'après Hermbstadt, les séparer complètement au moyen de l'acide sulfurique. On extrait le mucilage de la graine de lin, des feuilles de mauves, des bulbes de hyacinthes, des lichens, et de plusieurs autres substances végétales.

D'après Gay-Lussac et Thenard, il paraît que 100 de gomme arabique sont composés de

Carbone. 42,23
Oxigène. 50,84
Hydrogène 6,93
Et d'une petite quantité de matières salines et terreuses,

ou de

Carbone. 42,23
Oxigène et hydrogène dans les
  proportions nécessaires pour
  faire l'eau. 57,77

Cette analyse s'accorde, à peu de chose près,
avec les proportions définies de 11 de carbone,
10 d'oxigène et 20 d'hydrogène.

Toutes ces variétés de gomme et de mucilage
peuvent être employées comme alimens; exposées à une température de 260 à 315°, elles
perdent, en totalité ou en partie, la faculté
de se dissoudre dans l'eau; mais, tant qu'elles
n'ont pas subi de décomposition, elles conservent
leurs propriétés nutritives. Quelques arts en
font usage, telle est surtout l'imprimerie sur
toile : elle n'a long-temps consommé que de la
gomme arabique; mais tous les ateliers se servent
aujourd'hui du mucilage de lichens, conseillé
par le comte Dundonald.

2. L'*amidon* s'extrait de divers végétaux,
mais surtout du blé et des pommes-de-terre.
Dans le premier cas, on fait macérer le grain
dans l'eau froide jusqu'à ce qu'il se ramollisse,
et donne un suc laiteux. On le met alors dans
des sacs de toile, et on les comprime dans une
cuve pleine d'eau, tant qu'il en sort une liqueur
blanchâtre; elle se clarifie peu à peu, et dépose

une poudre blanche qui n'est autre chose que l'amidon.

Cette substance est soluble dans l'eau bouillante, mais elle résiste à l'action de ce liquide tant qu'il est froid, et à celle de l'esprit de vin, quelle que soit la température. Thomson lui assigne pour propriété caractéristique, de se dissoudre dans une infusion chaude de noix de galles, et de se précipiter aussitôt qu'elle refroidit.

L'amidon est plus combustible que la gomme; projeté sur un fer rouge, il brûle avec une espèce d'explosion, et laisse à peine de résidu. D'après Gay-Lussac et Thenard, 100 d'amidon sont formés de

Carbone, avec une petite quantité de matières salines et terreuses. 43,55
Oxigène 49,68
Hydrogène. 6,77

ou

Carbone. 43,55
Oxigène et hydrogène dans les proportions nécessaires pour faire l'eau. 56,45

En supposant que cette évaluation soit exacte, on peut se représenter l'amidon comme formé de 15 proportions de carbone, de 13 d'oxigène, et de 26 d'hydrogène.

Le salep, la cassave, le sagou, etc., doivent en grande partie leurs propriétés nutritives à l'amidon. Cette substance forme la base d'un grand nombre de végétaux; elle se rencontre dans les plantes suivantes :

Arctium lappa.	La bardane.
Atropa belladona.	La belladone.
Polygonum bistorta.	La bistorte.
Bryonia alba.	La bryone ou couleu-vrée.
Colchicum automnale.	La colchique.
Spiræa filipendula.	La filipendule.
Ranunculus bulbosus.	La renoncule bulbeuse.
Scrophularia nodosa.	La scrophulaire des bois.
Sambucus ebulus.	La hièble.
Sambucus nigra.	Le sureau.
Orchis morio.	L'orchis morio.
Imperatoria struthium.	L'impératoire.
Hyoscyamus niger.	La jusquiame.
Rumex obtusifolius.	La patience à feuilles obtuses.
Rumex acutus.	La patience à feuilles aiguës.
Rumex aquaticus.	La patience aquatique.
Arum maculatum.	L'arum ou pied-de-veau.
Orchis mascula.	L'orchis mâle.

Iris pseudacorus.	L'iris des marais.
Iris fœtidissima.	L'iris puant.
Bunium bulbocastanum.	La terre-noix.

3. Le *sucre* se prépare avec le jus du *saccharum officinarum*, ou canne à sucre. On sature avec la chaux l'acide qu'il contient, et on l'évapore; lorsqu'il est dépouillé de sa partie aqueuse, on le laisse refroidir; il cristallise peu à peu, et se dépose. On le blanchit en établissant au travers une filtration d'eau qu'on augmente par degrés. Dans les manufactures, cette opération, ainsi que le raffinage, exige un temps considérable, parce que l'eau en met nécessairement beaucoup à pénétrer la forte couche d'argile placée au-dessus du sucre. Comme sa matière colorante est soluble dans une solution saturée de cette substance ou sirop, il y a apparence que le raffinage serait plus prompt et plus économique si on employait ce dernier corps pour purifier les cassonades (*). Les propriétés physiques du sucre sont connues; sa pesanteur spécifique, d'après Fahrenheit, est d'environ 1, 6; il est soluble, dans son propre

---

(*) Un Français annonça, il y a quelques années, aux planteurs des Indes-Orientales, qu'il possédait une méthode prompte et peu dispendieuse de purifier et de raffiner les sucres. Il offrit de la communiquer, mais à des conditions qui ne permirent pas d'accepter sa proposition. M'entretenant un jour de cet objet avec sir Joseph Banks,

poids d'eau, à 10°; il se dissout aussi dans l'alcohol, mais en plus petites proportions.

Lavoisier a conclu de ses expériences que le sucre est formé de

Carbone. 28
Hydrogène. 8
Oxigène. 64

Thomson donne des nombres différens. D'après ce chimiste, 100 de sucre sont formés de

Carbone. 27, 5
Hydrogène 7, 8
Oxigène 64, 7

Suivant les expériences récentes de Gay-Lussac et Thenard, 100 parties de sucre contiennent

Carbone. 42, 47
Eau ou ses élémens 57, 53

L'analyse de Lavoisier et de Thomson s'ac-

---

je lui fis part d'une idée qui s'était présentée dans le même temps, ou peut-être auparavant, à Edward Howard. Je pensais qu'il serait avantageux, pour purifier les sucres bruts, de se servir du sirop, parce qu'il a la propriété de dissoudre la matière colorante.

corde, à très-peu près, avec les proportions de

Carbone. 3
Oxigène 4
Hydrogène 8

Celle de Gay-Lussac et Thenard donne les mêmes élémens que pour la gomme :

Carbone 11
Oxigène 10
Hydrogène 20

D'après les expériences de Proust, Achard, Goettling et Parmentier, il paraît qu'il existe diverses espèces de sucre tout formé dans le règne végétal. Celui qui se rapproche le plus du sucre de canne est extrait de l'érable d'Amérique (*acer saccharinum*). Les paysans du nord de cette contrée le préparent d'une manière fort simple : aux premiers jours du printemps, ils pratiquent, dans le tronc d'un arbre, un trou d'environ deux pouces de profondeur, auquel ils adaptent un robinet en bois, par lequel la sève découle pendant cinq ou six semaines. Un érable de moyenne grandeur, celui qui a, par exemple, deux ou trois pieds de diamètre, en fournit environ deux cents pintes, dont quarante donnent une livre de sucre. Le liquide,

4

neutralisé d'abord au moyen de la chaux, dépose des cristaux dès qu'il est suffisamment évaporé.

Le sucre de raisin a été récemment substitué en France à celui des colonies. On le prépare en évaporant le moût traité par la potasse ; il est moins doux que le sucre ordinaire, et conserve toujours un goût particulier. Mis dans la bouche, il produit en se dissolvant une sensation de froid : il est probable qu'il contient une plus grande proportion d'eau ou de ses élémens, que celui dont on fait communément usage.

La betterave (*beta vulgaris et cicla*) donne, par l'ébullition et l'évaporation de son extrait, une espèce de sucre, tout-à-fait identique avec celui de cannes.

La *manne* est une substance qui s'exsude de divers arbres, mais particulièrement du *fraxinus ornus*, espèce de frêne fort commun en Sicile et dans la Calabre ; elle peut être considérée comme une variété de sucre tout-à-fait analogue à celui de raisin. Vauquelin et Fourcroy ont retiré du jus de l'ognon commun (*allium cepa*), une substance qui se rapproche beaucoup de celle qui fait le sujet de ce paragraphe.

Outre les sucres solides et cristallisés, il paraît qu'il en existe encore une espèce qui ne peut être séparée de l'eau, et qui n'existe que

sous forme fluide ; il fait la base des mélasses ,
et se trouve dans un grand nombre de fruits.
Il est plus soluble dans l'alcohol que le sucre
solide.

De toutes les méthodes employées pour s'assurer de la présence du sucre , la plus simple
est celle de Margraaf. Il fait bouillir dans une
petite quantité d'alcohol la substance végétale ; si
elle contient du sucre solide , il se dissout et se
sépare par le refroidissement.

La sève de toutes les substances végétales qui
suivent en contient :

Bouleau blanc.	*Betula alba.*
Bambou.	*Arundo bambos.*
Maïs.	*Zea maïs.*
Erable sycomore.	*Acer pseudoplatanus:*
Berce.	*Heracleum sphondy-lium.*
Cocotier.	*Cocos nucifera.*
Noyer blanc.	*Juglans alba.*
Agavé d'Amérique.	*Agave Americana.*
Varec palmé.	*Fucus palmatus.*
Panais.	*Pastinaca sativa.*
Caroubier.	*Ceratonia siliqua.*
Arbousier.	*Arbutus unedo.*
Turneps.	*Brassica rapa.*
Carotte.	*Daucus carota.*
Persil.	*Apium petroselinum.*

Rhododendron de Pont. *Rhododendron Ponti-*
cum.

On a aussi extrait du sucre du nectaire de la
plupart des fleurs.

Les propriétés nutritives du sucre sont bien
connues. Les Indes-Orientales versent une telle
quantité de cette substance en Angleterre, qu'on
avait imaginé d'en nourrir les bestiaux. On a reconnu qu'elle les engraisse ; mais les droits
d'entrée n'ont pas permis de faire à ce sujet des
expériences étendues.

4. L'*albumine* est une substance récemment
découverte dans le règne végétal ; elle abonde
dans le jus du papayer (*carica papaya*) ; elle se
coagule et se précipite dès qu'on la fait bouillir.
Elle se trouve aussi dans les champignons, et
différentes espèces de fungus.

Dans son état de pureté, c'est un fluide épais,
glaireux et insipide ; c'est, en un mot, le blanc
d'œuf. Elle est soluble dans l'eau froide ; quand
la dissolution n'en est pas trop étendue, elle se
coagule par la chaleur et se précipite sous forme
de flocons blancs. Les acides, l'alcohol, la noix de
galles produisent le même phénomène. Cette
substance exhale en brûlant une odeur d'alcali
volatil, donne de l'acide carbonique et de l'eau.
Il résulte de là que le carbone, l'oxigène et l'a-
zote en sont les élémens.

D'après les expériences de Gay-Lussac et Thenard, 100 d'albumine provenant du blanc d'œuf, sont formés de

Carbone. 52,883
Oxigène 23,872
Hydrogène. 7,540
Azote 15,705

D'après cette analyse, on peut supposer que l'albumine est composée de deux proportions d'azote, de cinq d'oxigène, de neuf de carbone, et de vingt-deux d'hydrogène.

La principale partie de l'amande et des noyaux de plusieurs autres noix paraissent être, d'après les expériences de Proust, une substance analogue à l'albumine coagulée.

Le jus du fruit de gombout (*hibiscus esculentus*) contient, d'après le docteur Clarke, une telle quantité d'albumine liquide, qu'à la Dominique on l'emploie au lieu de blancs d'œufs, pour clarifier le vesou.

Elle se distingue des autres substances, par la propriété qu'elle possède de se coaguler par l'action de la chaleur ou des acides, quand elle est en dissolution dans l'eau. Suivant Bostock, un grain d'albumine, dissout dans 1000 de ce liquide, suffit pour en troubler la transparence dès qu'on le chauffe.

L'albumine est une substance commune aux règnes animal et végétal ; mais elle est plus abondante dans le premier.

5. Le *gluten* s'extrait de la farine de blé. Pétrie et malaxée sous un filet d'eau, elle abandonne l'amidon qu'elle contient, et se réduit en une masse élastique, ductile et tenace, à laquelle on donne le nom de gluten. Elle est insipide, et brunit lorsqu'on l'expose à l'action de l'air. Légèrement soluble dans l'eau froide, elle ne l'est point dans l'alcohol. Quand on en chauffe une dissolution aqueuse, le gluten se sépare du liquide sous forme de flocons jaunes. Cette propriété le rapproche de l'albumine, mais sa solubilité est infiniment moins considérable, et suffit pour empêcher qu'on ne les confonde. Une dissolution de la première de ces substances ne se coagule pas quand elle en contient moins de 1000 parties, tandis que le gluten en exige plus de 1000 d'eau froide pour se dissoudre.

La combustion dégage de l'une et de l'autre les mêmes produits : elles diffèrent vraisemblablement très-peu dans leur composition. Le gluten existe dans un grand nombre de plantes. Proust l'a découvert dans les glands, les châtaignes, les marrons, les pommes et les coins ; dans l'orge, le seigle, les pois et les fèves ; dans les feuilles de rue, de choux, de cresson, de ciguë, de bourrache et de safran ; dans les baies de sureau et de raisin. Il paraît être une des substances végétales les plus nutritives; c'est à lui qu'est due la supériorité que le blé possède sur les autres céréales.

6. *Gomme élastique* ou caout-chouc. Elle provient d'un arbre cultivé au Mexique sous le nom de *hœvea* : une incision faite dans l'écorce détermine la sécrétion d'un suc laiteux qui dépose peu à peu une matière solide, connue sous le nom de *caout-chouc*.

La gomme élastique est flexible et douce comme du cuir; elle le devient encore davantage lorsqu'on la chauffe. Dans son état de pureté elle est blanche, et pèse spécifiquement 9335; elle est combustible et brûle avec une flamme blanche, en dégageant une fumée épaisse et une odeur insupportable. Insoluble dans l'eau et l'alcohol, elle se dissout dans les huiles volatiles, le pétrole et l'éther; elle n'éprouve aucune altération dans ce dernier liquide, et peut s'en extraire au moyen de l'évaporation. Elle se trouve dans un grand nombre de plantes, dont les principales sont la *jatropha elastica*, *ficus indica*, *artocarpus integrifolia* et *urceola elastica*.

La glu, substance qu'on tire du houx, offre dans ses propriétés la plus grande analogie avec le caout-chouc. Espèce de gomme élastique, elle s'extrait du gui, du mastique, de l'opium et des baies du *smilax caduca*, dans lesquelles le docteur Berton l'a récemment découverte.

Le caout-chouc donne à la distillation de l'alcali volatil, de l'eau, de l'hydrogène et du carbone en différentes combinaisons. On peut conclure de là qu'il est principalement composé d'azote, d'hydrogène, d'oxigène et de carbone, en proportions qui n'ont pas encore été déterminées. La gomme élastique est indigeste, et ne peut-être employée comme aliment; ses usages, dans les arts, sont connus.

7. L'*extrait*, ou *principe extractif*, existe dans presque toutes les plantes; on l'obtient à un degré de pureté passable, en évaporant une infusion de safran dans l'eau. La substance qui nous vient de l'Inde, sous le nom de *terra japonica*, peut être soumise avec avantage aux mêmes opérations : composée en grande partie de matières astringente et extractive, l'eau dissout la première et permet d'isoler la seconde. Ce principe est toujours plus ou moins coloré, soluble dans l'eau et l'alcohol, insoluble dans l'éther; il se combine avec l'albumine à la température de l'ébullition; mais il est précipité par les sels, de cette base, par plusieurs solutions métalliques, et surtout par celle du muriate d'étain.

Les produits qu'il donne à la distillation tendent à établir qu'il est principalement composé d'hydrogène, d'oxigène, de carbone et d'un peu d'azote.

Il y a, pour ainsi dire, autant de variétés d'extrait que d'espèces de plantes. Les propriétés diverses qu'il manifeste semblent, dans un grand nombre de cas, tenir à des substances étrangères, soit végétales, soit alcalines, salines, acides ou terreuses, avec lesquelles il est combiné ou mélangé. Tout porte à croire que plusieurs ingrédiens de teinture, tels que le rouge de la garance, le jaune de la gaude, sont de même nature que l'extrait.

Il a beaucoup d'affinité pour le lin et le coton ; il se combine avec ces produits végétaux au moyen de l'ébullition : l'union est plus intime lorsqu'on fait usage des *mordans*, ou corps métalliques terreux qui s'attachent aux tissus, et servent à fixer plus solidement les matières colorantes.

L'extrait pur ne peut être employé comme aliment : mais il est probable qu'uni à l'amidon, au mucilage ou au sucre, il jouit de propriétés nutritives.

8. Le *tannin* ou *principe tannant*, se prépare en traitant, par une petite quantité d'eau froide, la graine de raisin pilée ou la noix de galles concassée, et en evaporant la dissolution jusqu'à siccité. Il est jaune, très-astringent, et difficile à incinérer ; extrêmement soluble dans l'eau et dans l'alcohol, il ne se dissout pas dans

4*

l'éther. Quand on mêle deux dissolutions, l'une de colle ou de gélatine, et l'autre de tannin, ces deux substances se combinent et donnent naissance à un précipité insoluble.

Les principaux produits du tannin distillé en vases clos, sont du charbon, de l'acide carbonique, des gaz inflammables, et une petite quantité d'alcali volatil. Il est vraisemblable, d'après un tel résultat, que ses élémens sont les mêmes que ceux de l'extrait, et qu'il n'y a de différence que dans les proportions.

L'action exercée par le tannin sur la gelée et la colle, constitue une propriété qui le distingue suffisamment de l'extrait, avec lequel on pourrait le confondre.

Il est presque impossible de purger le tannin de toute substance étrangère ; l'extrait en paraît surtout inséparable. C'est sans doute à cette circonstance qu'il faut attribuer les variétés de ce principe. Le moins impur se prépare avec des graines de raisin. Il précipite en blanc lorsqu'il agit sur une dissolution de colle-forte. Celui de noix de galles jouit des mêmes propriétés ; celui du sumac donne un précipité jaune ; celui du kina un rose foncé ; et celui du catéchu un brun fauve intense. La matière colorante du bois de Brésil, que M. Chevreul considère comme un principe particulier auquel il donne le nom d'*hematine*, diffère de toutes ces espèce de tannin. Elle a une saveur beaucoup plus douce, et forme avec la gélatine un précipité extrêmement soluble dans l'eau. On pourrait peut-être la considérer comme une substance intermédiaire entre le tannin et l'extrait.

Le tannin n'est pas nutritif, mais il est précieux pour le tannage. Les peaux sont presque entièrement composées de gelée ou gélatine, et se dissolvent par l'action continue de l'eau bouillante : plongées dans une dissolution de tannin, elles se combinent peu à peu avec ce principe; la texture fibreuse et la cohérence dont elles jouissent sont dès-lors inattaquables. Elles-mêmes deviennent tout-à-fait insolubles dans l'eau ; elles ne sont plus sujettes à la putréfaction, et se convertissent en un composé chimique analogue à celui que donne la combinaison du tannin et de la gélatine.

L'écorce de chêne a été jusqu'ici la seule dont on se soit servi pour les opérations du tannage : on commence à faire usage en Angleterre de celles de plusieurs arbres, et notamment de celle du châtaignier d'Espagne. Le tableau suivant donnera une idée générale de la valeur relative des diverses espèces d'écorces. Il ne renferme que les résultats de mes expériences.

TABLEAU

Des nombres exprimant la quantité de tannin fournie par 480 livres de différentes écorces, et indiquant, à peu de chose près, la moyenne de leur valeur relative.

	livres.
Écorce entière de chêne de moyenne grandeur, et coupé au printemps.	29
— de châtaignier d'Espagne.	21
— de saule de Leicester de dernière grandeur.	33
— d'orme	13
— de saule ordinaire, grand.	11
— de frêne.	16
— de hêtre.	10
— de marronier d'Inde.	9
— de sycomore.	11
— de peuplier d'Italie	15
— de bouleau.	8
— de noisetier.	14
— de prunellier.	16
— de chêne en taillis.	32
— de chêne coupé en automne.	21
— de mélèze coupé en automne.	8
Couches corticales intérieures blanches de chêne noir.	72

Les quantités de principe tannant contenu dans les écorces, varient suivant les saisons. Quand le printemps a été très-froid, elles sont peu considérables. Elles atteignent les deux extrêmes en hiver et au renouvellement de la végétation. Dans tous les cas, les couches intérieures sont les plus riches. Il faut, terme moyen, quatre livres de bonne écorce de chêne pour en tanner une de peau.

Les matières extractives ou colorantes renfermées dans les ingrédiens employés au tannage, influent sur la qualité des peaux. Le cuir préparé avec la noix de galles est pâle et peu foncé; celui qu'on fait au moyen du tan de chêne, qui contient une matière extractive brune, a plus de couleur; enfin, celui qui est apprêté avec le cathécu présente une teinte rougeâtre. Il est probable que, dans ces opérations, les substances dont les peaux se composent entrent d'abord en combinaison avec le principe tannant, et qu'elles s'unissent ensuite avec la matière extractive.

Les peaux converties en cuir augmentent en général du tiers de leur poids. Elles demandent à être travaillées lentement. Si on les plongeait tout-à-coup dans une forte infusion de tannin, les parties extérieures s'uniraient immédiatement avec ce corps, et soustrairaient les intérieures à son action.

On n'aurait, en suivant un procédé si défectueux, qu'un cuir de mauvaise qualité, et incapable de résister à l'épreuve de l'eau.

Les précipités obtenus en traitant les infusions de tannin par la gélatine, contiennent, terme moyen, lorsqu'ils sont secs, quarante pour cent de matière végétale. Une méthode simple de connaître la valeur relative des diverses substances dont les tanneurs font usage, est de prendre le rapport de ceux que fournissent des poids déterminés de ces substances, macérées dans l'eau et soumises au même réactif.

Je suppose qu'on opère sur une once, ou 480 grains d'écorce; on la réduit en poudre grossière, et on la met digérer dans une demi-pinte d'eau bouillante. On l'agite d'abord fréquemment, et on la laisse reposer vingt-quatre heures. On passe la liqueur sur une toile fine; on dissout en même temps de la colle, de la gelée, ou de la gélatine dans l'eau chaude, suivant la proportion d'une drachme de la première et de la troisième de ces substances, et de six cuillerées de la deuxième, par pinte de liquide. On mêle des quantités égales de ces deux liqueurs, et on les passe aux filtres. On expose ceux-ci à l'air jusqu'à parfaite dessiccation des principes solides dont ils restent chargés. S'ils sont tous de même nature et de mêmes dimensions, la différence des poids indiquera avec une précision suffisante les quantités de tannin contenues dans les matières végétales , et la valeur relative qu'elles ont pour les manufactures.

Outre les écorces mentionnées plus haut, il en existe plusieurs autres qui contiennent le principe tannant. Quelques-unes aussi n'en offrent aucune trace. On le trouve dans les bois et les feuilles de plusieurs arbres et arbrisseaux. C'est un des principes végétaux les plus répandus.

En traitant à chaud le charbon par l'acide nitrique étendu, et en évaporant le mélange jusqu'à siccité, M. Hatchett a obtenu récemment une substance tout-à-fait analogue au principe tannant ; cent grains de charbon lui en ont donné cent vingt de tannin artificiel , jouissant de la propriété de rendre les peaux insolubles dans l'eau.

L'une et l'autre espèce forme, avec les alcalis et les bases alcalines, des combinaisons qu'elles ne peuvent détruire. En conséquence, les tentatives faites pour rendre l'écorce de chêne plus efficace, au moyen de l'eau de chaux , sont fondées sur de faux principes. Ces deux corps donnent naissance à un composé insoluble.

Les acides produisent des combinaisons plus ou moins solubles en s'unissant au tannin. Il est probable que dans quelques végétaux ce principe se trouve engagé avec des substances alcalines ou terreuses, et qu'en certains cas il serait avantageux de les employer étendus.

9. L'*indigo* se prépare en faisant digérer le pastel (*isatis tinctoria*) dans l'alcohol. La solution évaporée dépose des grains cristallins blancs, qui bleuissent lorsqu'on les expose à l'air. Ces grains sont la substance dont il s'agit.

La plus grande partie de l'indigo du commerce nous vient de l'Amérique. On l'extrait de diverses plantes : de l'*indigofera argentea*, ou indigo sauvage, l'*indigofera disperma*, ou indigo guatimala, et de l'*indigofera tinctoria*, ou indigo français. On récolte les feuilles de ces arbres, et on les fait fermenter dans l'eau. L'indigo se précipite sous forme d'une poudre fine d'un bleu très-intense. Insoluble dans le liquide dont nous parlons, il se dissout légèrement dans l'alcohol. Mais son véritable dissolvant est l'a.cide sulfurique ; huit parties de l'un et une partie de l'autre étendu d'eau, donnent une teinte bleue très-belle.

Soumis à la distillation, l'indigo dégage du gaz acide carbonique, de l'eau, de l'ammoniaque, quelques matières huileuses et acides. Il dépose une grande quantité de charbon. Ainsi cette substance paraît composée de carbone, d'oxigène, d'hydrogène et d'azote.

La couleur bleue et l'insolubilité de l'indigo sont dues à la combinaison qu'il forme avec l'oxigène. Aussi les teinturiers sont-ils dans l'usage, pour l'employer plus commodément, de le mettre en digestion avec l'orpiment et l'eau de chaux. Il devient peu à peu soluble dans celle-ci et prend une teinte verte. Les tissus immergés dans le bain se combinent avec la matière colorante; étalés ensuite à l'air, ils absorbent l'oxigène et bleuissent.

L'indigo est un des ingrédiens dont l'usage est le plus étendu dans la teinture.

10. Le *principe narcotique* se trouve en abondance dans l'opium. Cette substance, ou jus concrété du pavot blanc (*papaver album*), est mise en digestion dans l'eau, et la solution qui en résulte, évaporée jusqu'à consistance de sirop. On ajoute de l'eau froide, il se fait un précipité qui, soumis à l'ébullition dans l'alcohol, dépose des cristaux pendant que la liqueur refroidit. On les traite de nouveau par ce liquide, une seconde précipitation a lieu par le refroidissement, et ainsi de suite jusqu'à ce qu'ils soient devenus parfaitement blancs. Ces cristaux sont le *principe narcotique*.

Il est insipide, inodore, soluble dans environ quatre cents parties d'eau bouillante; il n'éprouve rien de la part de ce liquide employé à une basse température. L'alcohol bouillant ou froid exerce sur ce corps son action dissolvante; mais, dans le premier cas, 24 parties suffisent,

tandis qu'il en faut 100 dans le second. Les menstrues acides dissolvent fortement ce principe
auquel, suivant les expériences de De Rosne, il
faut rapporter tous les effets de l'opium sur l'économie animale. Le jus de pavot n'est pas le seul
qui le contienne, plusieurs autres plantes en
sont pourvues, mais elles n'ont pas été examinées avec beaucoup d'attention. Les *lactuca sativa*, ou laitues des jardins, et la plupart des
variétés de cette famille, renferment un suc laiteux, qui présente quand il est épaissi les caractères de l'opium, et contient le même principe
narcotique.

11. Le *principe amer* est fort répandu dans le
règne végétal ; il existe en quantité dans le houblon (*humulus lupulus*), dans le genet commun
(*spartium scoparium*), dans la camomille (*an-
themis nobilis*), dans la *quassia amara* et *excelsa*.
On l'extrait de ces substances au moyen de l'eau,
de l'alcohol, et de l'évaporation. Il est ordinairement d'une couleur jaune pâle et d'une amer-
tume excessive. Il est très-soluble, soit dans
l'eau, soit dans l'alcohol, et n'a point ou presque
point d'action sur les dissolutions alcalines, acides, salines ou métalliques.

En faisant macérer dans l'acide nitrique
étendu, de la soie, de l'indigo ou du bois de
saule blanc, on obtient une substance analogue
au principe amer ; elle en diffère cependant par

la propriété qu'elle possède de se combiner avec les alcalis. Unie à ces bases elle constitue des corps cristallisés qui détonent par la chaleur ou la percussion. Elle communique aux tissus une belle couleur jaune.

Elle est d'un grand usage dans l'art du brasseur ; elle arrête la fermentation, et conserve les liquides qui l'ont subie. Elle est aussi employée en médecine.

Le principe amer, ainsi que le principe narcotique, paraît en grande partie composé de carbone, d'hydrogène, d'oxigène et d'une petite quantité d'azote.

12. La *cire* se trouve dans un grand nombre de végétaux, et s'extrait en quantité considérable des baies du *myrica cerifera*. Les feuilles de divers arbres en fournissent aussi. Elle est blanche dans son état de pureté. Sa densité est 9,662 ; elle fond à 68°, 5. L'alcohol froid est sans action sur elle, bouillant il la dissout ; elle est insoluble dans l'eau ; comme combustible, ses propriétés sont connues.

La cire végétale paraît être de même nature que celle des abeilles.

D'après les expériences de Gay-Lussac et Thenard, 100 de cire sont composées de

Carbone. 81, 784
Oxigène. 5, 544

Hydrogène 12, 672
ou autrement de

Carbone 81, 784
Oxigène et hydrogène dans les
proportions nécessaires pour
faire l'eau 6, 300
Hydrogène 11, 916

Ce qui revient, à peu de chose près, à 37 proportions d'hydrogène, 21 de carbone, et 1 d'oxigène.

13. La *résine* est fort commune dans le règne végétal. Une des plus en usage est celle que fournissent différentes espèces de sapin. Au printemps on enlève sur ces arbres une lanière d'écorce ; il s'exsude aussitôt une matière appelée térébenthine. Soumise à une douce chaleur, elle laisse échapper une huile volatile, et donne un résidu plus fixe qui est la résine.

Elle porte communément le nom de colophane. Ses propriétés sont connues. Sa densité est de 1072. Fusible à une basse température, elle dégage dans sa combustion une lumière jaunâtre et beaucoup de fumée. Elle est insoluble dans l'eau, soit chaude, soit froide ; mais elle est très-soluble dans l'alcohol. Si on ajoute un peu du premier liquide à la dissolution qu'elle forme avec le second, celle-ci se trouble, et la résine se précipite.

Plusieurs espèces d'arbres fournissent cette substance : le *pistacia lentiscus* produit le *mastic*, l'*amyris elemifera*, l'*elemi*, le *rhus copallinum*, le *copal*, et le génevrier commun, le *sandaraque*. Le copal est de toutes les résines la plus remarquable; elle ne se dissout dans l'alcohol qu'autant que celui-ci est en vapeurs, ou qu'il tient du camphre en solution.

D'après Gay-Lussac et Thenard, 100 de résine commune sont formées de

Carbone. 75, 944
Oxigène. 13, 337
Hydrogène 10, 719

ou de

Carbone 75, 944
Oxigène et hydrogène dans les
   proportions nécessaires pour
   de l'eau. 15, 156
Hydrogène. 8, 900

D'après les mêmes chimistes, 100 de copal sont composes de

Carbone. 76, 811
Oxigène. 10,606
Hydrogène. 12,583

ou

Carbone 76,811
Eau ou ses élémens. 12,052
Hydrogène. 11,137

D'après ces résultats, si la résine est un cor
posé défini, elle doit être formée de huit pr
portions de carbone, de douze d'hydrogène
et d'une d'oxigène.

Les résines sont employées à une foule d'us
ges. Décomposées en partie, elles donnent nai
sance au goudron et à la poix. En soumetta
le sapin à une combustion lente, on obtient
première de ces substances ; celle-ci, légèr
ment évaporée, perd ses principes les plus v
latils et donne la seconde. Dissoutes dans l'a
cohol ou les huiles, elles produisent les verni

Le copal est une de celles qui fournissent l
plus beau. On le prépare en faisant bouillir cett
substance, réduite en poudre, dans l'huile d
romarin, et en ajoutant de l'alcohol à la solution

14. On se procure le *camphre* en distillan
le bois du *laurus camphora*, arbrisseau d
Japon. C'est un corps très-volatil, susceptibl
d'être purifié par la distillation ; il est blanc
cassant, semi-transparent, d'une odeur particulière, et d'une saveur extrêmement âcre. I
n'est presque pas soluble dans l'eau. Une parti
de cette substance en exige plus de 100,00
pour se dissoudre, mais elle cède facilement à
l'affinité de l'alcohol. Si on ajoute de temps à autre
de petites quantités de liquide dans les dissolutions de ces deux corps, le premier se sépare
peu à peu du second et se dépose sous forme

ristallisée. Le camphre est égalemeut soluble dans l'acide nitrique , et précipité par l'eau comme dans le cas précédent.

Il est très-inflammable , brûle avec une belle flamme , et donne pour résidu une assez grande quantité de matière charbonneuse, de l'eau, de l'acide carbonique , et un acide particulier appelé acide *camphorique*. Jusqu'à présent il n'en a pas été fait d'analyse exacte , mais cette substance paraît , dans sa composition , se rapprocher des résines. Elle est formée de carbone , d'hydrogène et d'oxigène.

Le camphre n'existe pas seulement dans le *laurus camphora* ; les diverses espèces de lauriers qui croissent à Sumatra , à Bornéo et dans les îles des Indes-Orientales en produisent. On en trouve aussi dans le thym (*thymus serpillum*) , dans la marjolaine (*origanum majorana*) , dans le gingembrier (*amomum zingiber*) , dans la sauge (*salvia officinalis*). Plusieurs huiles volatiles en donnent également lorsqu'elles sont exposées au simple contact de l'air.

M. Kind a obtenu une substance tout-à-fait analogue au camphre , en saturant l'huile de térébenthine avec le gaz acide muriatique (celui qui se dégage lorsqu'on traite le sel marin par l'acide sulfurique). Quand l'expérience est bien conduite , le produit s'élève à près de la moitié de l'huile de térébenthine employée. Il a toutes

les propriétés physiques du camphre ordinaire
mais il en diffère dans ses propriétés chimiqu
et dans sa composition. Il ne peut se dissoud
dans l'acide nitrique sans se décomposer. D'apr
les expériences de Gehlen, cette substance para
formée des élémens de l'huile de térébenthine
de carbone, d'hydrogène et d'oxigène combiné
avec les bases du gaz muriatique, le chlore
l'hydrogène.

Si on conclut par analogie du camphre arti
ficiel au naturel, il ne semblera pas invraisem
blable que celui-ci soit un composé végétal se
condaire, formé d'acide camphorique et d'huil
volatile.

Le camphre est employé dans la médecine
et n'a d'ailleurs aucun autre usage.

15. Les *huiles fixes* s'obtiennent par l'expres
sion des graines et des fruits. Les plus commu
nes s'extraient de l'olive, de l'amande, des grai
nes de lin et de navets; elles ont moins de den
sité que l'eau : celles d'olive et de navette pèsen
spécifiquement 913, celles de lin et d'amande
932, celles de palmier 968, celles de noix
de faînes 923. Plusieurs se coagulent à une tem
pérature plus basse que celle de la congélation;
toutes exigent, pour se volatiliser, une chaleur
plus forte que celle de l'eau bouillante. Les produits de la combustion sont de l'eau et du gaz
acide carbonique.

D'après les expériences de Gay-Lussac et
Thenard, 100 d'huile d'olive sont formées de

Carbone 77,213
Oxigène 9,427
Hydrogène 13,360

Cette estimation revient, à peu de chose près,
à 11 proportions de carbone, 20 d'hydrogène
et 1 d'oxygène.

*Liste des huiles fixes et des plantes qui les pro-
duisent.*

HUILES.	PLANTES.
D'olives.	Olivier (*olea europæa*).
De lin.	Lin commun (*linum usitatis-simum et perenne*).
De noix.	Noisettier (*corylus avellana*). et Noyer (*juglans regia*).
De chènevis.	Chanvre (*cannabis sativa*).
D'amandes douces.	Amandier (*amygdalus com-munis*).
De faînes.	Hêtre commun (*fagus sylva-tica*).
De navettes.	Navet (*brassica napus et campestris*).
De pavots.	Pavot (*papaver somniferum*).
De sésame.	Sésame (*sesamum orientale*).

5

HUILES.	PLANTES.
De concombres.	Citrouille (*cucurbita pepo et malapepo*).
De moutarde.	Moutarde (*sinapis nigra et arvensis*).
De tournesol.	Tournesol (*helianthus annuus et perennis.*)
De castor.	Palma Christi (*ricinus communis*).
De graines de tabac.	Tabac (*nicotiana tabaccum et rustica*).
D'amandes de prunes.	Prunier (*prunus domestica*).
De graines de raisin.	Vigne (*vitis vinifera*).
De beurre de cacao.	Cacaotier (*theobroma cacao*).
De laurier.	Laurier (*laurus nobilis*).

Les huiles fixes sont des substances fort nutritives dont on fait des applications à tous les objets de la vie. Combinées avec la soude , elles donnent naissance à la meilleure espèce de savon dur. On en consomme beaucoup dans les arts mécaniques , dans la préparation des couleurs et des vernis.

16. Les *huiles volatiles*, qu'on appelle aussi *huiles essentielles*, diffèrent des précédentes en

ce qu'elles exigent beaucoup moins de chaleur pour se volatiliser. Elles se dissolvent dans l'alcohol , et sont légèrement solubles dans l'eau.

Presque toutes se distinguent entre elles par le goût, la densité , et autres qualités physiques. Cependant chaque espèce est en quelque sorte caractérisée par une forte odeur particulière. Elles s'enflamment plus facilement que les huiles fixes , et donnent pour produits de la combustion , différentes proportions des mêmes substances , savoir , de l'eau , de l'acide carbonique et du carbone.

Tableau des densités des différentes espèces d'huiles volatiles, déterminées par le docteur LEWIS.

HUILES.

De sassafras	1094
De cannelle	1035
De girofle	1034
De fenouil. , ...	997
D'anis . . . , ...	994
De pouliot.	978
De cumin	975
De menthe	975
De muscade.	948
De tanaisie.	946
De carvi	940
D'origan	940
De lavande	936
De romarin . , ...	934
De genièvre	911
D'oranges	888
De térébenthine	792

Les odeurs particulières des plantes paraissent dépendre de l'huile volatile qu'elles contiennent. Les vertus des eaux parfumées doivent être attribuées à la même cause. En recueillant les huiles aromatiques, on fixe le parfum des fleurs généralement si fugace.

On ne peut pas douter que les huiles volatiles ne soient formées de carbone, d'hydrogène et d'oxigène : mais on a pas fait jusqu'à présent d'expériences exactes pour déterminer les proportions de ces élémens.

Elles n'ont jamais été employées comme substances alimentaires : les arts en font usage pour la composition des couleurs et des vernis ; mais c'est surtout comme parfums qu'elles se consomment.

17. La *fibre ligneuse* s'extrait du bois, de l'écorce, des feuilles ou des fleurs soumises à l'action répétée de l'eau et de l'alcohol bouillans : les matières solubles se dissolvent, et la base des parties solides organisées est mise à nu. Il y a autant de variétés de fibre ligneuse qu'il y a de plantes, et que celles-ci ont d'organes ; mais toutes se distinguent par leur texture fibreuse et leur insolubilité.

Le ligneux brûle avec une flamme jaune, dégage de l'eau et de l'acide carbonique ; distillé en vase clos, il donne une quantité considérable de charbon. C'est uniquement de cette partie du bois que provient celui qui se consomme pour les divers besoins de la vie.

Tableau des résultats obtenus par M. Mushet, sur la quantité de charbon fourni par différentes espèces de bois.

100 parties de bois de

      vigne donnent. . . . . . 26, 8 de charbon.

— d'acajou 25, 4

— de laburnum 24, 5

— de châtaignier 23, 2

— de chêne 22, 6

— de hêtre noir d'Amérique 21, 4

— de noyer 20, 6

— de houx. 19, 9

— de hêtre 19, 9

— d'érable d'Amérique. . . 19, 9

— d'orme 19, 5

— de pin de Norwège. . . . 19, 2

— de saule. 18, 4

— de frène. 17, 9

— de bouleau. 17, 4

— de pin d'Écosse 16, 4

D'après les expériences de Gay-Lussac et Thenard, 100 de bois de chêne et de hêtre sont composés de

      Carbone 52, 53

      Oxigène. 41, 78

      Hydrogène 5, 69

et 100 de hêtre contiennent :

Carbone. 51, 45
Oxigène 42, 73
Hydrogène 5, 82

En supposant que le ligneux soit un composé défini, cette analyse conduit à admettre qu'il est formé de 5 proportions de carbone, de 3 d'oxigène et de 6 d'hydrogène, ou 57 de carbone, 45 d'oxigène et 6 d'hydrogène. Il est inutile de parler des usages du bois : le coton, la toile, l'écorce, sont assez connus. La fibre ligneuse paraît être une substance indigeste.

18. Le règne végétal renferme un grand nombre d'*acides*. Plusieurs existent tout formés dans les jus ou les organes des plantes : tels sont les acides oxalique, citrique, tartarique, benzoïque, gallique, acétique, malique et prussique.

Tous sont blancs et cristallisent, à l'exception des trois derniers ; ceux-ci n'existent qu'à l'état fluide. Ils sont plus ou moins solubles dans l'eau. Les uns et les autres ont une saveur aigre, si ce n'est pourtant l'acide gallique, dont le goût est astringent, et l'acide prussique, qui cause à peu près sur le palais la même impression que l'amande amère.

L'acide oxalique existe à l'état libre dans la liqueur exprimée des pois chiches (*cicer aric-*

tinum) ; on peut l'extraire des tiges d'oseille (*oxallis acetosella*), de l'oseille commune, et autres espèces de rumex ; le *geranium acidum* en donne également.

Cet acide décompose le sels calcaires, et forme avec la chaux une combinaison insoluble ; il cristallise en prismes à quatre pans. Ces caractères suffisent pour qu'on ne le confonde avec aucun autre.

L'acide citrique se trouve dans le jus des citrons et des oranges ; on l'obtient aussi des baies de canneberge, de myrtille et d'églantier.

La propriété caractéristique de cet acide est de former avec la chaux un sel insoluble dans l'eau, mais décomposable par les acides minéraux.

L'acide tartarique s'extrait du jus de mûres, du moût et de la pulpe de groseille. Sa propriété caractéristique est de former avec la potasse un sel très-peu soluble, et d'en former un autre avec la chaux, qui ne l'est pas du tout, et qui se décompose par l'action des acides minéraux.

L'acide benzoïque se tire, par la distillation de plusieurs substances résineuses, du benjoin, du storax et du baume de Tolu ; il se distingue des autres acides par son odeur aromatique et son extrême volatilité.

L'acide malique se prépare au moyen du jus de pommes, d'épine-vinette, de prunes, de baies de sureau, de groseilles, de fraises et de framboises; il forme avec la chaux un sel soluble, propriété qui le caractérise suffisamment.

L'acide acétique, ou vinaigre, peut être extrait de la sève de plusieurs arbres; il se distingue de l'acide malique par son odeur, et des autres acides végétaux par la propriété qu'il a de former des sels solubles avec les alcalis et les terres.

L'acide gallique s'obtient en chauffant doucement et graduellement des noix de galles pulvérisées, et versant ensuite la matière dans un vase froid. Il se dépose un grand nombre de cristaux blancs qui jouissent de la propriété de communiquer aux distillations de fer un pourpre foncé.

On se procure l'acide prussique végétal en distillant des feuilles de laurier ou des noyaux de pêches, de cerises, d'amandes amères. On le reconnaît facilement : il forme, avec les dissolutions qui contiennent du fer et un peu d'alcali, un précipité bleu verdâtre; il a beaucoup d'analogie avec celui qu'on extrait de substances animales ou du charbon traité à une haute température par un courant d'ammoniaque. Ce dernier acide, combiné avec de l'oxide rouge de fer, donne naissance au composé qui porte le nom de bleu de Prusse.

Deux autres acides végétaux ont été trouvés

5*

dans les produits des plantes, l'acide morolixique, dans une exsudation saline du mûrier blanc ; et l'acide kinique, dans un sel qui fait partie du kinkina. Mais ils n'ont été rencontrés nulle part ailleurs. L'acide phosphorique existe à l'état libre dans l'ognon ; les acides sulfurique, muriatique et nitrique se trouvent aussi dans plusieurs composés salins, mais ne peuvent être considérés comme des produits du règne végétal. Les autres acides sont formés par la combustion des substances végétales, ou par l'action que l'acide nitrique exerce sur elles : tels sont ceux qu'on désigne par les noms de camphorique, mucique ou saccolactique et subérique. On les prépare en traitant par l'eau-forte, le camphre, le mucilage ou la gomme, et le liége.

Les expériences faites sur les acides végétaux tendent à établir qu'à l'exception de l'acide prussique, tous sont composés de carbone, d'hydrogène et d'oxigène en diverses proportions ; et que celui-ci renferme en outre de l'azote. L'acide gallique est de tous celui qui contient le plus de carbone.

Tableau de la composition de quelques acides végétaux d'après Gay-Lussac *et* Thenard.

100 d'acide oxalique sont composées de

Carbone. 26, 566
Hydrogène. 2, 745
Oxigène 70, 689

100 d'acide tartarique , de

Carbone. 24, 050
Hydrogène. 6, 629
Oxigène 69, 321

100 d'acide citrique , de

Carbone. 33, 811
Hydrogène. 6, 330
Oxigène 59, 859

100 d'acide acétique , de

Carbone. 50, 224
Hydrogène. 5, 629
Oxigène 44, 147

100 d'acide mucique ou saccolactique , de

Carbone. 33, 69
Hydrogène. 3, 62
Oxigène 62, 69

Ces analyses coïncident, à peu de chose près , avec les proportions définies suivantes : acide oxalique , 7 proportions de carbone , 8 d'hydrogène , et 15 d'oxigène ; acide tartarique , 8 de carbone, 28 d'hydrogène, 18 d'oxigène; acide citrique, 3 de carbone, 6 d'hydrogène, 4 d'oxigène; acide acétique, 18 de carbone, 22 d'hydrogène, 12 d'oxigène; acide muqueux, 6 de carbone, 7 d'hydrogène, 8 d'oxigène.

Les applications de ces divers acides sont connues; on fait un usage excessivement étendu de l'acide acétique et de l'acide citrique. La saveur et la salubrité de diverses substances végétales employées comme alimens, dépendent en grande partie des acides qu'elles contiennent.

19. On obtient l'*alcali* fixe en réduisant les végétaux en cendres, et en traitant celles-ci par la chaux vive et l'eau. La potasse est fort répandue dans le règne végétal. Pure, cette substance est blanche et demi-transparente. Elle exige pour entrer en fusion une température élevée, et possède une saveur très-caustique. La potasse pure des chimistes est une combinaison d'alcali fixe et d'eau. Celle du commerce, qu'on appelle aussi perlasse, contient en outre une petite quantité d'acide carbonique. Lorsqu'elle est parfaitement libre, elle se compose d'une proportion d'oxigène et d'autant de potassium.

La soude, ou alcali minéral, est contenue dans quelques-uns des végétaux qui croissent sur le rivage de la mer. Elle est, ainsi que la potasse, combinée avec l'eau et l'acide carbonique; elle résulte d'une proportion de sodium et de deux d'oxigène. Ses propriétés sont à peu près les mêmes que celles de l'alcali végétal ; ces deux substances se distinguent néanmoins l'une de l'autre. La première, en s'unissant à l'huile, donne naissance à des savons durs, tandis que la seconde n'en produit que de mous.

La potasse, la barille et les variétés de soude qu'on obtient en lessivant les cendres des plantes marines, sont très-recherchées dans les manufactures de savon et de verre. Cette dernière production se confectionne au moyen de l'alcali fixe, du sable et de quelques substances métalliques.

Quand on veut connaître si une plante contient de l'alcali, on la brûle et on en lessive la cendre. Si l'eau de lavage, après avoir été quelque temps exposée à l'action de l'air, verdit les couleurs bleues végétales, c'est une preuve qu'elle en renferme.

Un moyen d'apprécier le rapport des quantités de potasse que fournissent les végétaux, est de réduire en cendres des poids égaux de ceux-ci. On lave ensuite le produit de la combustion dans deux fois son volume d'eau, on tire le liquide au clair, on le passe au filtre et on l'évapore jusqu'à siccité. Le rapport des poids du sel obtenu indique, à peu de chose près, celui des quantités d'alcali.

La même méthode sert à déterminer la valeur des plantes marines avec une exactitude suffisante pour les besoins du commerce.

Les herbes donnent en général quatre ou cinq, et les arbrisseaux deux ou trois fois autant de potasse que les arbres. Les feuilles en produisent plus que les branches, et celles-ci plus que le tronc. Les végétaux brûlés verts rendent plus de cendres que lorsqu'ils sont secs.

Tableau des quantités de potasse données par les plantes et par quelques arbres communs, dressé sur les expériences de Kirwan, Vauquelin et Pertuis.

10,000 parties de chêne en donnent. . 15

d'orme. 39

de hêtre. 12

de vigne. 55

de peuplier. 7

de chardon. 53

de fougère. 62

de chardon des vaches. 196

d'absinthe. 730

de vesces. 275

de fèves. 200

de fumeterre. 790

Les terres trouvées dans les plantes sont au nombre de quatre : la silice, l'alumine ou l'argile pure, la chaux et la magnésie. On les obtient par l'incinération. La chaux est habituellement combinée avec l'acide carbonique. Cette substance et la silice sont beaucoup plus communes dans le règne végétal que la magnésie, et celle-ci l'est plus que l'alumine. Elles forment la principale partie des matières insolubles qui entrent dans la composition des cendres. On sait que la silice ne se dissout pas dans les acides; la terre calcaire, à moins que le résidu de la combustion n'ait été fortement calciné, fait effervescence avec l'acide muriatique. La magnésie forme avec l'acide sulfurique, un sel soluble et cristallisable, tandis que la chaux, en s'unissant à ce corps, produit un composé qui l'est extrêmement peu. L'alumine se distingue des autres terres en ce qu'elle ne cède qu'à la longue à l'action des acides, que les sels dont elle forme la base sont très-solubles dans l'eau, et ne cristallisent que difficilement.

Les terres semblent composées d'une proporportion des métaux dont nous avons parlé, et d'autant d'oxigène.

Celles qui sont fournies par les plantes ne servent à aucun des usages de la vie ordinaire. Il y a peu de cas où la connaissance de leurs propriétés puisse être utile à l'agriculteur.

Les seuls oxides métalliques qu'on ait rencontrés dans les végétaux, sont ceux de fer et de manganèse ; encore n'y existent-ils qu'en petite quantité. Si les cendres sont d'un brun rougeâtre, elles contiennent beaucoup des premiers ; et du deuxième , si elles affectent la teinte noire ou pourpre. Si elles sont de couleur mixte , elles renferment ceux des deux bases.

Divers composés salins sont contenus dans les plantes , ou produits par leur incinération. Le sulfate de potasse est un de ceux qu'on rencontre le plus habituellement. Le sel commun vient ensuite , puis le phosphate de chaux qui est insoluble dans l'eau , mais soluble dans l'acide muriatique. Les composés de terres, d'alcalis et des acides nitrique , muriatique, sulfurique et phosphorique , existent dans la sève de plusieurs plantes , et s'obtiennent au moyen l'incinération et de l'évaporation.

Les sels de potasse se distinguent de ceux de soude , en ce qu'ils précipitent les dissolutions de platine; ceux de chaux, en ce qu'ils exercent la même influence sur les solutions qui contiennent de l'acide oxalique ; ceux de magnésie , en ce qu'ils sont décomposés par l'ammoniaque. On reconnaît facilement la présence de l'acide sulfurique au moyen de la baryte , avec laquelle il forme un précipité blanc très-dense ; et celle de l'acide muriatique , parce qu'il trouble la dissolution du nitrate d'argent. Les sels dont l'acide nitrique fait partie donnent naissance à des scinillations, lorsqu'on les jette sur des charbons incandescens.

Comme on n'a fait aucune application de plusieurs sels neutres ou composés analogues trouvés dans les plantes à l'état libre, il est inutile de les décrire séparément. Les tables qui suivent sont extraites des recherches de Théodore Saussure, sur la végétation : elles renferment les résultats obtenus par ce savant, et indiquent les quantités de sels solubles, d'oxides métalliques et de terres qui se trouvent dans les cendres de diverses espèces de plantes.

NOM DES PLANTES.

1. Feuilles de chêne (*quercus robur*), du 10 mai.
2. Les mêmes, du 27 septembre. . . . .
3. Tiges ou branches écorcées de jeunes chênes, du 10 mai. . . . .
4. Écorce des branches précédentes. . . . .
5. Bois de chêne séparé de l'aubier . . . .
6. Aubier du bois de chêne précédent . . . . . .
7. Écorces des troncs de chênes précédens. . . .
8. Liber de l'écorce précédente . . . .
9. Extrait du bois de chêne précédent. . . . . . .
10. Terreau de bois de chêne. . . . .
11. Extrait du précédent terreau de bois de chêne
12. Feuilles de peuplier (*populus nigra*), du 26 mai.
13. Les mêmes, du 12 septembre. . . . .
14. Troncs écorcés des peupliers précédens, 12 sept.
15. Écorce des troncs précédens. . . . .
16. Feuilles de noisetier (*corylus avellana*), du 1er. mai . . . .
17. Les mêmes, lavées à froid avec de l'eau distillée.
18. Feuilles de noisetier, du 22 juin. . . . .
19. Les mêmes, du 20 septembre . . . .
20. Branches écorcées du noisetier précédent, du 1er. mai . . . .
21. Écorces des branches précédentes. . . . . . .
22. Bois de mûrier, dit d'Espagne (*morus nigra*), séparé de l'aubier, novembre . . . .
23. Aubier du mûrier précédent. . . . .
24. Écorce du mûrier précédent. . . . .
25. Liber de l'écorce précédente . . . .
26. Bois de charme (*carpinus betulus*), séparé de l'aubier, novembre. . . . .
27. Aubier du charme précédent. . . . .
28. Écorce du charme précédent . . . .

Eau de végétation dans 1000 parties de plante verte.	Sels solubles dans l'eau.	Phosphates terreux.	Carbonates terreux.	Silice.	Oxides métalliques.	Déficit.
745	47	24	0,12	5	0,64	25,24
549	17	18,25	23	14, 5	1,75	25, 5
»	26	28, 5	18,25	0,12	1	32,58
»	7	4, 5	65,25	0,25	1,75	22,75
»	38, 6	4, 5	52	2	2,25	20,65
»	32	24	11	7, 5	2	25, 5
»	7	3	66	1, 5	2	21, 5
»	7	3,75	65	0, 5	1	22,75
»	51	» »	» »	» »	» »	» »
»	24	10, 5	10	32	14	8, 5
»	66	» »	» »	» »	» »	» »
652	36	13	29	5	1,25	15,75
565	26	7	36	11, 5	1, 5	18
»	26	16,75	27	3, 3	1, 5	24, 5
»	6	5, 3	60	4	1, 5	23, 2
»	26	23, 3	22	2, 5	1, 5	24, 7
»	8, 2	19, 5	44, 1	4	2	22, 5
655	22, 7	14	29	11, 3	1, 5	21, 5
557	11	12	36	22	2	17
»	24, 5	35	8	0,25	0,12	32, 2
»	12, 5	5, 5	54	0,25	1,75	26
»	21	2,25	56	0,12	0,25	20,38
»	26	27,25	24	1	0,25	21, 5
»	7	8, 5	45	15,25	1,12	23,13
»	10	16, 5	48	0,12	1	24,38
346	22	23	26	0,12	2,25	26,63
390	18	36	15	1	1	29
346	4 5	4, 5	59	1, 5	0,12	50,88

NOMS DES PLANTES.

29. Tronc, branches effeuillées du marronnier
    (æsculus hyppocastanum), du 10 mai. . . .
30. Feuilles de marronnier, du 10 mai. . . . . .
31. Les mêmes, du 23 juillet . . . .
32. Les mêmes, du 27 septembre. . . . .
33. Fleurs du marronnier précédent. . . . . . .
34. Fruits en maturité du même marronnier, 5 oc-
    tobre. . . . .
35. Plantes de pois (pisum sativum), en fleurs . . .
36. Les mêmes, portant leur graine en maturité. .
37. Plantes de fèves de marais (vicia faba), avant la
    floraison, du 23 mai. . . . .
38. Les mêmes, pendant la floraison : du 23 juin. .
39. Les mêmes, portant leur graine en maturité,
    23 juillet. . . . .
40. Les mêmes, séparées des graines en maturité. .
41. Graines des plantes précédentes. . . . . . .
42. Plantes de fèves en fleurs, crue dans l'eau dis-
    tillée et provenues des graines précédentes. .
43. Verge d'or (solidago vulgaris), avant la floraison,
    du 1er. mai. . . . .
44. Les mêmes, prêtes à fleurir, du 15 juillet. . .
45. Les mêmes, portant leurs graines en maturité,
    20 septembre. . . . .
46. Plantes de tournesol (helianthus annuus), du
    23 juin, un mois avant la floraison. . . . .
47. Les mêmes, commençant à fleurir, du 23 juillet.
48. Les mêmes, du 20 septembre, portant leurs
    graines en maturité. . . . .
49. Plantes de froment (triticum sativum) en fleurs.
50. Les mêmes, portant leurs graines en maturité.
51. Les mêmes, un mois avant leur floraison. . . .
52. Les mêmes, en fleurs, du 14 juin . . . . . .

Eau de végétation dans 1000 parties de plante verte.	Sels solubles dans l'eau.	Phosphates terreux.	Carbonates terreux.	Silice.	Oxides métalliques.	Déficit.
»	9, 5	» »	» »	» »	» »	» »
782	5o	» »	» »	» »	» »	» »
652	24	» »	» ■	» »	» »	» »
636	13, 5	» »	» »	» »	» »	» »
873	5o	» »	» »	» »	» »	» »
647	75	10, 5	» »	0,75	o, 5	13,25
»	49, 8	17,25	6	2, 3	1	24,65
»	34,25	22	14	11	2, 5	17,25
895	55, 5	14, 5	3, 5	1, 5	o, 5	24,5o
876	55, 5	13, 5	4,12	1, 5	o, 5	24,38
»	5o	17,75	4	1,75	o, 5	26
»	42	5,75	36	1,75	1	12, 9
»	69,28	27,92	» »	» »	o, 5	2, 3
»	6o, 1	3o	» »	» »	o, 5	9, 4
»	67, 5	10,75	1, 5	1, 5	0,75	18,25
»	59	8, 5	9,25	1, 5	0,75	21
»	48	11	17,25	3, 5	1, 5	18,75
»	63	6, 7	11,56	1, 5	0,12	16,67
877	61	6	12, 5	1, 5	0,12	18,78
753	51, 5	22, 5	4	3,75	o, 5	17,75
»	43,25	12,75	0,25	32	o, 5	12,25
»	11	15	0,25	54	1	18,75
»	6o	11, 5	0,25	12, 5	0,25	15, 5
699	41	10,75	0,25	26	o, 5	21, 5

NOMS DES PLANTES.

53. Les mêmes, du 28 juillet, portant leurs graines en maturité. . . . .

54. Paille du froment précédent, séparée des graines.

55. Graines choisies du froment précédent . . . . .

56. Son . . . .

57. Plantes de maïs (*zea maïs*), du 23 juin, un mois avant la floraison. . . . .

58. Les mêmes, en fleurs, du 23 juillet. . . . . .

59. Les mêmes, portant leurs graines en maturité.

60. Tiges du maïs précédent, séparées de leurs épis en maturité . . . .

61. Épis des tiges précédentes . . . .

62. Graines du maïs précédent . . . .

63. Paille d'orge (*hordeum vulgare*), séparée de ses graines en maturité. . . . .

64. Graines d'orge de la paille précédente. . . . .

65. Graines d'orge. . . . .

66. Avoine. . . . .

67. Feuilles de rosage (*rhododendrum ferrugineum*), crues sur le Jura, montagne calcaire, du 20 juin.

68. Les mêmes, crues sur le Breven, montagne granitique, du 27 juin. . . . .

69. Tiges et branches de rosage, crues sur le Jura, du 20 juin . . . .

70. Tiges de rosage, ornes sur le Breven, du 17 juin.

71. Feuilles de pin (*pinus abies*), crues sur le Jura, du 20 juin. . . . .

72. Les mêmes, crues sur le Breven, du 27 juin. . .

73. Branches de pin, dépouillées de feuilles, du 20 juin. . . . .

74. Airelle (*vaccinium myrtillus*), crue sur le Jura, du 29 août. . . . .

75. Les mêmes, crues sur le Breven, 20 août . . .

Eau de végétation dans 1000 parties de plante verte.	Sels solubles dans l'eau.	Phosphates terreux.	Carbonates terreux.	Silice.	Oxides metalliques.	Déficit.
»	10	11,75	0,25	51	0, 7	23
»	22, 5	6, 2	1	61, 5	1	78
»	47,16	44, 5	» »	0, 5	0, 2	7, 6
»	4,16	46, 5	» »	0, 5	0,25	8, 6
»	69	5,75	0,25	7, 5	0,25	17
»	69	6	0,25	7, 5	0,25	17
»	» »	» »	» »	» »	» »	» »
»	72,45	5 »	1	18	0, 5	3, 5
»	» »	»	» »	» »	» »	» »
»	62	36	» »	1	0,12	0,88
»	20	7,75	12, 5	57	0, 5	2,25
»	29	32, 5	» »	35, 5	0,25	2, 8
»	22	22	» »	21	0,12	29,88
»	1	24	» »	60	0,25	14,75
»	23	14	43,25	0,75	3,25	15,63
»	21, 1	16,75	16,75	2	5,77	31,52
»	22, 5	10	39	0, 5	5, 4	22,48
x	24	11, 5	29	1	11	24, 5
»	16	12,27	43, 5	2, 5	1, 6	24,13
»	15	12	29	19	5, 5	19, 5
»	15	» »	» »	» »	» »	» »
»	17	18	42	1, 5	3,12	19,38
»	24	22	22	5	9, 5	17, 5

Indépendamment des principes que nou
avons examinés jusqu'ici , il en existe plusieur
autres que les chimistes ont décrits comme ap
partenant au règne végétal : telles sont plusieur
substances , dont une analogue à la fibre mus
culaire des animaux , découverte par Vauque
lin dans la papaye , et une autre , semblable à l
gélatine animale trouvée dans les champignon
par Braconnot ; mais ce n'est pas ici le lieu d
s'étendre sur ces particularités , mon objet n'é
tant que de présenter des vues générales sur l
constitution des végétaux , qui puissent êtr
utiles aux agriculteurs. Des savans ont adopt
des distinctions systématiques qui sont étran
gères à mes recherches , et dans lesquelles j
n'entre pas. Le docteur Thomson a donné l
description de six substances végétales qu'i
appelle mucus , gelée , sarcocolle , asparagine
inuline et ulmine. Il prétend que la premièr
se trouve parfaitement pure dans la graine d
lin ; mais Vauquelin a dernièrement fait voi
que le mucilage de celle-ci a , dans ses proprié
tés essentielles , la plus grande analogie avec l
gomme , et qu'il est une combinaison de c
corps avec un principe peu différent du mucu
animal. Quant à la gelée végétale , le savan
auteur du *Système de chimie* , lui-même , l
regarde comme une modification de la gomme.
La sarcocolle paraît provenir de cette même

substance, alliée à un peu de sucre. L'inu-line ne semble être qu'une variété d'amidon. M. Smithson a démontré que l'ulmine est un composé d'une matière extractive particulière et de potasse. Il est probable que l'asparagine n'est qu'une combinaison de ce genre. Si de légères différences dans les propriétés physiques et chimiques suffisaient pour en établir dans les productions du règne végétal, le catalogue de celles-ci serait immense. On ne peut extraire deux composés parfaitement identiques. Ceux qui proviennent des mêmes substances, varient suivant le temps par lequel elles ont été cueillies, et la manière dont eux-mêmes ont été préparés. Les classifications scientifiques, dont le principal objet est de soulager la mémoire, doivent être fondées sur la similitude de propriétés distinctes, caractéristiques et invariables.

L'analyse de toute substance qui contient des mélanges de différens principes végétaux, peut être faite de telle sorte que l'agriculteur en tire aisément parti. Supposons, pour fixer nos idées, qu'on en prenne une quantité donnée, 200 grains par exemple. Après les avoir réduits en poudre, on en forme une pâte, qu'on malaxe dans ses mains, ou qu'on broie avec de l'eau froide dans un mortier. Si elle contient beaucoup de gluten, ce principe se sépare et se réunit en

6

masse cohérente : mais , soit qu'elle en renferme ou n'en renferme pas , on la met , après cette opération , en contact pendant deux à trois heures avec une demi-pinte d'eau froide ; on triture et on agite le mélange de temps à autre. On sépare ensuite , au moyen du filtre , les matières solides et fluides : celles-ci sont échauffées peu à peu , et passées de nouveau sur une chausse , si elles donnent quelques flocons ; enfin on les évapore jusqu'à siccité. Le papier de tournesol fait connaître si le résidu est acide ou alcalin ; dans le premier cas il rougit , dans le second il passe au vert. Dès qu'on s'est assuré de la présence de quelques corps de l'une ou l'autre de ces classes , il ne s'agit plus que d'en connaître l'espèce , résultat qu'on obtient aisément par l'emploi des réactifs précédemment décrits. Quant à la matière solide , si elle a une saveur douce ou amère , ou astringente, ou presque insipide , on peut supposer avec confiance qu'elle contient du sucre, ou de l'extrait, ou du tannin , ou enfin du mucilage : si on la traite par l'alcohol bouillant , ce liquide dissout toutes les substances énoncées , hors la dernière dont on peut déterminer le poids.

La dissolution alcoholique concentrée par l'évaporation , dépose des cristaux de sucre qui sont en général colorés par un peu d'extrait ; on les purifie par des dissolutions répétées dans ce liquide. En évaporant ensuite les liqueurs-mères que donnent ces diverses opérations, on obtient un résidu solide qui, dissout dans un peu d'eau et bouilli quelque temps au contact de l'air, se précipite sous forme de poudre insoluble : c'est l'extrait.

Si la première solution contient du tannin, on l'isole au moyen du procédé décrit précédemment. On fait usage de la colle de poisson, mais avec sobriété, de crainte d'introduire dans la liqueur un excès de gelée animale, qu'on pourrait confondre avec le mucilage.

On emploie l'eau bouillante aussitôt que ce liquide froid n'exerce plus d'action sur la substance végétale; si celle-ci contient de l'amidon, elle s'en empare et dissout également le sucre, l'extrait et le tannin, quand ils sont unis avec les autres principes du composé.

On isole l'amidon par une méthode tout-à-fait analogue à celle qu'on suit pour la séparation du mucilage.

Si l'eau chaude ne dépouille pas la substance végétale de tous ses principes, on la traite par l'alcohol bouillant, qui s'empare des matières résineuses, dont il est facile de reconnaître le poids en procédant à l'évaporation.

Le dernier agent dont on fasse usage est l'éther : il dissout la gomme élastique ; mais les propriétés de ce corps rendent sa présence assez sensible. On emploie rarement le réactif dont il s'agit.

Si la substance renferme des huiles fixes ou de la cire, on les détache par l'ébullition et on les recueille. Ce qui reste après qu'on a épuisé l'action de l'eau, de l'alcohol et de l'éther, peut être considéré comme la fibre ligneuse.

Quand une substance végétale contient de l'huile volatile, il est évident qu'il faut avoir recours à la distillation pour l'obtenir et en évaluer la quantité.

Lorsqu'on veut connaître celle des matières alcalines, salines, métalliques ou terreuses, on soumet le composé à l'action du feu : s'il est fixe, on l'expose, dans un creuset, à une chaleur rouge : s'il est volatil, on le fait passer à travers un tube de porcelaine incandescent. On détermine la nature des produits obtenus par cette méthode, au moyen des réactifs dont nous avons fait mention.

Les seules analyses dont l'agriculteur puisse avoir besoin de s'occuper lui-même, sont celles des substances qui se composent principalement d'amidon, de sucre, de gluten, d'huiles, de mucilage, d'albumine et de tannin.

Les deux exemples suivans donneront une idée de la manière dont il faut disposer les résultats des expériences.

Le premier est un tableau de la composition

des pois , tiré du travail fait par Einhof; et le second donne, les produits que j'ai obtenus de l'écorce de chêne.

3840 parties de pois mûrs donnent :

Amidon.	1265 parties.
Matière fibreuse analogue à l'amidon , avec les écorces de pois	840
Substance analogue au gluten. .	550
Mucilage	249
Matière saccharine.	81
Albumine	66
Matière volatile	540
Phosphates terreux.	11
Perte	229

100 parties d'écorce de chêne sèche , et prise sur un petit arbre privé d'épiderme , donnent :

Fibre ligneuse.	876 parties
Tannin.	57
Extrait.	31
Mucilage.	18
Matière rendue insoluble pendant l'évaporation, et formée probablement d'un mélange d'albumine et d'extrait. . . .	9
Perte , en partie matière saline.	30

On emploie diverses méthodes pour connaître les élémens primaires des différens principes
végétaux , et les proportions de leurs combinaisons ; la plus simple consiste à les décomposer par la chaleur , ou à les soumettre à la
combustion , et à recueillir les nouveaux produits auxquels elle donne naissance.

Quand une substance végétale est exposée à
une température rouge, ses élémens se dissocient pour former de nouvelles combinaisons :
les uns s'échappent sous forme de gaz , et se
condensent ensuite ou se maintiennent à l'état
de fluides élastiques permanens ; les autres
composent un amalgame solide de matières
charbonneuses, terreuses , salines , alcalines ou
métalliques.

Des expériences exactes sur la décomposition
des substances végétales au moyen de la chaleur, exigent un appareil compliqué , beaucoup
de temps , des soins continuels, et toutes les
ressources de la chimie. Les résultats qui intéressent l'agriculteur demandent moins d'apprêts;
une cornue , lutée avec un récipient , d'où
part un tube qui s'engage sous une cloche renversée pleine d'eau et de capacité connue , est
la seule chose qui lui soit nécessaire. Après
avoir mis dans sa cornue une quantité donnée
de substance , il excite le feu jusqu'à ce qu'elle
rougisse ; en même temps il tient frais le reste

de l'appareil, et continue son opération tant que les gaz se dégagent. Les fluides susceptibles de condensation se réduisent dans le récipient, et le résidu fixe se conserve dans la cornue. Les produits fluides de la distillation des substances végétales sont de l'eau, un peu d'acides acétique et muqueux, de l'huile empyreumatique, du goudron, et, dans quelques cas, de l'ammoniaque ; les gazeux sont de l'acide carbonique, de l'oxide de carbone et de l'hydrogène carburé, quelquefois du gaz oléfiant, de l'hydrogène et de l'azote ; mais ce dernier s'obtient rarement. L'acide carbonique est le seul de ces produits que l'eau absorbe : les autres sont inflammables : le gaz oléfiant brûle avec une vive flamme blanche ; l'hydrogène carburé avec une lumière analogue à celle de la cire ; l'oxide de carbone donne une flamme bleue et faible.

Les propriétés de l'hydrogène et de l'azote ont été décrites dans le chapitre précédent.

La densité de l'acide carbonique est à celle de l'air comme 20,7 est à 13,7 ; ce gaz se compose d'une proportion de carbone 11,4 , et de deux d'oxigène 30. Sa pesanteur spécifique, déterminée d'après les mêmes bases, est de 12,2 ; il est formé d'une proportion de carbone et d'autant d'oxigène.

Les densités de l'hydrogène carburé et du gaz

oléfiant, sont, l'une 8, et l'autre 13. Ces deux composés renferment chacun quatre proportions d'hydrogène ; le premier en contient une de carbone, et le deuxième deux.

Si on ajoute le poids du résidu charbonneux à celui des fluides condensés dans le récipient, qu'on les retranche ensuite du poids total de la substance, la différence exprimera celui des matières gazeuses.

Les acides acétique et muqueux ainsi que l'ammoniaque, qui se forment pendant l'opération, sont généralement en petite quantité. En comparant ensemble l'eau, le charbon et les gaz qu'on obtient, on peut se faire une idée de la composition des substances végétales sur lesquelles on opère. Les proportions des élémens de la plupart de celles qui sont susceptibles d'être employées comme aliment, ont été déterminées par les chimistes, ainsi que nous l'avons vu. Cependant il peut être utile, dans plusieurs cas, de faire usage de l'analyse par distillation ; tel est, par exemple, celui des engrais, dont nous nous occuperons dans un des chapitres prochains.

Les résultats publiés par MM. Gay-Lussac et Thenard, sur la composition des substances végétales, ont été obtenus en traitant celles-ci à une température élevée par l'hyper-oximuriate de potasse, substance composée de potassium, de chlore, d'oxigène, et que le charbon et l'hydrogène dépouillent de ce dernier principe. Leurs expériences, faites dans des appareils particuliers, sont très-délicates, et exigent de grandes précautions : c'est pourquoi nous n'entrerons dans aucun détail à cet égard.

Les recherches faites sur le sujet qui nous occupe, ont prouvé que les substances végétales les plus essentielles sont formées d'hydrogène, de carbone, d'oxigène, en différentes proportions, et quelquefois d'un peu d'azote. Quoique les acides, les alcalis, les terres, les oxides métalliques et les composés salins soient nécessaires dans l'économie végétale, ils sont néanmoins, dans l'agriculture, d'une importance beaucoup moindre que les autres principes. D'après les expériences de Saussure et de plusieurs autres savans, ces corps varient dans les mêmes espèces de plantes, suivant le sol où on les cultive.

MM. Gay-Lussac et Thenard ont déduit de leur travail sur les substances végétales, trois propositions auxquelles ils ont donné le nom de lois.

Première loi. — Lorsqu'une substance végétale ne contient point d'azote, et que sa quantité d'oxigène est à sa quantité d'hydrogène dans un rapport plus grand que dans l'eau, elle est acide, quelle que soit la quantité de carbone qui entre dans sa composition.

6*

Deuxième loi. — Lorsque le contraire a lieu, la substance est huileuse, résineuse, alcoholique ou étbérée ; quelquefois cependant elle joue le rôle d'acide.

Troisième loi. — Enfin, lorsque la quantité d'oxigène est à la quantité d'hydrogène dans le même rapport que dans l'eau, la substance est analogue au sucre, à la gomme, à la fibre ligneuse, etc.

De nouvelles expériences doivent être faites sur celles des substances végétales qui n'ont pas été examinées par MM. Gay-Lussac et Thenard, avant que les intéressantes conclusions que nous venons d'énoncer puissent être pleinement admises. Les recherches de ces deux savans établissent déjà une étroite analogie entre plusieurs composés végétaux fort distincts par leurs qualités physiques. Ces résultats, combinés avec ceux des autres chimistes, donnent une explication satisfaisante de plusieurs procédés de la nature et de l'art, par lesquels différens produits du règne végétal sont transformés les uns dans les autres, ou convertis en de nouveaux composés.

La gomme et le sucre sont, pour ainsi dire, formés des mêmes élémens, et l'amidon ne diffère de ces substances que par un petit excès de carbone. Les propriétés particulières dont les deux premières jouissent, paraissent principalement dépendre de l'arrangement différent ou du degré de condensation de leurs principes. D'après cela, il était naturel de penser que ces trois corps peuvent facilement se transmuter les uns dans les autres ; conjecture que l'expérience a vérifiée.

Lorsque les blés entrent en maturité, la matière saccharine contenue dans le grain, et apportée par les vaisseaux séveux, se coagule et se change en amidon. Le contraire a lieu dans le maltage ; c'est l'amidon de la céréale qui se transforme en sucre. Comme il y a dans ce cas absorption d'un peu d'oxigène et formation d'acide carbonique, il est probable que l'amidon perd un peu de son carbone, que celui-ci se combine avec le premier des gaz que nous avons nommés, et donne naissance au deuxième ; il est probable aussi que l'oxigène acidifie le gluten des graines maltées. La proportion des élémens de l'amidon une fois altérée, ils se dissocient, forment de nouvelles combinaisons, et la substance elle-même devient soluble dans l'eau.

En traitant par le phosphure de chaux une dissolution de sucre, M. Cruikshank a converti une partie de ce principe en une matière analogue au mucilage. M. Kirckhof, à l'aide d'un procédé très-simple, est récemment parvenu à transformer l'amidon en sucre. Il prend en

poids 100 parties de cette substance , 400 d'eau
et 1 d'acide sulfurique. Il les mélange et procède à l'ébullition qu'il maintient pendant quarante heures , en réparant à chaque instant les
pertes causées par l'évaporation. Il neutralise
ensuite ce qui reste d'acide libre au moyen de
la chaux , et laisse refroidir. La matière saccharine qui s'est développée cristallise aussitôt. Le
docteur Tuthill a retiré , d'une livre et demie
d'amidon de pommes-de-terre , une livre et
quart de sucre cristallisé brunâtre , qu'il regarde
comme jouissant de propriétés intermédiaires
entre ceux de cannes et de raisin.

Il est probable que cette transformation est
produite par l'affinité de l'acide pour les élémens
du sucre ; car diverses expériences prouvent
que le réactif n'est pas décomposé , et qu'il ne
se dégage pendant l'opération aucun produit
élastique. La couleur est due , selon toute apparence , à une petite quantité de carbone qui est
mise à nu , ou passe à de nouvelles combinaisons , et qui constitue, ainsi que nous l'avons vu,
la seule différence que l'analyse reconnaisse entre
l'amidon et les autres substances végétales.

M. Bouillon-Lagrange a rendu l'amidon soluble dans l'eau froide , au moyen d'une légère
torréfaction. La solution évaporée lui a donné
une substance qui avait tous les caractères du
mucilage.

Le gluten et l'albumine diffèrent des autres produits végétaux par l'azote qu'ils contiennent. Le premier, soumis pendant quelque temps à l'action de l'eau, entre en fermentation, donne naissance à de l'ammoniaque (qui contient de l'azote), à de l'acide acétique, à une matière grasse, et à une substance analogue à la fibre ligneuse.

L'extrait, le tannin et l'acide gallique exposés en solution pendant long-temps au contact de l'air, déposent également une matière tout-à-fait semblable au ligneux. La torréfaction en rapproche aussi les substances solides. Dans ces divers cas, il est probable qu'une portion de l'oxigène et de l'hydrogène, dont elles sont composées, se combinent et forment de l'eau.

Tous les autres produits végétaux diffèrent des acides du même règne par une plus grande proportion d'hydrogène et de carbone, ou par une quantité plus faible d'oxigène. Dépouillés de cet excès de la première substance que nous avons nommée, ils acquièrent la plupart toutes les propriétés des acides, et ceux-ci se convertissent aisément les uns dans les autres. L'acide oxalique est celui de tous qui contient le plus d'oxigène, et l'acide acétique celui qui en contient le moins. On prépare ce dernier en distillant des substances végétales, ou en les exposant à l'action de l'air après les avoir dissoutes.

Sa formation est due, selon toute apparence, à une simple combinaison de l'oxigène avec l'hydrogène et le carbone, ou, dans certains cas, à la soustraction d'une portion d'hydrogène.

Nous avons souvent fait mention de l'alcohol ou esprit de vin. Cette substance n'est pas classée parmi les principes végétaux, parce qu'on ne la rencontre toute formée dans les organes d'aucune plante. Elle est produite par un changement dans les principes de la matière saccharine pendant la fermentation vineuse.

Le moût contient du sucre, du mucilage, du gluten et un peu de matière saline composée en grande partie d'acide tartarique. Exposé à une température de 20°, il se trouble, devient tumultueux, s'échauffe et dégage abondamment de l'acide carbonique ; au bout de quelques jours, le phénomène cesse. Les substances solides qui troublent la transparence du jus se déposent ; celui-ci devient limpide, sa saveur douce disparaît, et le liquide est spiritueux.

Fabroni a prouvé que le gluten est essentiel pour que le moût subisse la fermentation. Ce chimiste l'a fait éprouver à la matière saccharine, en ajoutant, à sa dissolution dans l'eau, du gluten végétal ordinaire, et de l'acide tartarique. Gay-Lussac a démontré qu'elle n'a pas lieu dans le moût purgé d'air au moyen de l'ébullition, et placé hors du contact de l'oxigène ; mais elle commence au moment où le jus est frappé par celui-ci, et dès-lors le phénomène continue, indépendamment de la présence de l'atmosphère.

Dans la fabrication de l'*aile* et du *porter*, on fait fermenter le sucre développé par la germination de l'orge, en l'exposant à une température convenable, après l'avoir dissout dans l'eau avec de la levure. Le gaz acide carbonique se dégage aussitôt, et la liqueur devient peu à peu spiritueuse.

La fermentation du jus de pommes et autres fruits en maturité, présente les mêmes circonstances, et paraît entièrement due aux nouvelles combinaisons du sucre. Une partie du carbone s'unit à l'oxigène, et donne naissance à de l'acide carbonique; le reste de ces deux principes et l'hydrogène se convertissent en alcohol. L'usage du gluten ou de la levure, et l'exposition à l'air, paraissent être les premières causes de la production du gaz ; mais, une fois déterminé, le phénomène se propage de lui-même, et ne peut mieux se comparer qu'à un amas de poudre dont une étincelle produit l'inflammation. La chaleur, dégagée dès que la combustion s'opère, contribue à la rendre plus étendue.

Il y a si peu d'accord entre les analyses de l'alcohol faites par les chimistes, qu'on ne peut en tirer aucune conclusion. Si on suppose qu'il se développe une proportion d'acide carboni-

que pendant la fermentation du sucre, alors
d'après Thomson, qui regarde ce princip
comme composé de trois proportions de car
bone, de quatre d'oxigène et de huit d'hydro
gène, l'alcohol résulterait de deux de carbone
deux d'oxigène et huit d'hydrogène, et pour
rait être envisagé comme formé de deux propor
tions de gaz oléfiant et de deux d'oxigène.

L'alcohol très-rectifié est un liquide forte
ment inflammable ; sa densité, prise à 15°, es
de 796 ; il entre en ébullition à environ 76°
On l'obtient à ce haut degré de rectification, e
distillant les plus forts esprits du commerce su
le sel appelé par les chimistes muriate de chaux
préalablement chauffé jusqu'au rouge.

Le plus concentré qu'on puisse obtenir san
faire usage de sels, a rarement à 15° moin
de 825 de densité, et contient, d'après les ex
périences de Lowitz, 89 parties d'alcohol à 796
et 11 d'eau. L'esprit adopté comme *esprit d*
preuve, par acte du parlement, passé en 1762
doit peser spécifiquement 915 ; il contient à pe
près des quantités égales en poids d'alcohol pu
et d'eau.

Dans les liqueurs fermentées, l'alcohol es
combiné avec l'eau, la matière colorante, le
sucre, le mucilage et les acides végétaux. On a
souvent agité la question de savoir s'il y avai
d'autres procédés pour l'obtenir, que celui de

la distillation ; quelques personnes supposaient même qu'il n'en était qu'un produit. Les expériences de M. Brande ont levé tous les doutes ; ce chimiste a fait voir que la matière colorante et les acides contenus dans le vin pouvaient être en grande partie précipités sous forme solide par le sucre de plomb (acétate de plomb), et qu'il était facile d'isoler l'alcohol en s'emparant de l'eau au moyen de l'hydrate de potasse ou muriate de chaux, sans avoir recours à aucune chaleur artificielle.

La puissance enivrante des liqueurs fermentées dépend de l'esprit qu'elles renferment ; mais l'action qu'elles exercent sur l'estomac est modifiée par les acides, les substances saccharines et mucilagineuses qu'elles tiennent en solution. L'alcohol agit avec d'autant plus d'efficacité, qu'il est plus faiblement combiné. Son énergie semble diminuer lorsqu'il s'unit à de grandes quantités d'eau, à du sucre, à des matières acides ou extractives.

TABLEAU des résultats obtenus par M. Brande, *dans s recherches sur les quantités d'alcohol que contienne diverses liqueurs fermentées ; la densité de l'alcoh étant 825 à 15°, 5.*

VIN.	Proportion d'alcohol sur cent parties de l'quide en volume.	VIN.	Proportio d'alcohol s cent parti de liquid en volume,
Porto.	21,40	Hermitage rouge.	12,32
Idem.	22,30	Hock (vin du	
Idem.	23,39	Rhin).	14,57
Idem.	23,71	*Idem*	8,88
Idem.	24,29	Grave (vin de).	12,80
Idem.	25,83	Frontignan . . .	12,79
Madère. . . .	19,34	Côte-Rôtie. . .	12,32
Idem.	21,40	Roussillon. . . .	17,26
Idem.	23,93	Madère (du Cap).	18,11
Idem.	24,42	Muscat (du Cap)	18,25
Xérès.	18,25	Constance. . .	19,75
Idem.	18,79	Tinto.	13,30
Idem.	19,81	Chiras	15,52
Idem.	19,83	Syracuse	15,28
Claret.	12,91	Nice	14,63
Idem	14,08	Tokai.	9,88
Idem	16,32	Vin de raisin. . .	25,77
Calcavella. . . .	18,10	Vin de raisin non	
Lisbonne	18,94	égrappé	18,11
Malaga.	17,26	Vin de groseilles.	20,55
Bucellas.	18,49	Vin de groseilles	
Madère rouge . .	18,40	à maquereau. .	11,84
Madère (Malvoi-		Vin de baies de	
sie de). . . .	16,40	sureau. . . .	9,87
Marsala. . . .	25,87	Cidre	9,87
Idem.	17,26	Poiré.	9,87
Champagne rou-		Bière rouge. . .	6,80
ge.	11,30	Aile.	8,88
Idem blanc . . .	12,80	Eau-de-vie . . .	53,39
Bourgogne . . .	14,55	Rhum.	53,68
Idem	11,95	Hollande.. . . .	51,60
Hermitage bl. . .	17,43		

L'arôme des esprits diffère suivant les liqueurs d'où ils proviennent ; car il se forme presque toujours avec l'alcohol une matière florante particulière ou des huiles volatiles. Celui qu'on extrait des graines présente constamment une odeur empyreumatique analogue à celle de l'huile qui se développe pendant la distillation des substances végétales. Les meilleures eaux-de-vie doivent leur parfum à une espèce de matière huileuse particulière, produite par l'action de l'acide tartarique sur l'alcohol. Le rum tire le goût qui le caractérise d'un principe contenu dans la canne à sucre. Je me suis assuré que tous les esprits du commerce peuvent être affranchis lorsqu'on les fait digérer à plusieurs reprises avec un mélange de charbon bien brûlé et de chaux vive, et que, soumis ensuite à la distillation, il donnent un excellent alcohol. Je me suis également assuré que les conacs renferment de l'acide prussique végétal, et qu'ils peuvent être imités en ajoutant à une dilution d'alcohol dans l'eau et de même force, quelques gouttes de l'huile éthérée du vin qui se fait pendant la formation de l'éther (*), et

_____

(*) Lorsqu'on distille de l'alcohol et de l'acide sulfurine, on obtient d'abord de l'éther ; puis, à mesure que la température s'élève, il se dégage un fluide jaune qui est

autant du même acide prussique végétal , e
trait des feuilles de laurier ou d'amandes amère

On prépare l'éther en distillant parties égal
d'alcohol et d'acide sulfurique. C'est la plus l'
gère des substances liquides connues ; sa densi
à 15°,5 est de 632 ; il est très-inflammable , e
trêmement volatil : la chaleur du corps huma
le vaporise. Il est probable qu'il ne se forr
que par une soustraction de carbone et des él
mens de l'eau soufferte par l'alcohol , et qu
ne diffère de ce liquide que par une moind
proportion de carbone et d'oxigène ; mais
composition n'a pas été déterminée d'une m
nière exacte. Il possède également la facul
d'enivrer.

Un grand nombre de changemens produi
dans les principes végétaux, sont dus à la sép
ration de l'oxigène et de l'hydrogène à l'ét
d'eau qu'ils renferment ; mais la décompositio
de ce genre la plus remarquable , est celle qui
lieu dans la fabrication du pain. Quand la fa
rine , composée en grande partie d'amidon ,
été réduite en pâte, et qu'on l'expose immédi
tement et graduellement à une chaleur d'enviro
226°, elle augmente de poids et change de pr
priétés ; elle n'est plus susceptible de se dissou

---

la liqueur en question : l'odeur en est pénétrante , et
goût agréable.

э dans l'eau , ni de se convertir en sucre. Dans
état, elle forme du pain non levé.

Quand on pétrit ensemble de la farine de blé
de la fécule de pommes-de-terre avec des
mmes-de-terre bouillies, qu'on maintient la
te à une douce température , et qu'on l'aban-
nne à elle-même pendant trente à quarante heu-
s ; celle-ci entre en fermentation , dégage beau-
úp d'acide carbonique, et se couvre de valvules
mplies de fluide élastique. Soumise à la cuis-
n , cette pâte se change en pain levé, mais
ide et désagréable au goût. Celui de ménage se
t en alliant un peu de pâte fermentée à de la
te fraîche, ou en mêlant à celle-ci de la le-
re de bière.

La farine de blé absorbe dans cette opération
ns d'un quart des élémens de l'eau employée ;
lle d'orge en solidifie davantage , et celle d'a-
ine encore plus ; mais la première étant celle
toutes qui contient le plus de gluten , paraît
rmer avec l'amidon et l'eau une combinaison
où résulte le pain le plus digestible qu'on
nnaisse.

Nous avons incidemment indiqué, dans le
urs de ce chapitre , les arrangemens de plu-
éurs principes végétaux dans les différentes
rties des plantes ; mais il est indispensable
entrer dans de plus grands détails pour donner
ne idée juste du rapport qu'il y a entre leur

organisation et leur constitution chimique. L
tubes et les cellules hexagonales du système va
culaire sont composés de fibre ligneuse :
quand ils ne sont pas remplis de matière fluid
ils contiennent au moins quelques-uns des prii
cipes solides qui entrent comme partie const
tuante dans les fluides qui leur appartiennent.

Dans les racines, le tronc et les branche:
dans l'écorce, l'aubier et le cœur ; dans l
feuilles et les fleurs, la grande base des partie
solides est la fibre ligneuse : le cœur et l'écorc
en sont presque entièrement composés ; l'aubi
en contient moins, les fleurs et les feuilles e
contiennent moins encore. L'aubier du boulea
renferme une telle quantité de sucre et d
mucilage, qu'on l'emploie dans le nord de l'Eu
rope comme un supplément du pain. Les feuill
du chou, du broccoli, du crambé, contien
nent beaucoup de matières mucilagineuses, u
peu de principes saccharins et d'albumine : 100
parties de chou commun m'en ont donné 4
de mucilage, 24 de sucre, et 8 de substance
albumineuses.

On trouve déposé dans les vaisseaux des ra
cines bulbeuses, et quelquefois dans ceux de
racines communes une quantité considérabl
d'amidon, d'albumine et de mucilage. C'es
surtout quand la sève est suspendue, qu'elles s'
rencontrent avec plus d'abondance ; elles sou

stinées à alimenter les premières pousses du
intemps. La pomme-de-terre est, de toutes
 bulbeuses, celle dont les cellules et les
isseaux renferment le plus de matières solu-
:s ; elle est aussi la plus importante comme
jet alimentaire. Elle donne en général du
iquième au septième de son poids d'amidon
:. 100 parties de l'espèce commune appelée
lney, ont produit au docteur Pearson 28 à
 de farine, contenant 20 à 23 d'amidon et de
icilage. La même quantité de celle qui est
nnue sous le nom de *aple*, lui a fourni dans
verses expériences depuis 18 jusqu'à 20 d'a-
idon pur. M. Skrimshire jeune en a retiré de
iq livres des variétés dites :

Captain hart.	12 onces.
Moulton white. . . .	10 $\frac{3}{4}$
Rough red	12 $\frac{1}{2}$
Yorksire kidney. . . .	10 $\frac{1}{4}$
Hundred eyes.	9
Purple red.	8 $\frac{1}{2}$
Ox noble.	8 $\frac{1}{4}$

D'après les analyses d'Einhof, il paraît que
380 parties de pommes-de-terre donnent :

Amidon 1153

Matière fibreuse analogue à
  l'amidon   540
Albumine.   107
Mucilage à l'état de solution
  saturée, ...   312
                                 ―――――
                                 2112

En sorte qu'on peut considérer la pommes
de-terre comme renfermant au moins le quar
de son poids de matière nutritive.

Le turneps , la carotte, le panais abondent
surtout en matières extractive , saccharine e
mucilagineuse.

1000 parties de chacune de ces trois substance s
végétales m'ont donné :

TURNEPS COMMUN.

Mucilage   7
Matière saccharine. . . .   34
Albumine.' . . . .   1 à peu près.

CAROTTES.

Sucre.   95
Mucilage.   3
Extrait. . . . . $\frac{1}{2}$

PANAIS.

Matière saccharine. . . .   90
Mucilage   9

CAROTTE BLANCHE ou de Walcheren.

Sucre. 98
Mucilage 2
Extrait 1

Dans l'organisation de leurs parties douces, les fruits se rapprochent des bulbes ; ils conservent dans leurs cellules une certaine quantité de sucs pour alimenter la plante, tant qu'elle est à l'état d'embryon. Le mucilage, le sucre et l'amidon existent dans plusieurs, combinés avec les acides végétaux. On a eu égard à cette circonstance dans le choix des arbres cultivés en Angleterre ; les fruits qu'ils produisent sont à la fois plus agréables au goût et plus nuritifs.

La pesanteur spécifique du jus peut faire connaître ceux qui sont préférables pour la fabrication des liqueurs fermentées. Les pommes et les poires qui fournissent le plus d'eau sont aussi ceux qui donnent le cidre et le poiré le plus estimé. Un moyen, suffisamment exact pour juger quelles sont les espèces les plus avantageuses, consiste à les plonger dans une forte solution de sel ou de sucre : celles qui descendent davantage sont les meilleures.

L'amidon ou mucilage coagulé forme la plus grande partie des semences et des graines em-

7

ployées comme alimens ; il est en général combiné avec le gluten , l'huile ou la matière albumineuse. Dans le blé , il est uni avec la première
de ces substances ; dans les pois et les fèves
avec la dernière , et avec les huiles , dans la
navette, la graine de chanvre , de lin , l'amande
de la plupart des noix.

100 parties de blé d'excellente qualité, semé
en automne , m'ont donné :

> Amidon. 77
> Gluten. 19

100 de blé semé au printemps :

> Amidon. 70
> Gluten. 24

100 de blé de Barbarie :

> Amidon. 74
> Gluten. 23

100 parties de blé de Sicile :

> Amidon. 75
> Gluten. 21

J'ai analysé diverses espèces de blé du nord
de l'Amérique : toutes contiennent plus de
gluten que celui d'Angleterre. En général,
celles qui croissent dans les climats chauds
contiennent une plus grande quantité de cette

ubstance et de parties insolubles que les au-
res , elles sont plus denses , plus dures et plus
lifficiles à moudre.

Les blés du midi de l'Europe , à raison de
et excès de gluten , sont plus propres à la
abrication du macaroni et aux préparations
lans lesquelles la propriété glutineuse est une
[ualité.

Quelques expériences , faites sur de l'excel-
ent orge de Norfolk , m'ont donné , pour 100
arties , les résultats suivans :

Amidon.	79
Gluten.	6
Son.	8
Matière saccharine.	7

Einhoff a publié une analyse détaillée de la
arine d'orge. Il a obtenu , de 3840 parties de
ette substance ,

Matière volatile.	360
Albumine.	44
Matière saccharine.	200
Mucilage.	176
Phosphate de chaux avec un	
peu d'albumine.	9
Gluten..	135
Son avec un peu d'amidon	
et de gluten.	135

Amidon non entièrement
    dépouillé de gluten. . . 2580
Perte.   78

En opérant sur 3840 parties de seigle, il en
a obtenu 2520 de farine, 930 de son, et 390
d'eau.

La même quantité de farine de seigle a
. donné :

Amidon. 2345
Albumine.   126
Mucilage.   426
Matière saccharine. . .   126
Gluten humide.   364

Le reste en son et perte.

J'ai retiré de 1000 parties de seigle récolté en
Suffolk :

Amidon.   61
Gluten.   5

1000 parties d'avoine de Sussex ont produit :

Amidon.   59
Gluten.   6
Matière saccharine. . . .   2

1000 parties de pois recueillis en Norfolk
m'ont donné :

Amidon. 5o1
Matière saccharine . . .   22
Matière albumineuse. . .   35
Extrait devenu insoluble
    pendant l'évaporation
    du fluide saccharin . .   16

Einhoff a obtenu de 3840 parties de fève de marais (*vicia fab a*):

Amidon. 1312
Albumine.   31
Autres matières réputées nutri-
    tives, telles que des matières
    gommeuses, amidonacées et
    fibreuses, analogues aux
    substances animales. 1204

La même quantité de haricots (*phaseolus vulgaris*) donne :

Matière analogue à l'amidon. . 1805
Albumine et matière se rap-
    prochant, par sa nature, de
    la matière animale. 851
Mucilage. 799

3840 parties de lentilles m'ont produit 1260 d'amidon, et 1433 d'une matière analogue à la matière animale.

Einhoff a décrit cette matière comme une substance glutineuse, insoluble dans l'eau et soluble dans l'alcohol ; lorsqu'elle est sèche, elle a un aspect de glu, et n'est probablement qu'une modification du gluten.

De 16 parties de graines de chanvre, Bucholz en a retiré 3 d'huile, 3,5 d'albumine, et environ 1,75 de matières saccharines et gommeuses ; le détritus insoluble et l'enveloppe formaient un poids de 6,125.

Les diverses parties des fleurs contiennent diverses substances ; Fourcroy et Vauquelin ont trouvé dans le pollen du dattier une matière analogue au gluten, et un extrait soluble qui abonde en acide malique. Link a rencontré dans celui du noisetier beaucoup de tannin et de gluten.

La matière saccharine existe dans le nectarium des fleurs ou réceptacles contenus dans les corolles. En attirant sur celles-ci les grands insectes, on rend plus sûr le travail de l'imprégnation ; car c'est souvent par eux que le pollen est appliqué aux stigmates. Cela arrive surtout quand les organes mâles et femelles sont dans des fleurs ou des plantes différentes.

Nous avons dit que la suavité des fleurs dépend des huiles volatiles qu'elles contiennent. Celles-ci s'évaporent et les entourent d'une espèce d'atmosphère odorante qui attire les gros insectes, et préserve les parties de la fructification des ravages des petits. Elle est meurtrière pour tous ces animalcules qui vivent de la substance des végétaux : aussi observe-t-on qu'ils se tiennent constamment à l'écart. La tige et les feuilles des roses en sont constamment couvertes ; mais on n'en voit aucun sur la fleur. Les naturalistes se servent du camphre pour conserver leurs collections. Les bois aromatiques, tels que le rosier, le cédre et le cyprès, ont une durée prodigieuse ; les portes de Constantinople, faites de ce dernier, au temps de Constantin, étaient encore debout lors du pontificat d'Eugène IV, c'est-à-dire 1100 ans après l'époque où elles furent construites.

Les pétales de plusieurs fleurs contiennent une matière saccharine et mucilagineuse. Le lis blanc donne du mucilage en abondance ; le lis orange fournit un mélange de cette substance et de sucre. Les pétales du convolvulus renferment en outre une matière albumineuse.

La nature chimique des matières colorantes des fleurs n'a pas été jusqu'ici étudiée avec beaucoup de soin. Elles sont en général peu fixes, les bleues et les rouges surtout ; les alcalis les font presque toutes passer au vert, et les acides au rouge. On peut les imiter en faisant digérer ensemble de la craie et des solutions de noix de galles. Il en résulte un liquide verdâtre que les acides rougissent et que les alcalis restituent à sa couleur naturelle.

Les matières colorantes jaunes des fleurs sont les plus permanentes : le carthame en contient de deux espèces, l'une rouge et l'autre jaune ; celle-ci se dissout aisément dans l'eau ; quant à celle-là, elle sert à préparer le rouge au moyen d'une méthode qui est encore secrète.

Les mêmes substances qu'on trouve dans les parties solides des plantes existent, à l'exception de la fibre ligneuse, dans les fluides qu'elles renferment. Les huiles fixes ou volatiles, contenant de la résine, du camphre, ou des substances analogues en dissolution, sont répandues dans les tubes cylindriques d'un grand nombre. Diverses espèces d'euphorbe émettent un suc laiteux qui, exposé à l'air, dépose deux principes, dont l'un se rapproche de l'amidon et l'autre du gluten.

L'opium, la gomme élastique, la gomme gutte, les poisons des *upas antiar*, *tieuté*, et autres substances qui s'exsudent des plantes, peuvent être considérés comme des jus sécrétés par des vaisseaux particuliers.

La sève est en général d'une nature très-composée ; celle qui circule dans l'aubier renferme plus de matières saccharines, albumineuses et mucilagineuses ; celle de l'écorce contient plus de tannin et d'extrait. Le cambium, ou fluide mucilagineux répandu entre celle-ci et le bois, et qui est indispensable pour qu'il se forme de nouvelles couches, semble provenir de ces deux espèces de sève. C'est probablement une combinaison des matières mucilagineuse et albumineuse de l'une avec le principe astringent de l'autre, dans un état propre à devenir organisé par la séparation de ses parties aqueuses.

La sève qui se charie dans l'aubier de quelques arbres a été analysée par Vauquelin. Ce chimiste a trouvé dans celles de l'orme, du hêtre, du charme commun et du bouleau, de la matière extractive et mucilagineuse, de l'acide acétique combiné avec de la potasse ou de la chaux. Le résidu de l'évaporation exhalait une odeur ammoniacale qui provenait, selon toute apparence, de l'albumine. La sève du bouleau contenait de la matière saccharine.

Deyeux a trouvé dans celle de la vigne et du charme commun, une substance analogue aux caillots de lait, et j'en ai moi-même découvert une assez semblable à l'albumine, dans celle du noyer.

Le jus qui découle des mauves coupées est une solution de mucilage.

Quelques expériences que j'ai faites sur les fluides contenus dans les vaisseaux séveux du blé et de l'orge, m'ont donné pour résultats, du mucilage, du sucre et une matière abondam-

ment répandue dans la première de ces graminées, et qui se coagule par la chaleur.

Le tableau suivant indique les quantités de
matières solubles et nutritives contenues dans
les différentes substances dont nous avons jusqu'ici fait mention, et dans quelques autres employées pour la nourriture soit de l'homme, soit
des animaux. Je les ai toutes analysées moi-
même, dans le dessein de connaître non leur
composition chimique, mais la nature générale
et la quantité de leurs produits. Les matières
solubles, fournies par des poids connus de
gramens recueillis en parfaite maturité, et extraites par M. Sinclair, jardinier du duc de
Bedford, m'ont été envoyées, par ordre de
S. G., pour être soumises à l'examen chimique.
Elles font partie des résultats d'une belle suite
d'expériences sur les graminées, exécutées sous
la direction du duc, à Woburn, que j'exposerai plus tard en détail.

*BLEAU des quantités de matières solubles et nutritives
...urnies par 1000 parties de différentes substances végétales.*

VÉGÉTAUX ou SUBSTANCES VÉGÉTALES.	Quantité totale de matière soluble et nutritive.	Mucilage ou amidon.	Matière saccarine ou sucre.	Gluten ou albumine.	Extrait ou matière devenue insoluble pendant l'évap.
de Middlessex, récolte moy.	955	765	»	190	»
de mars	910	700	»	240	»
nielleux de 1806.	210	178	»	32	»
em de 1804.	650	520	»	130	»
dur de Sicile, de 1810.	955	725	»	230	»
commun, id., id.	961	722	»	239	»
de Pologne	950	750	»	200	»
de l'Amérique septentrion.	955	730	»	225	»
ge de Norfolk	920	790	70	60	»
oine d'Écosse	743	641	15	87	»
gle du Yorkshire	792	645	38	109	»
ves communes	570	426	»	103	41
is secs	574	501	22	35	16
mmes-de-terre	de 260 à 200	de 200 à 155	de 20 à 15	de 40 à 30	»
urteau de graines de lin	151	123	11	17	»
tteraves rouges	148	14	121	13	»
em blanches	136	13	119	4	»
nais	99	9	90	»	»
rottes	98	3	95	»	»
irneps communs	42	7	34	1	»
irneps de Suède	64	9	51	2	2
oux	73	41	24	8	»
èfle des prés	39	31	3	2	3
èfle rampant	39	30	4	3	2
èfle blanc	32	29	1	3	5
infoin	39	28	2	3	6
izerne	23	18	1	»	4
opécure des prés	33	24	3	»	6
ygrass	39	26	4	»	5
a fertile	78	65	6	»	7
a commun	39	29	5	»	6
crételle des prés	35	25	3	»	4
stuca des prés	19	15	2	»	2
lcus odorant	82	72	4	»	6
flouve odorante	50	43	4	»	3
orin	54	46	5	1	2
orin coupé en hiver	76	64	8	1	3

Toutes ces substances ont été soumises à l'expérience, vertes et dans leur état naturel. Il est probable que l'excellence dont elles jouissent comme objets alimentaires, est proportionnelle aux quantités de matières solubles et nutritives qu'elles contiennent; néanmoins ces quantités ne peuvent être considérées comme une indication absolue de leur valeur. Les principes albumineux et gélatineux présentent les caractères de ceux qui appartiennent au règne animal. Le sucre est celui des composés d'oxigène, d'hydrogène et de carbone qui est le plus nourrissant; et la matière extractive, celui qui l'est le moins. Les combinaisons qu'elles produisent peuvent l'être à un degré plus ou moins élevé les unes que les autres.

J'ai appris de sir Joseph Banks, qu'en hiver les mineurs du Derbyshire préfèrent les gâteaux d'avoine au pain de froment. Ils trouvent que cette nourriture les soutient mieux, et leur donne plus de force. En été, au contraire, ils prétendent qu'elle les échauffe, et ne font usage que de la plus belle espèce de pain de blé qu'ils peuvent avoir. Suivant toute apparence, l'enveloppe du grain d'avoine possède elle-même une faculté nutritive, et devient en partie soluble dans l'estomac avec l'amidon et le gluten. Dans la plupart des contrées de l'Europe et en Arabie, on nourrit les chevaux avec un mé-

ınge d'orge et de paille hachée : celle-ci paraît
gir à la manière de l'enveloppe d'avoine. 14 li-
res de bon blé en donnent, terme moyen,
3 de farine. Les mêmes quantités d'orge et d'a-
oine en produisent : la première 12, et la
econde 8.

Dans le midi de notre continent, on préfère
ɔ blé dur au blé commun : la raison en est fa-
ile à saisir, il contient plus de gluten et de
natière nutritive. Je n'en ai analysé qu'une
eule espèce ; en conséquence, il serait possible
ju'on trouvât dans quelques-unes une quantité
le principes substantiels plus forte que celle qui
st énoncée dans la table. Les blés de Barbarie et
le Sicile doivent être rangés parmi ceux de la
econde classe. En Angleterre, on éprouve beau-
oup de difficultés pour moudre ceux de la
ıremière ; mais, en les humectant, elles dis-
ɔaraissent.

CHAPITRE QUATRIÈME.

Des sols. — Des parties constituantes , de l'analyse
et des fonctions des sols. — Des roches ou strata
qui se trouvent au-dessous des sols. — De l'amélioration de ceux-ci.

LA nature et l'amélioration des sols forment
la partie la plus importante de l'agriculture , et
celle qui est le plus susceptible d'être éclairée
par la chimie.

Quelque diverses qu'en soient l'apparence et
la qualité , ils sont néanmoins formés des mêmes
élémens, et ne diffèrent que par les proportions
de ces derniers , qui sont combinés chimiquement, ou simplement mélangés.

Nous avons déjà indiqué les substances dont
ils se composent, telles que la silice , la chaux,
l'alumine , la magnésie , les oxides de fer et de
manganèse , les matières végétales et animales
en décomposition , et les combinaisons salines,
acides ou alcalines.

Tous les sols soumis à l'expérience , et envi-
sagés sous le rapport de l'agriculture, donnent ,
pour parties constituantes , des composés qui
agissent comme tels dans la nature ; c'est pour-

quoi je vais les considérer sous ce point de vue, et en décrire les propriétés caractéristiques.

1°. La *silice* ou terre du silex est, dans sa forme pure et cristallisée, la substance connue sous le nom de cristal de roche. Préparée par les chimistes, elle se présente sous l'aspect d'une poudre blanche, impalpable. Elle n'est pas soluble dans les acides ordinaires, mais elle se dissout dans les lessives alcalines employées à chaud ; elle est incombustible, car elle est saturée d'oxigène. J'ai fait voir qu'elle était une combinaison de ce gaz et du corps appelé silicium. D'après les expériences de Berzelius, il est probable qu'elle contient en poids à peu près parties égales de ces deux substances.

2°. Les propriétés physiques de la *chaux* sont connues ; elle est ordinairement combinée avec l'acide carbonique, qu'on en dégage facilement au moyen des acides ordinaires. On la trouve quelquefois unie aux acides phosphorique ou sulfurique. Nous décrirons ses propriétés chimiques et son action, lorsqu'elle est pure, à l'article des engrais tirés du règne minéral. Insoluble dans les dissolutions alcalines, elle est soluble dans les acides nitrique, muriatique ; et forme avec l'acide sulfurique une substance peu soluble appelée gypse. Elle résulte d'une proportion 40 d'une substance métallique particulière, que j'ai appelée calcium, et d'une proportion 15 d'oxigène.

3°. L'*alumine* existe pure et cristallisée dans le saphir blanc, et unie à un peu d'oxide de fer et de silice dans les autres gemmes orientales. Préparée par les chimistes, c'est une poudre blanche, soluble dans les acides et les lessives d'alcalis fixes. D'après mes expériences, elle est formée d'une proportion 33 d'alumine et d'une 15 d'oxigène.

4°. La *magnésie* pure et cristallisée constitue un minéral semblable au talc qu'on rencontre dans le nord de l'Amérique. Dans ses formes ordinaires, elle constitue la *magnesia usta*, ou magnésie calcinée des droguistes. Répandue dans les sols, elle est ordinairement combinée avec l'acide carbonique. Elle est soluble dans tous les acides minéraux, et insoluble dans les lessives alcalines. Elle se distingue des autres terres, qui font partie des champs, par l'extrême solubilité dont elle jouit dans les dissolutions de carbonates neutres. Elle paraît formée de 38 de magnésium et de 15 d'oxigène.

5°. On connaît deux *oxides de fer* : le noir et le brun. Le premier se forme quand on martèle le fer à une haute température. Exposé pendant long-temps au contact de l'air et à un degré de chaleur rouge, il absorbe l'oxigène et se convertit en oxide brun : celui-là semble

omposé d'une proportion de fer 103 , et de deux
'oxigène 30 ; celui-ci de la même quantité
e métal 103 , et de trois proportions d'oxi-
ène 45. Les oxides de fer font quelquefois par-
e des sols ; mais ils sont alors combinés avec
acide carbonique : on en reconnaît facilement
 présence. Dissous dans les acides , et traités
ar la dissolution de noix de galles , ils donnent
ne couleur noire , et un beau précipité bleu
vec celle de prussiate de potasse et de fer.

6°. L'*oxide de manganesium* est la substance
ppelée communément manganèse, et employée
ans le blanchîment. Elle paraît être compo-
te d'une proportion de manganesium 123 , et
e trois d'oxigène 45. Elle se distingue des autres
orps qui entrent dans la composition des sols ,
ar la propriété qu'elle possède de décomposer
acide muriatique , et de le convertir en chlore.

7°. Les *matières végétales et animales* se re-
onnaissent par leurs qualités physiques et la
ropriété dont elles jouissent de se détruire par
 chaleur. Nous en avons suffisamment exposé
s caractères dans le dernier chapitre.

8°. Les *composés salins*, qui se rencontrent
ans les sols , sont le sel commun , le sulfate de
agnésie , celui de fer, les nitrates de chaux
 de magnésie , le sulfate de potasse, et les
arbonates de potasse et de soude. Il est inutile
e décrire les caractères de ces diverses espèces

de corps : nous avons indiqué les réactifs propres à s'assurer de leur présence.

La silice est constamment combinée dans les sols avec l'alumine et l'oxide de fer, ou avec l'alumine, la chaux, la magnésie et l'oxide de fer. Ces combinaisons donnent naissance aux graviers et aux sables de divers degrés de finesse. Le carbonate de chaux est habituellement en poudre impalpable; quelquefois, cependant, il se présente à l'état de sable calcaire. La magnésie est en poussière, et unie avec l'acide carbonique, toutes les fois qu'elle n'est pas partie constituante des graviers et des sables. La matière impalpable que le sol renferme, et qu'on désigne par les noms d'argile, de terre glaise, est formée de silice, d'alumine, de chaux et de magnésie. Elle est mieux divisée que le sable dur, mais sa composition est généralement la même. Les matières végétales ou animales (les premières sont les plus abondantes dans les sols) existent à divers degrés de décomposition. Quelquefois les fibres sont encore apparentes ; quelquefois elles sont entièrement rompues et mélangées avec la terre.

Pour se faire une idée exacte des sols, il faut concevoir que les différentes roches se décomposent, et sont réduites en poussière de divers degrés de finesse. Quelques-unes de leurs parties sont dissoutes par l'eau ; celle-ci adhère

ı masse, et le tout est mélangé de quantités
lus ou moins grandes de débris de substances
égétales et animales eu putréfaction.

Je vais être obligé de décrire les méthodes d'a-
ıalyse pour toutes les variétés de sol , et d'entrer
ans de grands détails : je crains qu'ils ne de-
iennent fastidieux ; mais l'agriculteur sentira
ombien ils sont indispensables.

Les instrumens nécessaires pour ces opéra-
ions sont en très-petit nombre et peu dispen-
ieux : une balance , capable de contenir un
uart de livre de terre , assez sensible pour
u'un grain la fasse trébucher ; une série de
ıoids depuis un quart de livre jusqu'à un grain,
ın tamis assez gros pour laisser passer un grain
le moutarde , une lampe d'Argand . quelques
ıouteilles de verre , des creusets de Hesse , des
ıassins évaporatoires en porcelaine ou en terre
le pipe , un pilon et un mortier de Wedge-
vood, des filtres de papier brouillard , plissés
le manière à contenir une pinte de liquide , et
ţraissés sur les bords ; un couteau de bois , un
ıppareil pour recueillir et mesurer les fluides
ıériformes : voilà tout ce qui est nécessaire pour
es expériences dont il s'agit.

Nous avons déjà parlé de la plupart des
ıubstances chimiques nécessaires pour isoler
les différentes parties des sols , telles que l'acide
muriatique (esprit de sel), l'acide sulfurique ,

l'alcali volatil pur dissous dans l'eau , la solution
de prussiate de potasse et de fer , le succinat
d'ammoniaque , la dissolution de savon ou de
potasse , celles des carbonates , muriates , ni
trates , et du carbonate neutre de potasse.

Lorsqu'on veut connaître la nature d'un sol
il faut prendre des échantillons en divers er
droits , à deux ou trois pouces au-dessous de l
surface , et les comparer. Il arrive quelquefoi
que dans les plaines toute la couche supérieur
est identique : dans ce cas une analyse suffi
Mais dans les vallées, et le voisinage des riviè
res , souvent les différences sont très-grandes
ici le fond est calcaire , et là siliceux. Il e
indispensable alors de les analyser chacun sépa
rément.

Si on ne peut de suite soumettre à l'exame
les terres dont on recherche la composition ,
faut en remplir des fioles qu'on bouche exac
tement jusqu'à ce qu'on procède à l'expérience

La quantité de terre la plus convenable pou
bien opérer est de deux à quatre cents grains
on doit la recueillir par un temps sec , et l
laisser à l'air jusqu'à ce qu'elle soit sèche a
toucher.

La pesanteur spécifique du sol , ou le rap
port de son poids avec celui de l'eau , peu
se déterminer en introduisant , dans une fiol
capable de contenir une quantité connue de è

uide , des volumes égaux d'eau et de sol. On
mplit de celle-là le vase jusqu'à moitié , et
ajoute ensuite de celui-ci tant que le fluide
atteint pas les bords de l'orifice. La différence
s poids de l'eau et du sol servira à faire con-
ître la densité ou pesanteur spécifique cher-
ée. Supposons qu'il contienne 400 grains
eau et augmente de 200 , chargé , comme nous
nons de le dire ; la densité du sol sera 2 ,
st-à-dire qu'elle sera deux fois aussi pesante
te l'eau ; s'il pèse 165 grains , il aura pour den-
é 1825 , celle de l'eau étant 1000.

Il est important de connaître la pesanteur
écifique d'un sol , parce qu'elle indique les
tantités de matières végétales et animales qu'il
nferme. Ces substances sont toujours plus
ondantes dans les terrains légers.

Avant de procéder à l'analyse , il faut exami-
r toutes les propriétés physiques ; elles font
squ'à un certain point connaître la compo-
ion des terres , et guident dans les expériences.
es fonds siliceux sont généralement rudes au
ucher , et rayent le verre ; les ferrugineux
résentent une couleur rouge ou jaune ; les
dcaires sont doux à la main.

1º. Les sols , quoiqu'aussi desséchés qu'ils
aissent l'être , par une longue exposition à l'air,
tiennent néanmoins une quantité d'eau consi-
érable. Celle-ci adhère avec tant de force aux

terres, aux matières végétales et animales, qu'il faut une vive chaleur pour la dissiper. La première opération qui se présente est de soumettre, pendant dix ou douze minutes, la terre dont on veut entreprendre l'analyse, à l'action d'une lampe d'Argand. Après l'avoir disposée dans une bassine de porcelaine, on en porte la température à 150°. Si on n'a pas de thermomètre, on détermine le degré de chaleur, au moyen d'un morceau de bois qu'on tient en contact avec le fond du vase. Tant que la couleur de celui-ci n'est pas altérée, le coup de feu n'est pas trop fort; mais quand on la voit changer et noircir, il faut s'arrêter. L'eau ne sera peut-être pas complètement dissipée, mais ce qui en reste ne nuit pas à l'expérience; tandis qu'un degré de chaleur plus élevé, en déterminant la décomposition des matières végétales et animales, la rendrait tout-à-fait inutile.

On tient un compte exact de la diminution de poids. Si pour 400 grains elle s'élève à 50, le sol est doué d'une forte affinité pour l'eau; il renferme communément beaucoup de matières végétales et animales, ainsi que de l'alumine. Si la perte varie de 10 à 20, il ne jouit qu'à un faible degré des propriétés dont il s'agit, et se compose presque entièrement de terre siliceuse.

2°. Les pierres spongieuses, le gravier, les

res végétales, qui absorbent, retiennent sou-
nt l'eau avec énergie, et qui en conséquence
ercent une influence considérable sur la fer-
ité du sol, n'en doivent pas être séparés avant
calcination. Mais aussitôt que cette opération
t faite, on broye la matière dans un mortier,
on la passe au crible. On note le poids des
bstances qu'on isole de cette manière, et on
cherche la nature de celles qui sont miné-
les. Si elles sont calcaires, elles font effer-
scence avec les acides : si elles appartiennent
la classe commune des pierres alumineuses,
es ne donnent aucun signe de ce genre,
es sont douces, et se coupent aisément au
uteau : si elles sont siliceuses, elles rayent le
rre.

3°. Indépendamment du gravier et des pierres,
plupart des sols renferment de plus ou moins
andes proportions de sable de divers degrés
finesse. Il faut le séparer des substances plus
nues, telles que l'argile, la marne, les ma-
res végétales et animales, et celles qui sont
lubles dans l'eau. On y parvient d'une ma-
ère assez exacte, en faisant bouillir la terre
ns trois ou quatre fois son poids d'eau. On
rête l'ébullition quand elle a été suffisamment
olongée ; on agite la masse, et on laisse re-
ser. Le sable grossier se précipite d'abord ; en
oins de quelques minutes, le plus fin est dé-

posé, tandis que les substances terreuses,
males et végétales restent encore en suspe
Les liquides décantés les abandonnent s
filtre. On les recueille, on les égoutte, o
sèche, et on les pèse. On donne les m
soins au sable, et on conserve les eaux d
sivage. Elles tiennent en solution des mat
salines, végétales et animales, s'il en existe
le sol.

La terre se trouve ainsi divisée en deux
ties, dont la plus importante est en général
qui est la plus ténue. Une analyse du sabl
rarement nécessaire, ou même ne l'est jan
On peut d'ailleurs en connaître la nature p
procédé qu'on emploie pour déterminer
des pierres ou du gravier. Il est constamr
ou siliceux, ou calcaire, ou un mélange de
deux variétés. S'il est entièrement compos
carbonate de chaux, il fait effervescence
l'acide muriatique, et s'y dissout rapidemc
s'il est formé en partie de cette substance, e
partie de matière siliceuse, on évalue les qu
tités respectives de ces corps, au moyen
même acide, dont on ne cesse d'ajouter de n
velles portions, jusqu'à ce que le bain soit
venu aigre, et qu'il ne dégage plus de gaz.
résidu qu'on obtient est la partie siliceu
On la lave, on la sèche, et on la chauffe fc
tement dans un creuset. La différence entre s

oids et celui de la masse entière indique la
roportion de calcaire.

5°. La matière ténue du sol est en général
d'une nature très-composée. Elle contient quelquefois les quatre terres primitives ainsi que
les substances végétales et animales ; mais il est
extrêmement difficile de déterminer avec exac-
itude les proportions de celles-ci.

On soumet d'abord cette matière à l'action de
l'acide muriatique, étendu de deux fois son volume d'eau, et employé en quantité égale au
double du poids de la substance terreuse. On
les fait digérer ensemble dans une bassine évaporatoire ; on agite fréquemment le mélange,
et on le laisse reposer une heure ou une heure
et demie avant de l'examiner.

S'il y a du carbonate de chaux ou de magnésie, il est dissout par l'acide, qui s'empare
aussi quelquefois d'une petite quantité d'oxide
de fer, mais qui n'exerce presque jamais aucune
action sur l'alumine.

On filtre le liquide ; la matière solide se dépose ; on la réunit, on la lave avec de l'eau de
pluie, on la sèche à une chaleur modérée, et on
la pèse. La perte qu'elle éprouve indique la
quantité de matière solide emportée. Les lava-
es doivent être ajoutés à la solution. Quand
lle n'est pas acide, il faut la rendre telle ; après
quoi on verse dedans un peu de prussiate de

8

potasse et de fer. S'il se fait un précipité bleu
il dénote la présence de l'oxide de fer ; on con
tinue d'ajouter du prussiate jusqu'à ce qu'il n
produise plus aucun effet. On recueille le pré
cipité à la manière ordinaire, et on le chauff
jusqu'au rouge. On obtient pour résultat u
oxide de fer mêlé avec une petite quantité d
magnésie.

Lorsque le liquide est dégagé de l'oxide d
fer, on le traite par le carbonate neutre de po
tasse, jusqu'à ce qu'il ne fasse plus effervescence
et que sa saveur et son odeur indiquent un excè
de calcaire.

Le précipité qu'on obtient dans ce cas est du
carbonate de chaux : on le recueille sur le filtre.
et on le sèche à une température inférieure à
celle du rouge.

On fait bouillir pendant un quart d'heure le
fluide restant. S'il renferme de la magnésie, elle
se précipite à l'état de carbonate. On en détermine la quantité par la méthode suivie à l'égard
de celui de chaux.

Si, par des circonstances particulières, l'a-
cide avait dissout une faible proportion d'alumine, elle serait précipitée avec le carbonate
de chaux. Un peu d'eau de savon et une ébullition de quelques minutes suffisent pour l'isoler.
Ce réactif s'empare de la terre dont il s'agit,
sans exercer aucune action sur le carbonate.

Si la partie ténue du sol est assez calcaire pour ire une forte effervescence avec les acides, 1 peut suivre une méthode simple et suffisamment exacte, dans les cas ordinaires, pour déterminer la quantité de carbonate de chaux 1'elle renferme.

Dans quelque état qu'il se présente, il contient une proportion déterminée d'acide carbonique, à peu près 43 pour 100. D'après cela, 1and la quantité de fluide élastique, dégagée ir la solution de la matière calcaire dans un ide, est connue, soit en poids, soit en volume, celle du carbonate peut être facilement déterminée.

Quand on fait usage de la méthode des diminutions de poids, il faut peser séparément deux irties d'acide, une de sol, et en opérer lentement le mélange, jusqu'à ce que l'effervescence sse. La différence des poids avant et après xpérience, indique la quantité d'acide carbonique dégagée : 4 grains et quart de ce gaz correspondent à 10 de carbonate de chaux.

La meilleure méthode pour recueillir l'acide rbonique consiste à employer un appareil 1eumatique particulier, dans lequel son volume peut être évalué par la quantité d'eau qu'il place.

6°. Les parties calcaires du sol ayant été dissoutes par l'acide muriatique, il s'agit de déter-

miner la quantité de matières ténues végétal
et animales insolubles qu'il contient.

On y réussit avec une précision suffisante
le soumettant dans un creuset à l'action du fe
qu'on prolonge jusqu'à ce que la masse cesse
paraître noirâtre. On le remue fréquemme
avec une verge métallique, afin d'en expos
toutes les parties au contact de l'atmosphère. I
différence des poids pris avant et après l'opér
tion, indique la proportion de substance destru
tible par le feu et l'air qu'il renferme.

A moins qu'on ne recoure à des expérienc
délicates, il n'est pas possible de reconnaître
elle est entièrement animale, végétale, ou u
mélange de l'une et de l'autre. Si l'incinératio
dégage une odeur de plumes brûlées, c'est un
preuve certaine qu'elle appartient à la premièr
classe, ou qu'elle est au moins de nature anal
gue à celle des corps qui la composent. Un
belle flamme bleue dénote toujours la présenc
d'une grande quantité de matières végétales
Quand on est pressé par le temps, on emploi
avec avantage le nitrate d'ammoniaque qu'o
jette par parties au moment de l'ignition. Ving
grains suffisent pour 100 de résidu terreux.
accélère la décomposition des corps, se conver
tit lui-même en gaz, et se dissipe dans l'air.

7°. Ce qui reste après cette opérations form
en général une masse pulvérulente composé

d'alumine, de silice et d'oxides de fer ou de manganèse.

Pour isoler ces divers principes, on la soumet à une ébullition de deux ou trois heures dans l'acide sulfurique étendu de quatre fois son poids d'eau. La quantité de réactif se détermine d'ailleurs par celle du résidu ; 100 grains de celui-ci en exigent 120 de celui-là.

La matière que l'acide n'a pas dissoute peut être considérée comme siliceuse. On la lave, on la sèche à la manière ordinaire, et on en prend le poids.

L'alumine et l'oxide de fer ou de manganèse, s'il y en a dans le sol, se combinent avec l'acide sulfurique. On les sépare au moyen du succinate d'ammoniaque. Ce sel s'empare de l'oxide de fer, et le précipite. Une dissolution de savon saisit l'alumine sans toucher au manganèse. On met ces corps dans un creuset, on chauffe jusqu'au rouge ; le poids en indique la quantité.

La magnésie et la chaux, qui auraient pu échapper à l'acide muriatique, se combinent avec l'acide sulfurique, mais cela arrive rarement. La méthode pour en reconnaître la présence et la quantité est la même dans les deux cas.

L'analyse par l'acide sulfurique offre un degré de précision suffisant pour les expériences ordinaires. Si on veut qu'elle soit plus rigou-

reuse , on fait usage du carbonate sec de po
tasse. On mêle dans un creuset de platine ou o
porcelaine le résidu de l'incinération (6)
quatre fois son poids de cette substance , et o
le maintient au rouge pendant une demi-heur
On dissout la masse obtenue dans l'acide m
riatique , et on évapore jusqu'à siccité. O
ajoute de l'eau distillée, qui dissout les muriat
formés par l'oxide de fer et les terres , hors
silice. Celle-ci est soumise au lavage et portée
une haute température. On isole les autr
substances au moyen de la méthode prescri
pour les dégager des dissolutions muriatique
sulfurique.

Ce procédé est un de ceux que les chimiste
emploient pour l'analyse des pierres.

8°. Si le sol contient quelque matière soluble
saline , végétale ou animale , elle se trouver
en solution dans l'eau employée pour la sépara
tion du sable.

Il faut évaporer cette eau jusqu'à siccité , en
tenant à une température inférieure au degré d
l'ébullition.

Quand le résidu est inflammable et de cou
leur brune, on peut le considérer comm
formé en partie d'extrait végétal. S'il exhale
quand on le chauffe , une odeur analogue
celle des plumes brûlées , il contient des sub
stances animales ou albumineuses ; s'il est blanc

cristallin et indestructible par la chaleur, il est principalement composé de matières salines , dont on connaîtra la nature en faisant usage des réactifs décrits précédemment.

La recherche du sulfate ou phosphate de chaux exige un procédé particulier. On prend un poids déterminé de terre, 4oo grains , par exemple ; on le mêle avec un tiers de charbon réduit en poudre, et on l'expose pendant une demi-heure dans un creuset à une température rouge. On fait ensuite bouillir le mélange pendant un quart d'heure, dans une demi-pinte d'eau. On filtre la liqueur, et on l'expose pendant quelques jours dans un vase ouvert. Si le sol contient une quantité tant soit peu considérable de sulfate de chaux (gypse), il se forme un précipité blanc dont le poids indique la proportion.

On emploie la même méthode pour séparer le phosphate. On fait digérer la terre dans une quantité d'acide muriatique plus grande que celle qui est nécessaire pour saturer les terres solubles. On évapore la solution , et on traite le résidu par l'eau. Ce liquide dissout les composés que les terres forment avec l'acide muriatique , et laisse le phosphate à nu.

Il n'entre pas dans les bornes de ce chapitre d'exposer des méthodes pour la recherche des substances qui font accidentellement partie des sols. On rencontre, par-ci par-là, des terres particulières, des oxides métalliques, mais en trop petite quantité pour qu'ils puissent exercer aucune influence sur la fertilité ou la stérilité des champs. Cette recherche rendrait d'ailleurs l'analyse beaucoup plus compliquée, sans la rendre plus utile.

Quand l'opération est achevée, on dispose les produits les uns sous les autres, et on les ajoute.

Si la somme est égale au poids du sol, l'analyse peut être considérée comme exacte. Il convient cependant de remarquer que si le phosphate ou sulfate de chaux ont été précipités par les moyens particuliers que nous venons de décrire (9), il faut faire une correction à la méthode générale en soustrayant une quantité égale à leur poids de celle du carbonate de chaux, obtenu par précipitation de l'acide muriatique.

Dans cette disposition, on doit suivre l'ordre des expériences par lesquelles ils ont été obtenus.

Ainsi, j'ai retiré de 400 grains d'un bon sol sablonneux-siliceux, pris dans une houblonnière près de Tumbridge, dans le comté de Kent,

	grains
Eau d'absorption.	19
Pierre peu dure et gravier en grande partie siliceux	53
Fibres végétales indécomposées. .	14
Sable siliceux fin.	212
Matière extrêmement ténue , séparée par l'agitation et la filtration, consistant en :	
Carbonate de chaux.	19
Idem de magnésie. . . , ...	3
Matière destructible par la chaleur, et presque totalement végétale. .	15
Silice.	21
Alumine	13
Oxide de fer	5
Matière soluble , principalement composée de sel commun et d'extrait végétal.	3
Gypse	2

$$81$$

Total général.	379
Perte.	21

Cette perte n'est pas plus forte que celles qui ont communément lieu dans ces sortes d'analyses. Elle provient de l'impossibilité de recueil-

lir entièrement les divers précipités, de la présence de plus d'humidité qu'on n'en suppose,
lorsqu'on évalue l'eau d'absorption, et qui se
perd pendant le cours des opérations.

Quand on sera familiarisé avec l'usage des
instrumens, les propriétés des réactifs et les
rapports qui existent entre les qualités extérieures et chimiques des sols, on aura rarement
besoin de passer par toutes les opérations que
nous avons décrites. Si le fond ne contient pas
une quantité notable de calcaire, on peut sup-
primer l'acide muriatique (7); s'il est tourbeux,
il faut surtout le traiter par l'air et le feu (8).
Dans l'analyse des terrains crayeux, on omet
sans inconvénient l'acide sulfurique (9).

Les premières expériences, faites lorsqu'on
est encore étranger à la chimie, ne peuvent
d'abord donner des résultats précis ; mais peu à
peu les difficultés s'aplanissent et font place aux
connaissances pratiques l es plus importantes.
Les méprises mêmes ne sont pas perdues pour
celui qui les commet. Une analyse exige qu'on
n'ignore aucune des doctrines dont la science se
compose ; mais aussi il n'y a pas de meilleur
moyen de se les rendre familières que celui des
recherches. En suivant cette méthode, on est
forcé d'étudier les propriétés des substances
qu'on emploie, comme celles des substances sur
lesquelles on opère, et les idées théoriques sont

plus nettes quand elles sont suggérées par l'expérience.

Les plantes, ne jouissant pas de la faculté de loco-motion, ne peuvent croître qu'aux lieux où ils trouvent de quoi se nourrir. Le sol est nécessaire à leur existence, parce qu'il leur fournit des alimens et leur permet d'obéir aux lois mécaniques en vertu desquelles les racines s'enfoncent dans la terre pendant que la tige et les feuilles se développent dans l'air. Comme les végétaux diffèrent par les systèmes de racines, de branches et de feuilles, ils réussissent plus ou moins bien dans les différens sols. Ceux qui ont des racines bulbeuses demandent un fond plus poreux et plus léger que ceux qui sont pourvus de racines fibreuses. Ceux dont les radicules sont courtes exigent des terrains plus fermes que les plantes à racines profondes ou étendues.

Un bon terrain à turneps, près Holkam, en Norfolk, sur 9 parties m'en a donné 8 de sable siliceux, et une matière pulvérulente composée de :

Carbonate de chaux 63
Silice. 15
Alumine. 11
Oxide de fer. 3
Matières végétale et saline. . . . 5
Eau. 3

De la terre, prise à Sheffield-Place, en Sussex, dans un champ remarquable par les beaux chênes qu'il produit, s'est trouvée formée de 6 parties de sable, d'une d'argile et de matière ténue. 100 parties de ce sol soumis à l'analyse ont produit :

Silice 54
Alumine 28
Carbonate de chaux. 3
Oxide de fer. 5
Matière végétale en décomposition. 4
Eau et perte. 3

Un excellent sol à blé, dans le voisinage de Drayton en Middlesex, m'a fourni 3 parties sur 5, de sable siliceux ; la matière ténue était composée de :

Carbonate de chaux 28
Silice. 32
Alumine 29
Matière végétale ou animale, et eau. 11

De ces divers sols, le dernier est celui qui avait le plus de cohérence, et le premier celui qui en avait le moins. Dans tous les cas, les matières ténues sont celles des parties consti-

tuantes qui rendent les terres tenaces et compactes. Elles produisent surtout cet effet quand
elles contiennent beaucoup d'alumine. Une petite quantité suffit pour disposer un fond à la
culture de l'orge et des turneps. J'ai vu une
récolte passable de ceux-ci dans un champ formé, sur 12 parties, de 11 de sable. Une plus
grande proportion de ce corps produit constamment une stérilité complète. Les landes de
Bagshot, qui ne se couvrent naturellement d'aucune plante, renferment moins d'un vingtième
de matière ténue. 400 parties de celle-ci, chauf-
fées au rouge, m'ont donné :

Sable siliceux grossier. 380
Sable siliceux fin   9
Matière impalpable, mélange
    d'argile ferrugineuse et de car-
    bonate de chaux. 11

Les matières végétales et animales, quand elles
sont bien divisées, ne rendent pas seulement les
terres cohérentes, elles les rendent encore plus
douces et plus pénétrables. Mais, ni ces substances ni aucune autre ne doivent être employées en
trop grandes proportions. Un fonds qui serait
entièrement composé de matières impalpables
serait tout-à-fait stérile.

L'alumine, la silice, les carbonates de chaux

ou de magnésie purs, sont incapables de fournir une bonne végétation.

Tout fonds qui, sur 20 parties, en renferme 19 des substances ci-dessus mentionnées, est improductif.

Les terres pures répandues dans le sol n'agissent-elles que comme des agens mécaniques ou chimiques, ou contribuent-elles directement à la nutrition des plantes? Voilà une question importante à laquelle il est facile de répondre.

Les terres, ainsi que nous l'avons établi plus haut, sont des métaux combinés avec l'oxigène. Ces métaux n'ont pas été décomposés : il n'y a donc aucune raison de supposer que les substances dont il s'agit se convertissent en élémens des corps organisés, en carbone, en hydrogène et en azote.

Des plantes cultivées sur des quantités données de terre, n'en consomment qu'une très-petite portion ; encore celle qui disparaît se retrouve-t-elle dans leurs cendres : elle ne s'est donc pas convertie en de nouveaux produits.

Les carbonates de chaux et de magnésie se décomposent, s'il arrive que quelque acide plus énergique se forme pendant la fermentation de la matière végétale. Mais rien n'autorise à croire que les bases changent de nature par aucune des opérations spontanées qui ont lieu dans le sol.

Les cendres contiennent toujours quelquesıns des élémens du terrain dans lequel les plantes ont végété ; mais, comme on peut le voir dans l'analyse du produit de l'incinération, dont nous avons donné le tableau précédemment, elles ne forment jamais plus du cinquantième en poids du végétal.

Si on les considère comme nécessaires aux subtances de ce règne, c'est qu'elles contribuent à en rendre l'organisation plus dure et plus ferme. Ainsi, nous avons remarqué que le blé, l'avoine et plusieurs graminées à tiges creuses, avaient un épiderme siliceux qui sert à les fortifier, à les garantir des insectes et des plantes parasites. On distingue dans le langage populaire les sols froids : quoiqu'au premier coup d'œil cette dénomination paraisse l'effet des préjugés, elle n'en est pas moins juste.

Il y a des terrains qui, toutes choses égales d'ailleurs, sont plus échauffés que d'autres par les rayons du soleil ; il y en a qui, portés au même degré de chaleur, se refroidissent plus ou moins promptement, ceux-ci plus tôt, ceux-là plus tard.

Les savans ont donné très-peu d'attention à cette propriété, elle est néanmoins de la plus haute importance en agriculture. Les terres composées d'argile blanche compacte sont en général difficiles à échauffer ; et comme elles sont presque toujours humides, elles retiennent peu la

chaleur. Les terrains crayeux présentent les mê
mes obstacles à une élévation de température
mais, comme ils sont plus secs, ils la conserven
plus long-temps, et perdent moins par l'évapo
ration. Un fonds noir et contenant beaucoup d
matière végétale, est de tous celui qui s'échauff
le plus par l'action du soleil et de l'air. Les sol
colorés qui renferment des matières calcaires o
ferrugineuses, acquièrent une température plu
élevée que les pâles, l'exposition étant d'ailleur
la même.

Quand les terres sont parfaitement sèches
celles qui s'échauffent plus vite sont aussi celle
qui se refroidissent plus rapidement. J'ai re
connu par l'expérience que les sols secs les plu
colorés (ceux qui contiennent une plus grand
proportion de matières végétales et animales.
matières qui facilitent le plus l'abaissement d
température), échauffés au même degré, pour
vu que ce soit dans les limites des effets solai
res, se refroidissent plus lentement qu'un so
humide et pâle, entièrement formé de substan
ces terreuses.

J'ai trouvé qu'un riche terreau noir, qui cou
tient près d'un quart de matière végétale, expos
au soleil, avait acquis en une heure une éléva
tion de température qui s'étendait de 18 à 31°
pendant qu'un sol à base de craie n'était parvenu
qu'à 20, dans les mêmes circonstances. Le terreau

placé à l'ombre où la température était de 16°, s'abaissa de 8, 3 en une demi-heure, tandis que la craie au contraire n'en descendit que de 2, 2.

Une certaine quantité de sol brun, fertile, et autant d'argile froide, stérile, furent séchés et portés à 31°; exposés ensuite à une température de 14, ils descendirent en une demi-heure, la première de 5°, la seconde de 3, 3. La même masse d'argile humide, élevée à 31°, et exposée dans une chambre où le thermomètre ne marquait que 30°, prit en moins d'un quart d'heure la température du lieu. Les terres soumises à l'expérience étaient placées dans un petit vase d'étain de deux pouces de longueur, et d'un demi-pouce de profondeur. Le thermomètre employé était très-sensible.

Il est évident que la chaleur naturelle du sol est de la plus grande utilité pour les plantes; sa douce influence est surtout sensible au printemps. Quand les feuilles sont tout-à-fait développées, elles abritent la terre, et la garantissent des ardeurs de l'été. Aussi, la température d'un fonds nu et exposé aux rayons solaires, indique jusqu'à un certain point sa fertilité, et le thermomètre peut quelquefois devenir un instrument utile à celui qui veut acquérir ou améliorer un domaine.

L'humidité du sol en altère la température,

et la manière dont l'eau se comporte avec l[
substances terreuses influe beaucoup sur [
nutrition des plantes. Si les unes l'attirent tr[
fortement, les suçoirs des autres ne peuve[
l'absorber. Si elle est trop abondante, ou tr[
faiblement retenue par les parties constitutiv[
du terrain, elle attaque ou détruit les fibres d[
racines.

L'eau paraît exister en deux états différens
dans les terres, les substances animales et vég[
tales; elle est ou chimiquement combinée [
simplement unie par la force de cohésion.

Si on verse, dans une dissolution d'alun [
l'ammoniaque ou de la potasse pure, l'alumi[
se précipite en retenant une certaine quanti[
d'eau. Exposée au contact de l'air et desséché[
elle en donne encore à la distillation plus de
moitié de son poids. Dans ce cas, le liquide [
chimiquement combiné. Celui qu'on obtient, [
distillant à une chaleur rouge, du bois, de
fibre musculaire ou de la gomme, précéde[
ment soumis à 100°, est aussi de l'eau dont [
élémens faisaient partie de la substance.

Quand l'argile des potiers, desséchée à la te[
pérature de l'atmosphère, est mise en conta
avec l'eau, celle-ci est rapidement absorbé[
c'est un effet dû à l'affinité de cohésion.

Les sols, en général, les substances végétales
animales, qui n'ont été soumises qu'à une chale[

inférieure à celle de l'eau bouillante, augmentent de poids lorsqu'on les expose à l'air, parce qu'elles s'emparent de l'eau contenue dans l'atmosphère, en vertu de la même cause.

L'eau *chimiquement combinée* avec les principes terreux ne peut être absorbée par les racines des plantes, si ce n'est dans le cas où les substances animales et végétales se décomposent ; mais celle qui *adhère* seulement à ces mêmes principes est d'un usage continuel dans la végétation. Les champs présentent rarement des mélanges de terre qui contiennent ce liquide dans le premier état ; la plupart des corps qui s'unissent avec celle-ci le mettent au contraire en liberté. Ainsi, l'acide carbonique le dégage de la combinaison qu'il forme avec la chaux, et se substitue à sa place. Les composés de silice, d'alumine ou d'autres bases n'en contiennent pas qui soit chimiquement combiné avec eux, et nous avons déjà remarqué que les sols sont formés de carbonates terreux ou de terres pures et d'oxides métalliques.

Les substances salines qu'ils renferment exercent sur l'eau une action chimique ou mécanique ; mais elles sont toujours en trop petite quantité pour altérer les rapports qu'il y a entre les terres et ce liquide.

La puissance d'absorption dont jouissent les sols dépend beaucoup de la ténuité de leurs par-

ties; plus elles sont divisées, plus elles produisent d'effet. Toutes paraissent animées de la
même force, mais non douées de la même énergie : les substances végétales en ont plus que les
animales, et celles-ci plus que les composés d'a-
lumine et de silice, qui en ont plus à leur tour
que les carbonates de chaux et de magnésie. Il
est possible, néanmoins, que ces différences ne
tiennent qu'à l'exposition ou à une division mécanique plus ou moins considérable.

La fertilité des sols et la force avec laquelle
ils pompent l'eau de l'air sont liées l'une à l'autre. Quand cette force est considérable, la plante
conserve de l'humidité dans les saisons les plus
sèches, et l'évaporation se trouve compensée.
Pendant le jour, les vapeurs aqueuses répandues
dans l'atmosphère sont absorbées par les parties
intérieures du sol; et, pendant la nuit, les extérieures exercent conjointement la même action.

Les argiles compactes qui s'emparent d'une
si grande quantité d'eau lorsqu'on leur en présente à l'état liquide, ne sont pas les substances
qui absorbent le plus d'humidité pendant la saison sèche; elles se contractent et n'offrent qu'une
faible surface à l'action de l'air. Les végétaux
qui les recouvrent sont aussi promptement brûlés que s'ils étaient sur le sable.

Les terres les plus propres à entretenir les
plantes dans une bonne humidité, par le moyen

le l'eau qu'elles tirent de l'atmosphère, sont elles qui sont poreuses, légères, perméables à l'action de l'air, et formées d'un mélange convenable d'argile bien divisée, de sable, de carbonate de chaux, et de quelque matière animale et végétale. Les deux dernières substances contribuent surtout à tenir les terres humides sans les rendre tenaces. Le sable s'oppose à ce qu'elles le deviennent, mais il augmente peu la puissance absorbante.

J'ai comparé l'énergie avec laquelle divers sols absorbent l'humidité atmosphérique, et j'ai constamment trouvé que les plus fertiles sont ceux qui en jouissent à un plus haut degré. Ce fait peut servir à estimer la bonté d'une terre.

1000 parties du fameux sol de Ormiston, dans le Lothian oriental, qui contient plus de la moitié de son poids de matière ténue, dont la composition est de 11 de carbonate de chaux, 9 de substance végétale desséchée à 100°, ont gagné 18 grains pendant l'exposition dans un air saturé d'humidité, à la température de 16°.

1000 parties d'un sol très-fertile, formé par les dépôts de la rivière Parret dans le Sommersetshire, et placé dans les mêmes circonstances, ont gagné 16 grains.

1000 parties d'un sol situé à Marséa, en Essex, et qui s'afferme 45 schellings l'acre, ont gagné 13 grains.

1000 grains de sable fin d Essex, valant 28 schellings l'acre, ont gagné 11 grains.

1000 grains de sable grossier, valant 15 schellings l'acre, n'ont gagné que 8 grains.

1000 grains des landes de Bagshot n'en ont gagné que 3.

L'eau, les substances végétales et animales en décomposition, qui se trouvent dans le sol, constituent les véritables alimens des plantes; les parties terreuses fixent le liquide, et l'administrent en proportions convenables aux racines des végétaux. Elles leur distribuent aussi les matières végétales et animales, qu'elles préservent d'une décomposition trop prompte. Les substances solubles sont, par ce moyen, fournies dans de justes proportions. Outre cette action, qu'on peut considérer comme mécanique, il s'en exerce une autre entre les sols et les matières susceptibles d'organisation, dont la nature semble chimique. Les terres, et même les carbonates terreux, ont une certaine affinité pour plusieurs des principes qui composent les substances végétales et animales. Prenons pour exemple l'huile et l'alumine. Si on mêle une solution acide de celle-ci avec une solution de savon, substance composée de matière huileuse et de potasse, l'huile et l'alumine s'unissent, et forment une poudre blanche qui se précipite.

L'extrait des matières végétales en putréfac-
n, bouilli avec l'argile ou la craie, donne
issance à un composé qui rend ces mêmes ma-
res végétales plus difficiles à désorganiser et à
soudre. La silice pure et les sables siliceux
ercent une faible action de cette espèce. Les
res sur lesquelles l'alumine et le carbonate de
aux abondent sont celles qui développent la
is grande énergie chimique pour la conserva-
n des engrais. On leur donne à juste titre la
nomination de terres riches ; car la nourriture
gétale se garde long-temps dans leur sein, à
ins qu'elle ne soit pompée par les racines des
intes.

Les fonds, au contraire, dans lesquels le sable
iceux domine, sont appelés maigres avec rai-
n ; car les matières végétales et animales qu'ils
ntiennent, n'éprouvant aucune affinité de la
rt des parties terreuses, sont plus sujettes à
e décomposées par l'action de l'atmosphère,
l emportées par l'eau.

Dans la plupart des terrains bruns, noirs et
hes, les bases paraissent être combinées avec
ie matière extractive particulière produite par
décomposition des plantes. Elle n'éprouve
une faible action de la part des eaux, et pa-
lt être la principale cause de la fertilité.

Les signes auxquels on reconnaît qu'un champ
t propre à la culture de certaines espèces de

végétaux varient avec les climats, et sont i
fluencés par les pluies.

La puissance d'absorption doit être beauco
plus forte dans les pays chauds ou secs que da
les régions froides et humides, et la quant
d'argile ou de matières végétales et animal
qu'ils contiennent plus abondante dans les u
que dans les autres. Les coteaux doivent au
absorber avec plus d'énergie que les plaines
les vallées. La fertilité de tous ces sols est d'ai
leurs plus ou moins grande, suivant les couch
sur lesquelles ils sont assis.

S'ils sont placés sur des roches ou des lits (
pierre, ils se dessèchent plus vite, et l'évapor(
tion est plus copieuse que lorsqu'ils sont établ
sur l'argile ou la marne. C'est à cette cause qu'
faut rapporter la grande fertilité de la terre dai
les contrées humides de l'Irlande.

Dans les fonds dont le sable fait la base,
est quelquefois avantageux que les couches infé
rieures soient d'argiles : elles retiennent l'eau e
réparent les pertes causées par l'évaporation ou
la consommation des plantes.

Une couche de sable ou de gravier corrige sou
vent l'excès du pouvoir d'absorption dont le so
labourable est doué.

Dans les pays calcaires dont la surface est un(
espèce de marne, on trouve souvent la pierre à
chaux à quelques pouces de profondeur. Ell(

st cependant très - productive ; mais , si le sol tait moins absorbant , la proximité de la roche rendrait stérile. On distingue facilement de e loin , pendant l'été , les montagnes de sable et e craie du Derbyshire et du pays de Galles, par aspect de la végétation : sur les premières , herbe est brunâtre et fanée ; sur les secondes , lle est verte et végète avec force.

Il est évident , d'après ce qui précède , qu'on e peut poser aucun principe général sur la ré-artition des différentes parties d'un domaine, ant qu'on n'en connaît pas parfaitement la na-ure , la composition , ainsi que la situation du ol et de la couche sur laquelle il repose.

C'est sur cette connaissance que les méthodes e culture doivent être fondées ; elles ne peu-ent être partout les mêmes. Une pratique ex-ellente dans un cas peut être destructive dans n autre.

Un labourage profond réussit dans un sol iche et compacte : il ne produit que de mauvais ffets dans un fonds dont la couche végétale peu paisse est assise sur du sable ou de l'argile ·oide.

Dans les contrées humides , où la quantité de luie qui tombe annuellement s'élève depuis 40 ısqu'à 60 pouces, comme dans le Lancashire , ? Cornwall et quelques parties de l'Irlande , es terrains , dont le sable siliceux fait la base

9

sont plus productifs que dans les pays secs. L
blé et les fèves exigent qu'ils soient dans celles
là moins cohérens et moins absorbans que dan
ceux-ci. Les plantes à racines bulbeuses pro
spèrent dans ceux qui, sur 15 parties, en con
tiennent près de 14 de sable.

Ces circonstances influent aussi sur l'épuise
ment des terres. Lorsque les plantes ne peuven
absorber suffisamment d'eau, elles consommen
plus d'engrais. En Irlande, dans le Cornwall
et dans les montagnes de l'Écosse occidentale
le blé et l'avoine surtout appauvrissent moin
les fonds que dans l'intérieur de l'Angleterre o
ils sont plus secs.

Les sols paraissent devoir leur origine au
décompositions des roches. On en voit encor
qui sont intacts sur celles d'où ils dérivent. On
peut se faire une idée de cette décomposition
en considérant le *granit doux* ou *granit de por*
celaine, substance composée de quartz, de
feldspath et de mica. Le premier de ces corps
est presque entièrement composé de terre siliceuse pure et cristallisée ; les deux autres sont
des composés de silice, d'alumine et d'oxide de
fer : le second contient en outre de la chaux et
de la potasse ; le troisième de la chaux et de la
magnésie.

Quand une roche granitique de cette espèce
a été exposée long-temps à l'influence de l'eau

et de l'air, la chaux et la potasse contenues dans ses parties constituantes, cèdent à l'action du liquide ou de l'acide carbonique. L'oxide de fer, qui pour l'ordinaire est au minimum, s'empare de l'oxigène. Le feldspath et le mica se décomposent; mais le premier plus vite que le second. Celui-là, qui lie entre elles les diverses parties du granit, se transforme en argile fine avec laquelle celui-ci se mêle comme du sable, et le quartz non décomposé se présente sous l'aspect d'un gravier ou sable plus ou moins ténu.

Aussitôt que la roche est couverte de la plus petite couche végétale, les semences des lichens, des mousses, etc., qui flottent continuellement dans l'air, s'y déposent et y croissent. Elles meurent ensuite, et fournissent une certaine quantité de matière organisable qui s'ajoute à celle qui existe déjà. Des plantes plus parfaites peuvent enfin subsister dans cette terre; elles tirent leur nourriture de l'eau et de l'atmosphère, elles poussent à leur tour, donnent de nouveaux détritus; la décomposition de la roche continue, et il se forme ainsi, par une opération lente et graduée, un sol capable de recevoir les arbres des forêts eux-mêmes, et de dédommager l'agriculteur de ses travaux.

Lorsqu'il a produit une série de moissons, qui n'ont été ni recueillies par l'homme, ni consommées par les animaux, il se trouve couvert d'une telle quantité de matière végétale, qu'il se rapproche de la nature des tourbes. S'il reçoit les eaux d'un lieu plus élevé, il devient perméable à ce fluide, spongieux et peu à peu impropre aux grandes cultures.

Plusieurs tourbières paraissent s'être formées par la destruction des forêts ; c'est une conséquence du mauvais usage que les anciens agriculteurs ont fait de la cognée. Lorsqu'on coupe les arbres qui forment la lisière extérieure des bois, ceux de l'intérieur se trouvent tout à coup exposés aux injures des vents. Accoutumés jusque-là à être abrités contre les orages, ils ne peuvent les supporter ; ils languissent et meurent au renouvellement de la belle saison ; leurs feuilles et leurs branchages se décomposent peu à peu, et se convertissent en matière végétale. Dans la plupart des fondrières d'Irlande et d'Écosse, les plus grandes pièces qui se trouvent sur les bords portent les empreintes de la hache ; l'intérieur en présente peu d'entières. La cause en est probablement qu'ils sont tombés de vieillesse, et que la fermentation et la décomposition de la matière végétale est d'autant plus rapide, que celle-ci abonde davantage.

Les lacs et les étangs enferment souvent des amas considérables de débris de plantes aquatiques. Dans ce cas il se fait une espèce de tourbe bâtarde. La fermentation néanmoins qu'ils subissent paraît être d'une nature différente ; il se produit beaucoup plus de gaz. Le voisinage des marais , dans lesquels ces décompositions ont lieu , est constamment fiévreux et malsain , tandis que celui de la véritable tourbe , de celle qui s'est formée sur des sols primitivement secs, est toujours salubre.

La matière terreuse des tourbes est constamment analogue à celle des couches qui les supportent. Il est probable qu'elle en provient , et que les plantes se sont chargées des principes contenus dans le stratum avec lequel elles étaient en contact. Ainsi , dans le Wiltshire et le Berkshire , où celui-ci est formé de craie , les cendres du combustible contiennent beaucoup de substances calcaires et très-peu d'alumine et de silice. Elles renferment aussi une quantité considérable d'oxide de fer et de gypse , deux corps fournis par la décomposition des pyrites si abondantes dans la chaux carbonatée.

J'ai brûlé plusieurs espèces de tourbe , tirées de divers sols granitiques et schisteux , et j'en ai constamment obtenu des cendres principalement siliceuses et alumineuses. L'incinération d'un échantillon de celle d'Antrim m'a présenté à peu près les mêmes principes constituans que le grand dépôt basaltique de ce comté.

Les sols pauvres et maigres, tels que ceux

qui proviennent de la décomposition des granits et des grès, n'ont souvent, pendant des siècles, qu'une faible végétation. Ceux, au contraire, qui sont formés par la décomposition de la pierre à chaux, des basaltes, se recouvrent d'herbes vivaces, et donnent, quand on les soumet aux opérations de l'agriculture, des récoltes abondantes, quels que soient les végétaux qu'on y cultive.

Les roches et les couches, dont la décomposition a donné naissance aux terres labourables du globe, sont disposées dans un certain ordre. Comme il arrive souvent que celles dont la nature est la plus dissemblable sont mélangées les unes avec les autres, et que les couches qu'on trouve en creusant contiennent des substances qui peuvent servir d'engrais, un coup d'œil général sur cet objet ne sera ni déplacé, ni désagréable au cultivateur instruit.

Les géologues divisent généralement les roches en deux classes : les roches *primitives* et les roches *secondaires*.

Les primitives sont composées de matière pure cristallisée, et ne contiennent de fragmens d'aucune autre roche.

Les secondaires ne sont formées qu'en partie de matières cristallisées ; elles renferment des fragmens des autres roches, abondent souvent en débris de substances végétales, d'animaux

harins, et quelquefois même d'animaux terrestres.

Les primitives sont généralement disposées
en grandes masses, ou en couches verticales plus
ou moins inclinées à l'horizon.

Les secondaires sont disposées parallèlement
ou presque parallèlement à l'horizon.

Le nombre des roches primitives qu'on rencontre communément dans la nature est de huit.

1°. Les *granits* qui, comme nous l'avons déjà
dit, sont composés de quartz, de feldspath et
de mica : quand ces corps sont rangés en couches régulières dans la roche, celle-ci prend le
nom de *gneis* (*).

2°. Le *schiste micacé*, composé de quartz et
de mica disposés en couches ordinairement cur-
vilignes.

3°. La *siénite*, formée de feldspath et d'une
substance appelée hornblende (ou amphibole).

4°. La *serpentine*, composée de feldspath et
d'un corps appelé hornblende éclatante. Les cristaux en sont quelquefois si petits, qu'ils donnent
à la pierre une apparence uniforme. Cette roche
abonde en veines formées d'une substance nommée *stéatite*, ou *roche savonneuse*.

5°. Le *porphyre*, formé de cristaux de feld-

(*) La disposition en couches régulières est principalement due au mica.

spath empâté dans la même matière , mais ordinairement de diverses couleurs.

6°. Le *marbre granulaire* , entièrement composé de cristaux de carbonate de chaux. Lorsqu'il est blanc et de texture fine , il est employé par les statuaires.

7°. La *chlorite schistoïde* , formée de chlorite, substance verte ou grise , ayant quelque analogie avec le mica et le feldspath.

8°. Le *quartz* en roche , composé de quartz sous forme granulaire , uni quelquefois avec de petites quantités d'élémens cristallins , appartenant , ainsi que nous l'avons dit , aux autres roches.

Les roches secondaires sont plus nombreuses que les roches primitives ; mais on n'en rencontre communément que douze variétés en Angleterre.

1°. Le *grauwacke* , formé de fragmens de quartz ou de chlorite schistoïde empâtés dans un ciment dont le feldspath fait la plus grande partie.

2°. Le *grès* siliceux , composé de quartz ou sable uni par un ciment siliceux.

3°. La *pierre à chaux* , composée de carbonate de chaux plus compacte dans sa texture que le marbre granulaire ; elle abonde souvent en coquillages marins.

4°. Le *schiste alumineux* , formé des débris

de différentes roches mêlés à une petite quantité de matière ferrugineuse ou siliceuse : il présente fréquemment des empreintes de végétaux.

5 . Le *grès calcaire* , composé de sable calcaire cimenté par une matière calcaire.

6o. La *mine de fer* , qui renferme presque les mêmes matériaux que le schiste alumineux , mais qui contient une plus grande quantité d'oxide de fer.

7°. Les *basaltes* , composés de feldspath , de hornblende et de matières provenant de la décomposition des roches primitives. Les cristaux en sont généralement si petits, qu'ils les font paraître homogènes. Ils sont souvent disposés en colonnes très-régulières , ayant ordinairement cinq ou six pans.

8°. Le *charbon bitumineux* ou *commun.*

9°. Le *gypse* , substance si connue sous ce nom , formée de sulfate de chaux , et qui contient souvent du sable.

10°. Le *sel en roche.*

11°. La *craie* , qui contient ordinairement des débris d'animaux marins et des couches horizontales de silex.

12°. Le *poudingue* , formé de cailloux unis par un ciment ferrugineux ou siliceux.

Je n'insisterai pas davantage sur les parties constituantes des roches ; les détails dans lesquels je pourrais entrer seraient inutiles , à

9*

moins qu'on n'eût des échantillons sous les yeux. L'inspection et la comparaison des espèces minérales apprendront bientôt à les distinguer sans peine.

Le granit constitue les plus hautes montagnes, et se trouve aux plus grandes profondeurs que l'industrie humaine puisse atteindre. Le schiste micacé est placé au-dessus, et supporte à son tour la serpentine ou le marbre. L'ordre dans lequel les roches primitives se groupent est extrêmement variable. La serpentine et le marbre sont ordinairement les plus élevés ; néanmoins, quoique le granit paraisse former le noyau du globe, il recouvre quelquefois le schiste micacé.

Les roches secondaires sont toujours couchées sur les primitives : c'est communément le grauwacke qui en est le plus voisin. Viennent ensuite assez souvent la pierre à chaux ou le grès mélangé de charbon, et les basaltes. La variété rouge du grès, le gypse, sont fréquemment accompagnés du sel en roche. Le charbon, les basaltes, les grès et la pierre à chaux alternent dans un grand nombre de circonstances, mais en couches peu épaisses et très-étendues. On en a compté plus de 80 en moins de 500 verges (200 toises) de profondeur.

Les veines qui renferment les substances métalliques, sont des fissures plus ou moins verti-

ɪ les , remplies de matières différentes de celles
‘ui composent la roche dont elles font partie.
Ces matières sont presque toujours cristallisées,
t consistent en spath calcaire , en spath fluor ,
n quartz ou en spath pesant , soit séparés ,
oit réunis. Les substances métalliques sont en
général disséminées dans les corps dont il est
question , ou mélangées avec eux. Les veines ,
ogées dans le granit dur , donnent rarement
beaucoup de métal utile ; mais celles du granit
loux , du gneis , renferment de l'étain , du
olomb et du cuivre. Celui-ci et le fer sont les
euls qu'on rencontre dans les veines de la serpentine. Le schiste micacé , la siénite et le
marbre granulaire sont rarement métallifères.
Le chlorite schistoïde recèle. , dans les filons
dont il est sillonné , du plomb , de l'étain , du
cuivre , du fer , etc. Le grauwacke , quand il
n'est pas un assemblage de plusieurs fragmens ,
et qu'il est en grandes masses , contient souvent
des métaux précieux, tels que le fer , le plomb,
l'antimoine ; et quelquefois aussi des masses de
charbon de terre , ou de charbon exempt de bi-
tume. La pierre à chaux est une roche métalli-
fère de la seconde classe ; les métaux qu'elle
renferme le plus communément sont le plomb
et le cuivre. On n'a jamais trouvé de filons dans
le schiste alumineux et la craie ou le calcaire ;
Ils sont rares dans les basaltes siliceux.

Lorsque les veines des roches sont exposées à l'air, la présence des métaux se manifeste par des signes extérieurs. Toutes les fois qu'on aperçoit du spath fluor, on peut soupçonner l'existence de quelque substance métallique. Une poussière brunâtre indique le fer et souvent l'étain, une poussière jaune le plomb, et une poussière verte le cuivre.

Il n'est pas hors de propos de donner une description générale de la constitution géologique de la Grande-Bretagne et de l'Irlande. Le granit forme la grande chaîne de montagnes qui s'étend depuis Land's-End jusqu'à Dartmoor, dans le Devonshire. Les masses de roches les plus élevées dans le Somersetshire sont de grauwacke et de calcaire. Les montagnes de Malvern sont composées de granit, de siénite et de porphyre. Les plus hautes qui soient dans le pays de Galles sont de chlorite schistoïde ou de grauwacke. Le granit se trouve dans le mont Sorrel, en Leicestershire. La longue chaîne de montagnes du Cumberland et du Westmorland est de porphyre, de chlorite, de schiste et de grauwacke ; mais le granit se rencontre à leur extrémité occidentale. En Écosse, les roches les plus hautes sont de granit, de siénite et schiste micacé. On ne voit aucune formation véritablement secondaire dans l'Angleterre méridionale, à l'occident de Dartmoor, et aucun basalte au midi de severn. La craie s'étend depuis la partie occidentale du Dorsetshire jusqu'à la côte orientale de Norfolk. Les formations de charbon existent en foule entre le Glamorganshire et le Derbyshire, ainsi que dans les dépôts secondaires du Yorkshire, Durham, Westmorland et Northumberland. La serpentine ne se rencontre qu'en trois endroits : au cap Lézard en Cornwall, à Portsoy dans l'Aberdeenshire, et dans l'Ayrshire. Il y a du marbre granulaire noir et gris près de Padstow en Cornwall, et d'autres marbres primitifs colorés dans le voisinage de Plymouth. L'Écosse en produit aussi beaucoup. Les blancs granulaires se trouvent dans l'île de Sky, dans l'Assynt, et sur les bancs du Loch Shin, dans le Sutherland. Les principales formations de charbon, en Écosse, sont situées dans le Dumbartonshire, l'Ayrshire, le Fifeshire, et sur les bancs du Brora, dans le Sutherland. Les craies secondaires et les grès existent dans la plupart des contrées basses, au nord des montagnes de Mendip.

L'Irlande compte cinq grandes chaines de montagnes primitives : celles du Morne, dans le comté de Down; celles de Donegal, celles de Mayo et Galway, celles de Wicklow, et celles de Kerry. Les roches qui forment les quatre premières sont principalement du granit, du gneis, de la siénite, du schiste micacé et du porphyre.

La cinquième est en grande partie composée de quartz granulaire et de chlorite schistoïde. On trouve du marbre coloré près de Killarney, et du marbre blanc sur la côte occidentale de Donegal.

La pierre à chaux et le grès sont les roches secondaires communes des contrées au midi de Dublin. Sligo, Roscommon et Leitrim en produisent, ainsi que des ardoises, de la mine de fer et du charbon bitumineux. Les montagnes de formation secondaire qui existent dans les mêmes lieux, sont d'une hauteur prodigieuse. Les cimes de la plupart se composent de basaltes, et la côte septentrionale de l'Irlande en est entièrement formée. Cette roche gît sur de la craie blanche mêlée de couches de quartz, et des mêmes fossiles qu'on trouve dans la craie; mais elle est beaucoup plus dure. Il y a des endroits où le basalte en colonnes se montre au-dessus du grès, des ardoises, et alterne avec le charbon. En Irlande, la houille se trouve principalement à Killkeny, mélangée avec le calcaire et le grauwacke.

Il est évident, d'après ce que nous avons dit au sujet de la formation des sols, qu'il en existe au moins autant de variétés, que les roches qui se trouvent à la surface de la terre offrent d'espèces. Dans le fait, il y en a beaucoup plus; car, sans parler des changemens produits par

culture et l'industrie humaine, les matières
nt se composent les couches ont été mêlées et
nsportées d'un lieu dans un autre par les di-
rses révolutions qui ont eu lieu sur le globe,
par l'action continue des eaux.

Il est inutile de chercher à faire une classifi-
:ion scientifique des sols : celle qui est adoptée
r les fermiers suffit à l'agriculture ; elle suffit
tout si la signification des termes a été fixée
ec quelque précision. La dénomination de sa-
nneux, par exemple, ne peut être appliquée
x terres qui renferment moins de $\frac{2}{8}$ de sable.
lles qui ont ce corps pour base, et qui font
rvescence avec les acides, devraient être dis-
guées par le nom de terres sablonneuses cal-
res, afin de ne les pas confondre avec les sili-
ses. On ne devrait pas appeler fonds argileux
x qui ne contiennent pas $\frac{1}{6}$ de matière ter-
se impalpable, et qui ne font qu'une légère
rvescence avec les acides ; le mot de marne
rait être restreint aux sols qui renferment au
ins $\frac{1}{3}$ de matière impalpable, et qui font une
rvescence considérable avec les mêmes réac-
. Un terrain, pour être qualifié de tourbeux,
t au moins contenir la moitié de matière vé-
le.

orsque la partie terreuse d'un sol provient
lemment de la décomposition d'une roche
ticulière, il convient de le désigner par un

nom tiré de celle-ci. Si c'est une terre rouge e
fine, qu'elle soit située immédiatement au-dessus d'un basalte dont les élémens se dissocient,
on pourra la nommer terre basaltique. Si elle
abonde en fragmens de quartz et de mica, comme
cela arrive fréquemment, on l'appellera granitique, et ainsi de suite.

En général, les sols dont la composition est for
hétérogène sont dits sols d'alluvion, ou formé:
par les dépôts des rivières. La plupart sont doué:
d'une grande fertilité. J'en ai examiné quelques:
uns ; ils diffèrent beaucoup entre eux. Les plu:
productifs m'ont donné 1 partie de sable siliceux
et 8 de matière terreuse extrêmement ténue. L'a-
nalyse de celle-ci m'a fourni les résultats suivans

Carbonate de chaux. 360

Alumine. 25

Silice. 20

Oxide de fer.   8

Matière végétale, animale et saline. 19

Un riche sol, situé dans le voisinage d'Avon
vallée d'Evesham, dans le Worcestershire, m'
donné $\frac{3}{5}$ de sable fin et $\frac{2}{5}$ de matière impalpable
Celle-ci était formée de

Alumine. 35

Silice. 41

Carbonate de chaux.   14
Oxide de fer.   3
Matière végétale, animale et sa-
line.   7

Un échantillon d'un excellent sol, pris dans
; vallon de Tiviot, m'a donné $\frac{5}{6}$ de sable sili-
eux fin, et $\frac{1}{6}$ de matière impalpable, composée
e

Alumine   41
Silice   42
Carbonate de chaux.   4
Oxide de fer.   5
Matière végétale, animale et sa-
line.   8

Un sol d'excellent pâturage, dans la vallée
'Avon, près de Salisbury, a fourni $\frac{1}{11}$ de sable
liceux grossier; et la matière ténue était for-
ıée de

Alumine.   7
Silice.   14
Carbonate de chaux.   63
Oxide de fer.   2
Matière végétale, animale et sa-
line, ...   14

Dans tous ces cas, la fertilité semble dépendre
ɛ l'état de division et du mélange des matières

terreuses, végétales et animales ; elle s'explique
par les principes que je me suis efforcé d'établir
dans la première partie de ce chapitre.

Lorsqu'on recherche la composition des sols
dans le dessein de les améliorer, il ne faut né-
gliger aucun des ingrédiens qui contribuent à le
rendre stériles. En les comparant avec ceux du
voisinage, dont l'exposition est la même, on
aperçoit souvent la meilleure méthode de le
amender. Si on les lave, et que les eaux se chargent de sels de fer ou de matières acides, on fait
usage de la chaux vive. Une terre de très-bonne
apparence, mais d'une aridité remarquable
m'ayant été envoyée par sir Joseph Banks, je
reconnus qu'elle contenait du sulfate de fer. Je
conseillai l'emploi de la substance que j'ai indi-
quée plus haut, afin de convertir en engrais ce
sel pernicieux. Si un terrain renferme un excès
de matière calcaire, on l'améliore au moyen de
l'argile et du sable ; si celui-ci est en trop grande
proportion, on l'allie avec l'argile, la marne ou
les matières végétales. Une pièce de terre, formée de sable léger, ayant considérablement souffert dans l'été de 1805, je recommandai l'application de la tourbe : elle produisit les meilleurs
effets, et le propriétaire me mandait dernièrement qu'ils sont encore sensibles. Les engrais
suppléent à la matière végétale et animale ; quand
elle est en excès, on remédie à cet inconvénient

: le feu et les substances terreuses. Les tour-
:res, les fondrières et les marais doivent d'a-
rd être desséchés, l'eau stagnante étant fu-
ste à tous les végétaux nutritifs : ainsi, avant
 les mettre en culture, il faut les saigner.
.and les terres tourbeuses et douces ont subi
te opération, on les rend souvent productives
 répandant à la surface du sable ou de l'argile.
rsqu'elles sont acides ou qu'elles contiennent
s sels ferrugineux, l'emploi de la matière cal-
re est indispensable; si elles renferment beau-
up de branches, de racines d'arbres, qu'elles
ent couvertes de végétaux vivans, il faut ou
ever ces matières, ou les incinérer. Dans ce
nier cas, les cendres fournissent d'excellentes
ostances terreuses pour améliorer la texture de
tourbe.

Les meilleurs sols naturels sont ceux qui pro-
nnent de couches différentes, divisées par
:tion de l'eau et de l'air, et parfaitement mé-
.gées. Lorsqu'on veut bonifier un fonds, on
:peut mieux faire que d'imiter les procédés de
nature.

On a presque toujours sous la main les ma-
res nécessaires pour cet objet : le sable gros-
r se trouve communément au-dessus de la
tie, et les couches de sable et de gravier au-
:sous de l'argile. On est dédommagé des soins
æ ces grandes opérations exigent, par un avan-

tage considérable et permanent : il faut ensuite
moins d'engrais , et les moissons sont plus abondantes. Les capitaux consacrés à de telles répa-
rations augmentent pour toujours la fertilité, et
par conséquent la valeur des terres.

CHAPITRE CINQUIÈME.

ture et constitution de l'atmosphère. — Son influence sur les végétaux. — Germination des graines. — Fonctions des plantes aux diverses époques
de leur croissance. — Coup d'œil général sur les
progrès de la végétation.

Nous avons déjà indiqué d'une manière géné-
e quelle est la constitution de l'atmosphère :
us avons dit que l'eau, le gaz acide carboni-
e, l'oxigène et l'azote, en sont les principaux
mens. Mais, pour bien comprendre comment
e concourt à l'acte de la végétation, il faut en-
r dans quelques détails; nous en déduirons
illeurs des règles pratiques d'agriculture, ainsi
e des aperçus philosophiques sur la formation
s organes, le développement des fonctions, et
mode de nutrition des plantes.
Du muriate de chaux calciné et soumis à l'ac-
n de l'air, même dans le temps le plus froid
le plus sec, augmente de poids, devient hu-
de, et enfin se liquéfie. Enfermé ensuite dans
e cornue, et chauffé, il dégage de l'eau pure
revient peu à peu à son état primitif. Or, cette
i qu'il absorbe et qu'il abandonne, ne peut
ovenir que du gaz avec lequel il est en con-

tact. Une chose prouve d'une manière enc
plus directe, que ce liquide est répandu d
l'atmosphère sous forme de fluide élastiqu
c'est qu'une certaine quantité d'air, traitée
le sel dont il est question, diminue de volu
et de poids, pourvu cependant que l'expérie
soit bien faite.

La quantité de vapeur aqueuse répandue d
l'air varie avec la température. Elle est d'a
tant plus considérable que celle-ci est plus é
vée. A 10 degrés elle forme en volume à p
près le $\frac{1}{50}$ du fluide atmosphérique; et, com
sa densité est à celle de ce fluide, dans le rapp
de 10 à 15, elle constitue environ le $\frac{1}{75}$ de s
poids.

Si aucun obstacle ne s'oppose à la producti
de la vapeur, que le liquide soit en abondanc
et que l'air agisse librement, il se charge, à
degrés, d'environ $\frac{1}{14}$ de son volume, ou du
de son poids de fluide aqueux. Si la températu
baisse, celui-ci se condense et devient, suiva
toute apparence, la principale cause de la fo
mation des nuages, des brouillards, de la rosé
de la neige et de la grêle.

La force avec laquelle diverses substances a
sorbent l'eau répandue dans l'atmosphère, a é
discutée dans le dernier chapitre. Les feuill
vivantes agissent aussi sur elle, à l'état de vapeu
et s'en emparent. L'augmentation de poids qu

ennent certains végétaux détachés du sol et
spendus dans l'air, tels que la joubarbe, et
fférentes espèces d'aloës, n'a pas d'autre ori-
ne. Les plantes ne se soutiennent, pendant les
andes chaleurs et les excessives sécheresses de
té, que par cette puissance d'absorption dont
uissent les feuilles. C'est une chose digne d'ad-
iration, que la vapeur aqueuse abonde préci-
ment à l'époque où l'humidité est le plus né-
ssaire, et où toutes les autres sources en sont
ies.

Nous avons dit que l'eau est un composé;
convient d'en donner la preuve, et de rap-
rter les expériences à l'aide desquelles on
msforme ce liquide en oxigène et en hy-
ogène, et on le recompose avec les mêmes
mens.

Si l'on met dans un tube de verre un peu d'eau
de potassium, ces deux corps réagissent avec
olence; il se dégage un fluide élastique, qu'on
connaît bientôt pour de l'hydrogène, et le mé-
offre tous les caractères d'une substance qui a
sorbé de l'oxigène. Dans ce cas, les gaz émis
solidifiés sont en poids, dans le rapport de 2
15. Or, si l'on prend deux volumes du pre-
er et un du second, qui sont entre eux dans
rapport des nombres que nous venons d'indi-
er, qu'on les introduise dans un vase fermé,
qu'on fasse passer au travers l'étincelle

électrique, ils s'enflamment, se condensent
produisent 17 parties d'eau pure.

Il est évident, d'après les détails que n
avons donnés dans le troisième chapitre,
l'eau forme la plus grande partie de la sève
plantes, et que cette substance ou ses élém
entrent dans la constitution des organes et
productions solides des végétaux.

Élastique et fluide, l'eau est indispensabl
l'économie de la végétation : à l'état solide mêr
elle n'est pas dépourvue d'usage. Elle cond
mal le calorique ; et, quand la terre est couve
de neige, ou que sa surface est congelée, les
cines des plantes sont à l'abri de l'influence
l'atmosphère, dont la température est consta
ment plus basse dans les contrées du nord q
le point de congélation. Elles trouvent d'a
leurs dans ce liquide une nourriture utile, a
premiers jours du printemps. L'expansion qu
prend, lorsque le froid le saisit, et sa contra
tion lorsqu'il se liquéfie, tendent à pulvériser
sol, à en séparer les parties, et à le rendre pl
perméable à l'air.

De l'eau de chaux exposée à l'atmosphère
tarde pas à se couvrir d'une légère pellicule q
se précipite au fond du vase, et devient ell
même insipide. Ce phénomène est dû à la con
binaison formée par la base qu'elle tient en sc
lution et l'acide carbonique répandu dans l'air

insi qu'on s'en assure en recueillant le précipité solide dans un petit tube de fer ou de platine, qu'on soumet à une forte chaleur. Le gaz
acide se dégage, et la matière se convertit en
chaux vive, susceptible d'être de nouveau dissoute et saturée.

La quantité d'acide carbonique contenu dans
l'atmosphère est peu considérable et difficile à
déterminer. Il y apparence qu'elle varie suivant
les lieux ; mais il est rare, quand l'air circule
librement, qu'elle dépasse les limites de $\frac{1}{500}$ à
$\frac{1}{100}$ du volume de ce fluide. Sa densité excède
de près d'un tiers celle des autres gaz dont le
mélange nous enveloppe. D'après cela, on pourrait croire qu'il abonde dans les régions basses
de l'atmosphère. Mais cette conjecture est dé-
mentie par l'expérience, à moins que quelques
accidens chimiques ne le développent immédiatement à la surface de la terre. Les gaz, quelles
que soient leurs densités, se sollicitent, s'attirent mutuellement ; les vents, les orages, et
mille autres causes, les agitent et les mêlent
sans cesse. Au rapport de Saussure, l'eau de
chaux précipite sur le Mont-Blanc, le point le
plus élevé de l'Europe ; et l'air rapporté des
plus grandes hauteurs auxquels les aérostats
soient parvenus, renferme de l'acide carbonique, sans doute en proportions convenables.

On détermine la composition de ce gaz à l'aide

10

d'un procédé très-simple : 13 grains de charbon
bien calciné, enflammés au moyen d'une len-
tille dans 100 pouces cubes d'oxigène, dispa-
raissent entièrement, et sont remplacés, à peu
de chose près, si l'expérience est faite avec
soin, par un volume égal d'acide carbonique.
D'après cela, il est facile d'estimer les quantités
de chacun des élémens que ce fluide élastique
renferme. Le poids de 100 pouces cubes d'acide
est à celui de 100 pouces cubes d'oxigène,
comme 47 est à 34 : de manière que 47 parties
en poids du premier doivent en contenir 34
d'oxigène et 13 de carbone, ce qui s'accorde
avec les nombres que nous avons donnés dans le
second chapitre.

Le potassium décompose aisément l'acide carbonique ; le métal s'empare de l'oxigène,
et précipite le carbone sous forme de poudre
noire.

L'acide carbonique sert principalement à la
nutrition des plantes; quelques-unes même paraissent tirer de cette source, la plus grande
partie du carbone qu'elles s'approprient.

Cet acide se forme pendant la fermentation,
la combustion, la putréfaction, la respiration,
et un grand nombre d'opérations qui ont lieu à la
surface de la terre ; et la végétation est le seu
agent connu qui le détruise.

L'air, dépouillé de la vapeur aqueuse et de

'acide carbonique, ne manifeste, pour ainsi dire, aucun signe d'altération, et semble jouir de toutes ses propriétés ; il soutient, comme auparavant, la combustion et la vie animale. Il y a plusieurs moyens d'isoler l'oxigène et l'azote dont il se compose. Un des plus simples consiste à le traiter par le phosphore. Ce corps s'empare du premier des deux gaz, et met le deuxième à nu ; 100 parties d'air soumises à cette expérience, en donnent 79 d'azote ; unies avec 21 d'oxigène préparé artificiellement, celles-ci produisent un mélange qui ne diffère pas de celui que nous respirons. On obtient l'oxigène pur en calcinant du mercure à vase ouvert, et à une température d'environ 300 degrés. Le métal, réduit en poudre rouge pendant cette opération, distillé ensuite dans une cornue, se revivifie, et dégage le gaz avec lequel il était combiné.

L'oxigène, essentiel à quelques plantes, est surtout important dans la nature par l'influence qu'il exerce sur l'économie animale : il est indispensable pour l'entretien de la vie. L'air atmosphérique introduit dans nos poumons, ou passant, dissout par les liquides, dans les ouïes des poissons, est dépouillé de ce principe que remplace un volume égal d'acide carbonique.

On ne connaît pas exactement l'action que l'azote exerce dans la végétation ; comme on le trouve dans quelques produits, il est possible que certaines plantes le pompent dans l'air et l'absorbent. Ce gaz tempère l'énergie de l'oxigène, et sert d'une espèce de milieu dans lequel les parties essentielles de l'atmosphère agissent. Cette circonstance est dans les analogies de la nature ; car les substances qui abondent le plus à la surface solide du globe, ne sont pas celles qui sont les plus indispensables à l'existence des êtres organisés.

L'action de l'atmosphère sur les plantes n'est pas la même aux différentes époques de leur croissance ; elle varie suivant que les organes se développent ou se flétrissent. Les phénomènes que j'ai décrits peuvent déjà la faire apprécier. Je vais néanmoins entrer dans de nouveaux détails sur cet objet, en tâchant de les lier à des considérations générales sur la marche de la végétation.

Une bonne semence humectée et soumise à l'influence de l'air, à une température d'environ 8 degrés, germe aussitôt ; elle développe une plumule qui s'élève, et une radicule qui descend.

Si l'air ne se renouvelle pas, on s'aperçoit bientôt que l'oxigène est absorbé en partie ou en totalité dans l'acte de la germination. L'azote reste intact ; et loin que l'acide carbonique diminue, il augmente.

Les semences ne germent pas sans la présence de l'oxigène. Dans le vide, dans l'azote, dans l'acide carbonique pur, elles se gonflent sans végéter lorsqu'on les humecte ; conservées long-temps dans le gaz, elles perdent peu à peu la force vitale et se putréfient.

Examinées avant qu'elles se tuméfient, elles sont plus ou moins insipides, ou tout au moins elles ne sont pas douces ; elles le deviennent au contraire dès que la germination se mani-feste. Le mucilage coagulé, ou amidon qu'el-les renferment, se convertit en sucre ; il change de nature, devient aussi soluble qu'il l'était peu ; et transporté dans les cotylédons, il sert de nourriture à la plante qui se développe. Il est facile, au moyen des faits que nous avons exposés dans le troisième chapitre, de se rendre compte de ces transformations ; l'acide carbo-nique qui se dégage tend à établir que la principale différence que présentent le sucre et le mucilage, dépend du carbone, dont les proportions ne sont pas tout à fait les mêmes.

On a comparé l'absorption de l'oxigène dans la germination des semences, à celle qui a lieu lorsque le fœtus de l'œuf se développe ; mais il n'y a entre ces deux phénomènes qu'une ana-logie éloignée. Tous les animaux, le plus par-fait, comme le plus informe, ont besoin de ce gaz (*). Dès que les pulsations du cœur commencent, jusqu'au moment où elles s'éteignent, le sang ne cesse d'être aéré, et la fonction de la respiration est invariable. De l'acide carbonique se dégage sans cesse ; mais l'altération chimique qu'éprouve le fluide qui circule dans nos veines nous est inconnue. Rien n'autorise à supposer qu'il se forme une substance analogue au sucre ; la plante a besoin de provisions d'où elle tire sa subsistance, jusqu'à ce que les racines puissent pomper les sucs de la terre. Ces provisions lui sont fournies par les cotylédons, qui renferment une substance insoluble et inaltérable pendant l'hiver, mais que les agens extérieurs ramollissent et changent au retour de la belle saison.

La conversion de l'amidon en sucre peut se comparer avec plus de justesse à la fermentation qu'à la respiration ; c'est un changement subi

---

(*) Les œufs imprégnés des insectes, et même des poissons, n'éclosent pas s'ils n'ont de l'air, c'est-à-dire, si le fœtus ne peut respirer. J'ai reconnu que les œufs de phalènes ne produisent pas de larves dans l'acide carbonique pur, et que, quand ils sont exposés à l'action de l'atmosphère, l'acide remplace l'oxigène en partie absorbé, le frai s'empare du gaz dissout dans l'eau. Les poissons qui fraient au printemps et en été, tels que le brochet, la carpe, la perche et la brême, déposent leurs œufs sur les plantes aquatiques dont les feuilles, en accomplissant leurs fonctions, fournissent de l'oxigène au liquide ; ceux

par un corps inorganique, que l'art peut imiter ; et dans la plupart des phénomènes de ce genre que présentent les composés végétaux exposés à l'action de l'air, il y a absorption d'oxigène et production ou dégagement d'acide carbonique.

Il est donc évident que dans tous les cas où une graine est mise en terre pour y germer, il faut la semer de manière qu'elle éprouve pleinement l'influence de l'atmosphère ; une des causes de la stérilité des sols glaiseux, cohérens et froids, c'est qu'elles sont empâtées dans une matière imperméable à l'air.

Les sols dont le sable fait la base sont toujours assez poreux ; mais ceux qui contiennent beaucoup d'argile ne peuvent jamais être trop divisés. Une graine qui n'est pas sufffsamment aérée ne produit qu'une plante faible et languissante.

---

qui fraient en hiver, comme le saumon et la truite, cherchent, pour y déposer leurs œufs, des endroits où l'eau fraîche se renouvelle continuellement, tels que le voisinage des ruisseaux, les courans les plus rapides où elle n'est jamais stagnante, mais saturée de l'air avec lequel elle a été en contact dès qu'elle s'est précipitée des nuages. C'est par instinct que ces poissons recherchent l'oxigène dont leurs œufs ont besoin pour éclore ; c'est par instinct qu'ils quittent les mers et les lacs pour remonter les courans rapides et franchir tous les obstacles que leur opposent les chutes d'eau.

Le maltage, dont nous avons déjà parlé, n'es
qu'une germination artificielle qui transform
l'amidon en sucre ; lequel éprouve à son tou
la fermentation, et se change en esprit.

Il est clair, d'après les principes chimique
que nous venons d'exposer, que l'opération d
maltage doit être poussée jusqu'à ce que l
graine commence à germer, mais qu'elle doi
être arrêtée aussitôt que ce phénomène se mani
feste. Si on dépasse ce point, qu'on laisse dé
velopper la radicule et la plumule, une quan
tité considérable de matière saccharine disparaît
il se fait moins d'esprit pendant la fermentation
et conséquemment on en obtient moins lorsqu'o
distille.

Comme ce fait n'est pas sans importance
j'entrepris, au mois d'octobre 1806, de le vé
rifier. Je m'assurai, au moyen de l'alcohol, d
proportions de matière saccharine contenue dan
deux quantités égales d'orge de même qualité
L'une était couverte de radicules de près d'u
demi-pouce de longueur, et la germination avai
été arrêtée dans l'autre avant qu'elles eusse
atteint une ligne. Les quantités de sucre qu'e
les ont produites étaient dans le rapport d
5 à 6.

La matière saccharine développée dans l
cotylédons, au moment où les feuilles éclosent
les livre aux attaques d'une foule d'insectes. I

la recherchent avec avidité, et commettent, à cette époque, les plus terribles ravages que les récoltes aient à souffrir.

La mouche à turneps, insecte du genre coléoptère, s'attache aux feuilles séminales de cette racine dès qu'elles accomplissent leurs fonctions; mais elle cesse d'être aussi nuisible à la plante aussitôt qu'elles deviennent un peu fortes.

On a proposé plusieurs méthodes pour la détruire, ou prévenir ses dégâts, comme, par exemple, de mélanger des graines de radis et de turneps. On supposait qu'elle préfère les feuilles des premières à celles des deuxièmes. Mais on dit que cette tentative n'a pas été heureuse; qu'elle les attaque indistinctement les unes et les autres.

Plusieurs menstrues chimiques hâtent la germination des semences qu'ils ont humectées. J'avais conçu le dessein de rechercher si cette propriété ne serait pas applicable aux turneps, et ne pourrait pas amener plus tôt les feuilles séminales à l'état où les piqûres n'exercent plus d'influence bien funeste; mais j'ai reconnu que le procédé était inexécutable. Des graines ainsi préparées germent à la vérité plus vite; mais elles ne produisent jamais que des plantes faibles, qui souvent périssent aussitôt qu'elles ont bourgeonné.

Des graines de radis, macérées pendant douze

10*

heures dans des solutions séparées de chlore, d'oxi-sulfate de fer faible, d'acide nitrique, d'acide sulfurique très-étendus, et d'eau commune, m'ont présenté les résultats suivans dans le mois de septembre 1807. Les semences soumises à l'action des deux premiers liquides, germèrent au bout de deux jours; les autres, dans l'ordre où les réactifs sont énoncés, après trois, cinq et sept. Dans ces germinations prématurées, la plumule est d'abord vigoureuse; mais au bout d'une quinzaine, elle devient faible et languissante : en sorte que les expériences dont il s'agit sont à peine susceptibles de quelque application. Les substances organisées décroissent avec la même promptitude qu'elles se développent; et ce n'est qu'en suivant une marche lente, assortie à celle de la nature, que nous sommes capables de faire des améliorations.

Il y a diverses substances chimiques qui sont nuisibles ou mortelles aux insectes, sans être contraires à la végétation. Quelques-unes même la favorisent. Plusieurs ont été mises en usage avec des succès variés. Un mélange de soufre et de chaux détruit les limaçons, mais ne préserve point les jeunes pousses de turneps des ravages des mouches. Le duc de Bedford l'a fait essayer en grand à sa terre de Woburn. La composition a été répandue sur une partie d'un champ

où cette racine était cultivée ; mais les dégâts
n'ont pas été moins grands sur cette partie , ils
ont été à peu près les mêmes sur toute la su-
perficie de la pièce.

Les mélanges de chaux vive , de suie ou d'u-
rine., seraient probablement plus efficaces. L'alcali volatil qui s'en dégage est insupportable
aux insectes, en même temps qu'il contribue
à nourrir la plante. M. T. A. Knight (*) m'ap-

(*) M. Knight a eu la bonté de me remettre la note
qui suit :

« Les expériences que j'ai faites ces deux dernières années, pour préserver mes turneps des ravages des mouches, n'ont pas été répétées assez souvent pour que je
puisse les regarder comme décisives. La dernière récolte a
parfaitement réussi. J'ai vérifié la conjecture que vous
me communiquâtes, lorsque j'eus le plaisir de vous voir à
Holkham, au sujet de ces insectes. J'ai mêlé ensemble
de la chaux éteinte , de l'urine et trois parties de
suie.

Le baril qui contenait ce mélange était percé de trous
faits au foret , et laissait échapper une certaine quantité de cette composition (environ 140 litres par 4046
mèt.), qui se répandait avec la graine. J'ignore si l'effet
produit est dû à la nourrirre éminemment stimulante
fournie par l'ingrédient dont il est question, ou à quelque
odeur qui déplaît aux insectes; mais, en 1811, les turneps, préparés comme je viens de le dire, n'éprouvèrent
aucun domage, tandis que les autres furent la proie des
mouches. Je me propose, à l'avenir, de semer une première dose de graine dans le sillon, d'en arroser l'arête

prend qu'il a employé avec succès la vapeur ammoniacale ; mais il faut des expériences plus
étendues , pour s'assurer qu'elle jouit d'une efficacité générale. Cependant on peut employer
sans crainte de tels mélanges ; car s'ils ne font
pas périr les insectes , ils sont au moins d'utiles
engrais.

Aussitôt que les racines et les feuilles sont
formées , les tubes et les cellules dont se com-

---

avec la liqueur du baril , et de répandre, à la volée, au
moins une livre de semences sur toute la surface du terrain. Cette expérience ne sera pas dispendieuse , et la houe
à cheval fera disparaître les tiges surnuméraires entre ces
lignes , s'il y en a qui échappent aux mouches. J'ai en
effet remarqué qu'elles attaquent de préférence les turneps qui croissent dans les sols maigres. Cette pratique
paraît surtout avantageuse parce qu'elle accélère l'accroissement des plantes , auxquelles elle procure une nourriture stimulante aussitôt que leurs germes se développent
et long-temps avant que les radicules aient atteint l'engrais qu'elles doivent s'approprier. Ces observations ne
sont applicables qu'aux turneps semés sur l'arrête des
sillons et pourvus de fumier. Je suis persuadé que c'es
l'unique méthode véritable de les cultiver , quel que soi
le terrain. La grande proximité des substances destinées à
favoriser la végétation , le peu de temps qui , par suite
est nécessaire pour charrier l'aliment dans la feuille et
ramener la manière organisable dans les racines, sont
dans mon hypothèse, des objets de grande importance. Les
résultats que donne l'expérience s'accordent avec cette
théorie.»

)ose l'intérieur de la plante, pompent les
fluides répandus dans le sein de la terre, et
s'en remplissent. Les organes saisissent les élémens extérieurs, et la nutrition s'opère. Les
parties constituantes de l'air sont mises à con-
tribution. Mais, comme on devait naturellement s'y attendre, elles se comportent diverse-
ment, suivant les circonstances.

Quand une plante, dont les racines sont pourvues des substances nutritives qui leur conviennent, est soumise à l'influence de la lumière
solaire, dans une quantité donnée d'air atmosphérique qui renferme les proportions d'acide
carbonique ordinaires, ce gaz ne tarde pas à être
détruit, et remplacé par une certaine quantité
d'oxigène. Si on introduit dans l'appareil de nouvel acide, il est également décomposé.

Ainsi, par l'acte de la végétation, les plantes
s'emparent du carbone de l'air, et augmentent
son volume d'oxigène. Ce phénomène est établi
par les nombreuses expériences de Priestley,
d'Ingenhousz, de Woodhouse et Th. de Saussure. Je les ai répétées la plupart, et j'ai constamment obtenu les mêmes résultats. L'absorption
de l'acide carbonique et la production de l'oxigène sont dues aux feuilles; celles qui sont récemment séparées de l'arbre produisent le même
effet, quand on les renferme dans une portion
d'air ordinaire. Elles le produisent encore lors-

qu'elles sont immergées dans une eau tenant e
solution de l'acide carbonique.

Ce gaz est probablement absorbé par les flu
des renfermés dans la partie verte ou parench
mateuse de la feuille. C'est elle du moins q
exhale l'oxigène, lorsqu'elle est frappée par ¦
lumière du soleil. Senebier a reconnu que d
feuilles dépouillées d'épiderme continuent d'
dégager lorsqu'elles sont plongées dans une e
imprégnée d'acide carbonique, et que les g
bules qui s'élèvent partent du parenchyme d
nudé. Les recherches faites par ce savant et ¦
Woodhouse, établissent que celles qui abonde
le plus en parties parenchymateuses sont au
celles qui en émettent davantage dans les mêm
circonstances.

Quelques plantes végètent (*) dans une atm
sphère artificielle composée en grande partie
cide carbonique. D'autres subsistent un ten
plus ou moins considérable dans celle qui en c
tient depuis le tiers jusqu'à la moitié de son
lume ; mais elles ne sont jamais aussi vigoureu
que si elles ne consommaient que de petites qu
tités de cette substance élastique. On s'est ass
que des plantes, exposées à l'action de la
mière, dégagent de l'oxigène dans les mili

(*) L'*arenaria tenuifolia* produit de l'oxigène dans
cide carbonique presque pur.

ciformes et dans l'eau purgés de gaz acide car-
mique ; mais en proportions plus faibles que
asque ce fluide gazeux est présent.

Elles n'en émettent pas dans les ténèbres, quel
ae soit le milieu où elles sont plongées. Elles
absorbent pas non plus d'acide dans les mêmes
circonstances ; elles présentent au contraire
le phénomène inverse ; elles s'emparent de
m si elles peuvent le saisir, et développent
autre.

Dans la composition des parties organisées, il
probable que la matière saccharine est produite pendant l'absence de la lumière ; que la
gomme, la fibre ligneuse, les huiles et les ré-
nes, se forment au contraire sous son influence ; et que le dégagement d'acide carbonique,
sa production pendant la nuit, est nécessaire
pour donner plus de solubilité à certains composés qui entrent dans la structure de la plante.
pensais même qu'il est entièrement dû à la
destruction de quelques-unes de ses parties, ou
à celles de l'épiderme : mais les expériences récentes de M. Ellis sont opposées à cette conjecture ; et je trouve qu'une plante de céleri parfaitement saine, exposée dans une quantité
déterminée d'air, pendant quelques heures seu-
ment, absorbe l'oxigène, et développe de l'a-
He carbonique.

Quelques personnes ont supposé que les plan-

tes exposées en plein air à l'influence successi
du soleil et de l'ombre, de la lumière et d
ténèbres, consommant plus d'oxigène qu'ell
n'en produisent, et que l'action continue qu'ell
exercent sur l'atmosphère, est tout-à-fait sen
blable à celle des animaux. Cette opinion a é
adoptée par l'écrivain dont je viens de citer l
ingénieuses recherches sur la végétation : ma
toutes les tentatives imaginées à ce sujet, s
expériences mêmes ont été faites dans des ci
constances peu favorables à l'exactitude d
résultats. Les plantes ont été enfermées et nou
ries d'une manière qui n'est pas naturelle ; l'i
fluence de la lumière était considérableme
affaiblie par la nature des milieux qu'elle tr
versait. Les végétaux en contact avec une portic
d'air limitée, deviennent bientôt languissan
les feuilles se fanent, se décomposent, et r
tardent pas à détruire l'oxigène qu'il contien
Dans quelques-unes des anciennes expérienc
de Priestley, exécutées à une époque où l'ac
tion du fluide lumineux n'était pas exactemei
connue, l'air qui avait supporté la combustio
et la respiration, se trouvait purifié par quel
ques jours de contact avec des plantes en végé
tation ; elles croissaient du moins dans leur ét
naturel : les pousses ou les branches seule
étaient introduites à travers l'eau dans une al
mosphère déterminée.

J'ai fait sur ce sujet quelques recherches dont vais exposer les détails. Le 12 juillet 1800, je is un gazon de quatre pouces carrés, couvert herbes telles que alopécure des prés, trèfle anc, dans un vase de porcelaine placé lui-même dans un baquet plein d'eau, et couvert un récipient de flint-glass, contenant 380 puces cubes d'air commun; je plaçai cet appa-il dans un jardin, afin qu'il fût exposé aux êmes variations de lumière que l'atmosphère. l'abandonnai à lui-même jusqu'au 20 juillet. ans l'intervalle, le volume du gaz était aug-enté de 15 pouces cubes, mais la température la pression avaient varié : l'une s'était élevée e 18 à 21°, et l'autre, qui ne faisait d'abord uilibre qu'à 30, 1 de mercure, en supportait o, 2. Quelques-unes des feuilles de trèfle et salopécure des prés étaient devenues jaunes, et utes avaient moins bonne apparence qu'avant être soumises à cette épreuve. Un pouce cube e gaz, agité dans l'eau de chaux, troubla légè-ement sa transparence, et subit une absorption à peu près $\frac{1}{150}$ de son volume : 100 parties du az résidu, exposé à l'action du sulfate vert de er, dissout et imprégné de gaz nitreux, sub-ance qui dépouille rapidement l'air de son xigène, se réduisirent à 80, tandis que celle une quantité égale de l'air du jardin ne s'ar-êta qu'à 79.

D'après cette circonstance, il est présuma]
que l'air est légèrement altéré par l'action (
graminées : mais le temps fut nébuleux tant (
dura l'expérience, et les plantes ne furent
pourvues d'acide carbonique comme elles le s
dans l'état naturel. Celui qui se formait dur
la nuit, par la décomposition des feuilles :
tries, devait en partie se dissoudre dans l'e
Je vérifiai la justesse de cette conjecture en
sant tomber dans le liquide quelques gou
d'eau de chaux qui déterminèrent sur-le-cha
un précipité. Je suis porté à croire que l'a
mentation de la quantité d'azote provient de]
qui s'échappe du même fluide.

Voici une expérience qui me paraît faite (
des circonstances plus analogues à celles qui
lieu dans la nature : un gazon de quatre po
carrés, taillé dans une prairie humide, et (
vert d'herbes communes dans ces sortes de ter
telles que le poa, l'alopécure des prés, etc.
mis dans un vase de porcelaine qui nageait
surface d'une eau imprégnée d'acide carboni
un vase de flint-glass de la capacité de 230 po
cubes et portant un entonnoir à robinet da:
partie supérieure, les recouvrait l'un et l'a
L'appareil fut exposé en plein air. Chaque j
on arrosait le gazon au moyen du robi
chaque jour de l'eau était retirée à l'aide d
phon, et remplacée par du liquide satur

z ; en sorte qu'on peut dire qu'il y en avait
nstamment dans le réservoir. Le 7 juillet 1807,
emier jour de l'expérience, le temps fut né-
leux dans la matinée et superbe dans l'après-
di. Le thermomètre était à 19°, et le baromè-
marquait 30, 2. Vers le soir, le volume du
z était légèrement augmenté ; les trois jours
vans furent magnifiques ; mais le 11 le ciel
bscurcit, l'air renfermé dans le vase, s'était
nsidérablement dilaté. Le 12 fut nébuleux, avec
s rayons du soleil qui s'échappaient parfois.
y eut encore dilatation, mais elle fut peu con-
érable. Le 13, le temps se remit au beau ; le
, à 9 heures, le réservoir était entièrement
ein, et présentait au moins une augmentation
volume de 30 pouces cubes. De temps à au-
, des globules de gaz s'échappaient. Le len-
main, j'en examinai une portion sur les deux
ures ; il ne contenait pas $\frac{1}{50}$ d'acide carboni-
e. 100 parties, traitées par une solution im-
ëgnée, se réduisirent à 75 ; en sorte que l'air
it de 4 pour cent plus pur que celui de l'at-
osphère.

Je décrirai encore une expérience analogue,
te avec des résultats aussi décisifs. Une pousse
vigne garnie de trois feuilles en bonne végé-
ion, fut plongée sous le réservoir dont il a
question plus haut. L'eau en contact avec l'air
dinaire, tenait également en dissolution de

l'acide carbonique. L'essai fut fait du 6 au [
août 1807. Dans cet intervalle, quoique le tem[
fût en général nébuleux et qu'il fût même toml[
de la pluie, le volume du fluide élastique s'a[
crut constamment ; examiné le 15 au matin,
contenait $\frac{1}{44}$ de gaz acide carbonique, et 100 pa[
ties en fournirent 23, 5 d'oxigène.

Ces faits confirment l'opinion populaire q[
attribue aux feuilles dont les fonctions s'acco[
plissent, la propriété de purifier l'atmosphèr[
dans les variations météorologiques et le passa[
de la lumière aux ténèbres.

Suivant toute apparence, il se fait une absor[
tion d'oxigène pendant la germination et à [
chute des feuilles. Quand on considère qu'u[
portion considérable de la terre est couver[
d'une végétation continuelle, et que la moit[
du globe est soumise à l'action non interromp[
de la lumière solaire, il devient infiniment pr[
bable que l'oxigène qui se développe surpasse [
beaucoup celui que les plantes détruisent, [
que cette circonstance est une des principal[
causes de l'uniformité de la constitution de l'a[
mosphère.

Les animaux ne dégagent d'oxigène penda[
l'exercice d'aucune de leurs fonctions, et ils e[
consomment continuellement ; mais ils ne fo[
ment, pour ainsi dire, qu'une fraction insen[
sible, si on les compare aux substances végé[

es: La quantité d'acide carbonique auquel la
spiration, la combustion et la fermentation
donnent naissance, est aussi bien peu considé-
ble par rapport au volume de l'atmosphère.
chaque plante ajoute, pendant qu'elle végète,
e petite quantité d'oxigène à celui de l'air, et
pproprie un peu d'acide carbonique, on peut
dire cet effet suffisant pour remplir le but de
nature.

On peut objecter que si les feuilles des plantes
rifient l'air, à la fin de l'automne, en hiver,
dans les premiers jours du printemps l'atmo-
hère doit être fort impure, surchargée d'acide
rbonique et presque dépouillée d'oxigène.
tte altération n'a cependant jamais lieu ; mais
différentes parties dont se compose la masse
zeuse qui nous enveloppe sont dans une agi-
ion continuelle et mélangées sans relâche, par
vents qui parcourent, lorsqu'ils soufflent avec
olence, depuis 60 jusqu'à 100 milles à l'heure.
ndant la mauvaise saison ils nous apportent,
travers l'Océan, les fluides aériformes purifiés
ins les forêts et les savannes de l'Amérique
éridionale. Les orages et les tempêtes, si fré-
iens au commencement et vers le milieu de
tte époque, et qui en général nous arrivent des
êmes contrées, exercent aussi une influence
lutaire. Ces divers accidens de météorologie
aintiennent l'équilibre des principes consti-

tuans de l'atmosphère, et la rendent propre
l'entretien de la vie. Les phénomènes que la s
perstition attribuait à la colère du ciel ou à
malice des démons, et qui ne semblaient q
désordre et confusion, ne sont plus aujourd'h
que des moyens simples employés par la natu
pour entretenir l'ordre et l'harmonie sur la terr

Les raisonnemens que je viens de faire cont
l'analogie rigoureuse que quelques personn
veulent établir entre l'absorption de l'oxigèn
sa transformation en acide carbonique dans
germination et dans la respiration du fœtu
s'appliquent aussi à l'extension qu'on s'effor
de donner à cette même analogie, entre l
fonctions des feuilles des plantes adultes,
celles des poumons d'un animal dans la vigueu
de l'âge. Les plantes ne jouissent d'une belle v
gétation qu'autant qu'elles sont en contact av
la lumière; la plupart périssent quand elles e
sont privées.

On ne peut admettre que la production d
l'oxigène, si étroitement unie avec la couleu
naturelle des organes qui le dégagent, soit du
à une fonction sans énergie; ou qu'un végét
choisisse le moment où il est dans la plus vigou
reuse croissance, que la sève circule, et qu
toutes les puissances d'assimiliation sont en exer
cice, pour saisir le carbone qu'il doit dégage
pendant la nuit, quand les feuilles sont fer

es, que le mouvement des fluides est ralenti, qu'il est plongé dans un état voisin du sommeil. Plusieurs végétaux qui croissent sur des hes ou des sols dépourvus de substance charmeuse, ne peuvent en tirer que de l'acide bonique répandu dans l'air; ainsi la feuille t être considérée comme un organe d'absorp-1, et comme une membrane dans laquelle la e éprouve diverses altérations chimiques.

l est probable que si les racines n'absorbent e de l'eau pure, ce fluide parvenu dans les illes, s'empare avec plus d'énergie de l'acide bonique de l'atmosphère; et qu'une fois sa-é, il dégage une partie de ce gaz, même sous fluence du soleil, tandis que l'autre se dé-pose, comme les expériences de Sennebier rouvent.

Quand le liquide pompé dans le sol contient ucoup de matière charbonneuse, il est aussi isemblable que les feuilles, dans les mêmes onstances, émettent de l'acide carbonique. aut en conséquence que leurs fonctions va-nt suivant la composition de la sève qu'elles oivent, et la nature des produits qu'elle endre. Lorsque le sucre se développe, dans premiers jours du printemps, et que les rgeons prennent naissance, il doit moins ser d'oxigène à l'état libre qu'au moment où graines mûrissent, où il se forme de l'a-

midon , des gommes et des huiles. Elles n'atte
gnent d'ailleurs cette maturité qu'à l'époq
où le soleil est le plus ardent. Quand les j
acides des fruits deviennent saccharins , on pe
croire avec raison que la quantité d'oxigène q
s'en dégage ou passe à de nouvelles combina
sons , est plus grande qu'à une autre époqui
car les acides végétaux , ainsi que nous l'
vons dit dans le troisième chapitre , en re
ferment plus que le sucre. Il paraît que , da
certains cas , où il se forme des substances h
leuses ou résineuses , l'eau se décompose ; q
l'hydrogène est absorbé , tandis que le seco
principe qui la constitue se dissipe dans l'air.

J'ai dit précédemment que certaines plant
donnent de l'oxigène quand elles sont plongé
dans l'eau pure : telles sont certaines espèces
conferves , au rapport de M. Ingenhousz ,
les feuilles d'un grand nombre de végétaux ,
ceux surtout qui produisent des huiles volatil
Lorsque le liquide est saturé d'air vital , ell
en dégagent par l'influence du soleil , mais
quantité constamment faible.

Il est probable que les puissances végétativ
concourent à ce phénomène ; je n'ai pu néa
moins en acquérir la certitude. Une feuille
vigne immergée dans l'eau pure , il y a env
ron quinze ans , émit un volume considérab
d'oxigène. J'ai répété depuis cette expérienc

ans jamais en obtenir de comparable ; je ne
sais si la différence dépend de l'état particulier
des feuilles, ou de quelque autre cause d'erreur.

Les produits végétaux les plus importans et
les plus communs, tels que le mucilage, l'amidon, le sucre et la fibre ligneuse, sont compo-és
de charbon et d'eau, ou de ses élémens, en
proportions convenables. Ces principes, ou au
moins quelques-uns d'entre eux, existent dans
toutes les plantes ; la décomposition de l'acide
carbonique et la combinaison de l'eau dans les
structures du même règne, sont les phénomènes
qui se présentent le plus universellement.

Suivant toute apparence, l'azote contenu
dans les plantes qui renferment des substances
glutineuses et albumineuses, provient de l'atmosphère. Cette conjecture n'a pas néanmoins
été verifiée. L'expérience serait facile sur les
champignons et les fungus.

Lorsque les bourgeons ou les pousses se développent, l'oxigène paraît être absorbé d'une
manière uniforme, comme dans la germination
des semences. J'ai mis une petite pomme-de-
terre, humectée avec de l'eau commune, dans
14 pouces cubes d'air atmosphérique, à une
température de 33°. Le germe se manifesta dès
le troisième jour ; quand il eut atteint un demi-
pouce de long, j'examinai le fluide aériforme :
près de 1 pouce cube d'oxigène avait été absorbé

11

et trois quarts de pouce d'acide carboniqu
avaient pris sa place. Le jus du germe, sépa
de la pomme, avait un goût douceâtre. L'al
sorption de l'un des gaz et la production (
l'autre étaient probablement dues à la conversio
d'une partie de l'amidon en sucre. Les pom
mes-de-terre frappées par le froid sont douce
après le dégel. Il est probable qu'il y a d
l'oxigène absorbé dans cette circonstance, (
qu'elles ne subiraient pas d'altération, si o
les ramenait à leur première température
hors du contact de l'air, dans l'eau bouillie
par exemple.

Dans le *tenellus marcotus* du blé, ou pro
duction de nouvelles tiges autour de la tige ori
ginelle, on est fondé à croire qu'il se fait un
absorption d'oxigène ; car elles renfermen
constamment du sucre, et partent d'un poin
sans contact avec la lumière. Les soins de l
culture favorisent cette opération, car, en en
tassant, au moyen du hoyau, de la terre légèr(
au pied des tiges, on les préserve de l'actior
du soleil sans les priver d'oxigène. J'ai compt(
depuis 40 jusqu'à 120 de ces tiges produites pa
un seul grain de blé, et cependant la récolt(
était médiocre. Kenelm Digby nous apprend
qu'en 1660, les Pères de la Doctrine chrétienn(
possédaient à Paris, une plante d'orge, qui er
comprenait 249, provenant toutes d'une seule

racine. Elle donna plus de 18,000 grains ou semences.

Le grand avantage que présente cette transplantation vient de ce que chacune des lanières dans lesquelles se divise la tige, peut être écartée et traitée à part, comme si elle était elle-même une plante distincte. On trouve dans le 58°. vol., page 203, des *Transactions philosophiques*, l'expérience suivante. M. Miller, de Cambridge, sema du froment le 2 juin 1766; le 8 août suivant, il en prit une plante, et la divisa en 18 parties, qu'il remit en terre; il les reprit dans le mois d'octobre, les divisa de nouveau en 67, et les replanta. Quand elles eurent passé l'hiver et atteint mars et avril, elles furent soumises à une troisième division, et fournirent 500 sujets. Le nombre des épis donnés par une seule semence, fut de 21,109, qui produisirent 3 picotins trois quarts de blé, pesant 47 liv. 7° onces, et contenant 576,840 grains.

Il est évident, d'après les détails dans lesquels nous sommes entrés plus haut, que les altérations apportées par la lumière solaire dans les jus de la feuille, tendent à augmenter la proportion de matière inflammable que celle-c contient. Lorsqu'elle a végété à l'ombre, ou dans les ténèbres, elle est pâle dans toute son étendue; son jus est aqueux et saccharin; elle ne donne ni huiles, ni substances résineuses. Je

vais décrire une expérience que j'ai faite à ce
sujet.

J'ai pris des poids égaux (400 grains) de
feuilles de deux plantes de chicorée. Les unes
d'un beau vert , avaient cru en plein air ; et les
autres, tout-à-fait blanches , avaient été privées du contact de la lumière , et enfermées
dans une caisse. Elles furent réduites en pulpe
et soumise à l'action de l'eau bouillante. La matière insoluble qu'elles laissèrent fut séchée , et
traitée à chaud par l'alcohol. Celle qui provenait des premières lui communiqua une teint
olive, tandis que celle qui avait été déposée par
les secondes n'altéra pas sa couleur. Soumis à
l'évaporation, l'un fournit du résidu en abondance , et l'autre en donna à peine. Cinq grains
retirés du vase évaporatoire , brûlèrent avec
flamme, et se convertirent en une substance qui
offrait quelque analogie avec la résine. Les vertes
produisirent 53 parties de fibre ligneuse , et les
pâles 31 seulement.

J'ai annoncé dans le troisième chapitre qu'il
était probable que la sève passe des feuilles dans
l'écorce ; que celle-ci est d'une texture communément si lâche, qu'elle permet à l'air d'agir
sur les couches corticales ; mais les changemens
qui ont lieu dans l'intérieur de celles-là suffisent
pour rendre compte de la différence des produits
que donneraient l'écorce et l'aubier. La pre-

mière contient plus de matière charbonneuse que la seconde.

Quand on envisage, sous le point de vus établi dans le troisième chapitre, la similitude des élémens qui composent les différens produits végétaux, il est facile de concevoir comment ses diverses parties organisées peuvent provenir de la même sève, suivant l'action qu'exercent sur elle la chaleur, l'air et la lumière.

Les fluides saccharins et mucilagineux, par un abandon d'oxigène, se convertissent en subs-ances inflammables, en huiles fixes et volati-és, en résine, en camphre, en fibre ligneu-æ, etc. Les corps insolubles et combustibles à un haut degré, se transforment, par une sous-raction de carbone et d'hydrogène en amidon, en sucre, en acides végétaux et en principes olubles. Les huiles volatiles limpides, aux-quelles les fleurs doivent les parfums qu'elles xhalent, sont formées des élémens essentiels de i fibre ligneuse, qui est si dense : il n'y a de différence que dans les proportions. Ce sont les mêmes matériaux altérés de diverses manières dans les mêmes organes et le même temps, qui ont donné naissance à tous ces composés.

M. Vauquelin a dernièrement cherché à con-aître les altérations chimiques qui se succè-ent pendant la végétation, en faisant l'analyse de quelques-unes des parties organisées du mar-

ronier, prises à diverses époques de leur croissance. Les bourgeons recueillis le 7 mars 1812
contenaient du tannin, de la matière albumineuse susceptible d'être isolée, mais combiné
avec le premier corps au moment où elle fu
obtenue. Les écailles dans lesquelles ils étaien
enveloppés renfermaient du principe tannant
un peu de matière saccharine, de la résine e
une huile fixe; les feuilles entièrement développées donnèrent les mêmes substances que le
bourgeons, et une espèce particulière de résin
verdâtre; les pétales en produisirent une d
couleur jaune, en même temps que des matière
saccharines albumineuses et un peu de cire
Enfin les étamines présentèrent du sucre, de l
résine et du tannin.

Les jeunes marroniers, examinés aussitô
après leur formation, produisirent en abondance une substance qui paraissait être une combinaison de matière albumineuse et de tannin
Toutes les parties de la plante contenaient de
composés salins dans lesquels entraient les acides acétique et phosphorique.

M. Vauquelin ne put malheureusement obtenir une quantité suffisante de sève pour en fair
l'analyse. Les proportions des substances trouvées dans les bourgeons, les feuilles, les fleurs
et les semences, n'ont pas été non plus déterminées. Quelque incomplètes que soient ces re-

cherches , elles prouvent néanmoins que la matière résineuse augmente dans les feuilles , et
que la pulpe fibreuse blanche de cet arbre est
formée par la réaction des matières astringente
et albumineuse , fournies probablement par des
cellules ou des vaisseaux. J'ai déjà dit que le
cambium qui donne naissance aux nouvelles
parties du tronc et des branches, doit vraisemblablement sa puissance de consolidation au mélange de deux espèces différentes de sève, dont
une provient des racines, et l'autre des feuilles.
J'essayai au mois de mai 1804, époque où cette
substance se forme, de rechercher la nature de
l'action qu'exerce la sève de l'aubier sur les jus
renfermés dans l'écorce. En forant un jeune
chêne, il me fut facile , au moyen d'une serin-
gue aspirante , d'obtenir un peu du premier de
ces liquides ; mais j'échouai à l'égard des seconds. Je fus obligé de recourir à l'eau chaude ,
et de faire infuser une petite quantité d'écorce.
La liqueur que je me procurai par cette méthode était astringente et fortement colorée ;
mise en contact avec la sève de l'aubier , qui
ne jouissait des mêmes caractères qu'à un degré
extrêmement faible et avait une saveur douceâtre , elle produisit sur-le-champ un précipité.

L'accroissement des arbres et des plantes doit
dépendre de la quantité et de la qualité de la sève
qui circule dans leurs vaisseaux , et des modifi-

cationsque lui font éprouver les principes de l'atmosphère ; l'eau est le véhicule des substances dont elles se nourrissent, et celle que les feuilles dégagent avec le plus d'abondance. Halles a reconnu que dans l'espace de douze heures un tournesol avait transpiré, par ses organes, une livre quatorze onces de liquide que ses racines avaient absorbées dans le sein de la terre.

Les causes de l'ascension de la sève ont été indiquées dans les deuxième et troisième chapitres. Les racines pompent les fluides au moyen de l'attraction capillaire ; mais cette force ne suffit pas pour les élever jusque dans les feuilles, comme le démontre l'expérience suivante, rapportée dans le 1er. volume, page 114 de la *Statique des végétaux*. Halles coupa l'extrémité d'une branche de vigne âgée de quatre ou cinq ans, dont il cimenta avec soin le chicot dans un tube de verre recourbé en forme de siphon et rempli de mercure. La force de la sève ascendante devait être mesurée par la hauteur à laquelle le métal serait porté. Il parvint, au bout de quelques jours, à trente-huit pouces, élévation qui exige une énergie bien supérieure à celle que développe la pression de l'atmosphère. L'action capillaire ne s'exerce que par les surfaces de petits vaisseaux, et ne peut jamais porter les fluides qui circulent dans les tubes, plus haut que ces vaisseaux eux-mêmes.

J'ai rapporté, au commencement du troisiè-
ne chapitre, l'opinion de M. Knight, qui regarde les contractions et les expansions du grain
l'argent comme la cause qui contribue le plus
à l'ascension des fluides renfermés dans les pores
et les vaisseaux de l'aubier. Cet excellent physiologiste cite des faits qui rendent ses conjectures très-vraisemblables. Il a observé que la
plus petite élévation de température sépare les
fibres du grain les unes des autres, et qu'une légère diminution les contracte. Les époques où la
sève circule avec plus de force, sont précisément
celles où les variations thermométriques sont les
plus considérables et les plus fréquentes. Si on
suppose que les fibres du grain exercent dans ces
alternatives une pression sur les tubes et les cellules pleines, le fluide, absorbé par les racines,
sera forcé de se mouvoir en divers sens autour
des parties qui ont besoin de nourriture.

Les expériences de Montgolfier, que la découverte des aréostats a rendu si célèbre, prouvent qu'au moyen d'une très-petite force on peut
élever les liquides à des hauteurs presque indéfi-
nies, pourvu que la pression soit détruite par
de nombreuses interruptions dans la colonne
humide.

Suivant toute apparence, ce principe s'applique à l'ascension de la sève dans les cellules et
les vaisseaux des plantes qui n'ont pas de com-

11*

munications rectilignes, et dont chacun oppo
des obstacles à la pression perpendiculaire de
sève,

Les changemens qui s'opèrent dans les feuill
et les bourgeons, ainsi que l'énergie de la pu:
sance de transpiration dont ils jouissent, doive
aussi fortement dépendre du mouvement asce
sionnel du même principe. Halles l'a prouvé p
un grand nombre d'expériences.

Une branche de pommier fut détachée, intr
duite dans l'eau, et mise en contact avec du me
cure ; elle était pourvue de ses feuilles. La for
ascensionnelle porta le métal à quatre pouces
hauteur ; mais une branche semblable, qui ava
été dépouillée, l'éleva avec peine à un quart
pouce.

Les arbres à feuilles douces, de texture spo
gieuse, et dont la surface supérieure est cribl
de pores, sont ceux qui jouissent au plus ha
degré de cette force d'élévation.

Le savant célèbre que je viens de citer, reco
nut également que le poirier, le coignassier,
cerisier, le pêcher, le sycomore et l'aune, doi
les feuilles sont molles et sans vernis, plac
dans des circonstances favorables, portent
mercure depuis 3 jusqu'à 6 pouces de hauteur
tandis que le chêne, le marronier, l'orme,
noisetier, le saule et le frêne, qui en ont de pl
fermes et de plus luisantes, ne l'élèvent que d

un à deux pouces. Les arbres verts, et ceux qui ont des feuilles vernies, le soulèvent à peine, tels sont surtout le laurier et le laurus-tinus.

Il convient d'exposer quelques faits qui prouvent que, dans plusieurs cas, les fluides descendent des feuilles et pénètrent dans l'écorce. Ils ne sont pas aussi incontestables que ceux qui démontrent l'ascension de la sève dans l'aubier ; néanmoins plusieurs sont satisfaisans.

M. Baisse a tenu long-temps des branches de plusieurs espèces d'arbres dans une infusion de garance, et a reconnu que le bois devient constamment rouge avant l'écorce. Tant qu'il n'est pas entièrement coloré, et que les feuilles ne sont pas affectées, la teinte de celle-ci ne change pas. La matière colorante se manifeste d'abord dans cette partie de l'écorce qui les avoisine.

Bonnet a fait des expériences analogues, et a obtenu des résultats semblables, quoique moins précis que ceux du savant dont il vient d'être question.

Duhamel a observé, dans différentes espèces de pin et autres arbres, que quand on enlève des bandes d'écorce, la partie supérieure de la blessure est la seule qui émette des fluides ; l'inférieure reste sèche.

On peut aussi se convaincre en été que l'aubier reste intact, quoique l'écorce des arbres à fruit soit offensée.

J'ai dit, dans le troisième chapitre, que celle qui remplace les anneaux détachés, se forme d'abord à la partie supérieure de la blessure, et descend peu à peu, mais qu'elle ne se développe jamais de bas en haut, si l'expérience est bien faite. Cette restriction est nécessaire, parce que si quelque couche corticale intérieure restait en communication avec le bourrelet supérieur, de nouvelle écorce couverte d'un épiderme se produirait au-dessous, semblerait provenir de l'aubier mis à nu, et formée dans l'intérieur de la plaie. Cette apparence pourrait induire en erreur.

Dans l'été de 1804, j'examinai à Kensington un assez grand nombre d'ormes; tous avaient considérablement souffert; quelques-uns même avaient perdu des lanières d'écorce de plus d'un pied carré.. Les nouvelles couches corticales suivaient en se formant la loi commune. Deux arbres cependant présentaient le phénomène inverse, et se réparaient de bas en haut. Une anomalie aussi singulière me paraissant inouïe, je passai la pointe d'un canif sur la surface de l'aubier, et je reconnus qu'elle était due à une couche de même teinte qui communiquait avec le bord supérieur de la blessure.

Je n'ai pas eu occasion de revoir les arbres dont je parle; je ne sais s'ils portent toujours des empreintes. Il est probable néanmoins qu'elles absistent, parce qu'il faut que plusieurs années s'écoulent avant que les nouvelles formations soient complètes.

Quant à l'expérience de M. Palisot de Beauvois, que nous avons rapportée dans le troisième chapitre, on peut supposer que le fluide cortical descend de l'aubier dans l'écorce, et la développe; ou concevoir qu'à l'époque où on la répare elle en renferme elle-même une quantité suffisante pour produire des parties nouvelles en réagissant sur celui de l'aubier.

La circulation de la sève dans l'écorce semble principalement dépendre de la gravitation. Quand les parties aqueuses ont été dissipées par la transpiration des feuilles, que la chaleur, l'air et la lumière ont rendu prédominans les principes mucilagineux, inflammables et astringens, les impulsions de l'aubier forcent les fluides épaissis de passer dans les vaisseaux corticaux dont ils composent toute la nourriture. Leur poids tend naturellement à les faire descendre, et la rapidité avec laquelle ils obéissent à cette loi dépend surtout de la consommation générale des liquides de l'écorce dans les opérations vivantes de la végétation; car rien n'autorise à croire qu'il s'en échappe dans le sol au moyen des racines, et il est impossible de concevoir une communication latérale libre entre les vaisseaux absorbans de celle-ci et les vaisseaux

séveux de celle-là. S'il en existait, il n'y a pa
de raison pour qu'ils ne transmissent pas la sèv
aussi directement à l'un qu'à l'autre, car ils se
raient soumis aux mêmes puissances physique.

Quelques naturalistes ont supposé qu'elle s'é
lève dans l'aubier et pénètre l'écorce par l'actio
d'une force semblable à celle qui produit la ci
culation du sang dans les animaux, et analogu
à l'énergie musculaire qui réside dans les paro
des vaisseaux.

Thomson rapporte dans son système de ch
mie un fait qu'il considère comme une preuv
de l'irritabilité des systèmes végétaux vivans. Ur
tige d'euphorbe (euphorbia peplis), séparée de s
feuilles et de ses racines, laisse échapper un su
laiteux par ses deux sections. Ce phénomène e
inexplicable, dit l'ingénieux auteur, sans l'a
tion spontanée des vaisseaux. Car, pour admett
le cas le plus défavorable, supposons qu'i
soient pleins, leur diamètre est si petit, qu
sans l'intervention d'une cause étrangère, ils r
tiendraient par la seule attraction capillaire l
liquides qu'ils renferment, et pas une goutte i
s'en échapperait. Puisque les fluides s'écoulen
il faut qu'ils soient chassés par une force distinc
des forces physiques ordinaires.

On peut répondre à ce raisonnement que l
parois de tous les vaisseaux sont flexibles et ca
pables d'obéir à la gravitation; que les vein

Elles-mêmes, dans les systèmes animaux, sont soumises à cette loi quand elles ont perdu depuis quelque temps leur vitalité ; ce qui est un effet bien différent d'une action vitale ou irritable. Ce phénomène est analogue à celui que présente un vase de gomme élastique qu'on perce aux deux bouts. Le fluide qu'il renferme s'écoule par les deux ouvertures, mais bien plus abondamment par l'inférieure que par la supérieure, comme je me suis assuré que cela arrive dans le cas cité.

Le docteur Barton a prouvé que les plantes végètent avec force dans l'eau camphrée. Les partisans de l'irritabilité du système tubulaire végétal, citent ce fait à l'appui de leurs doctrines. Ils prétendent que la substance dont il est question agit comme un stimulant ; qu'elle augmente la puissance vitale des vaisseaux et les fait contracter avec plus d'énergie. Cette explication est loin d'être satisfaisante. Le camphre a une saveur piquante, désagréable, et une forte odeur ; mais les médecins ne conviennent pas de la nature des effets qu'il produit sur nous. Les uns le considèrent comme un stimulant, les autres soutiennent qu'il est sédatif. En conséquence, nous ne pourrions, même dans le cas où l'irritabilité des végétaux serait incontestable, conclure de ce qu'il développe leur croissance, qu'il stimule leurs puissances vitales ; nous pouvons en-

core moins déduire, de l'action de facultés in
certaines, l'existence d'une propriété qui est loin
d'être reconnue.

Il est facile de concevoir de quelle manière l
camphre favorise la végétation. Pourquoi serait
il moins efficace que les matières saccharines
mucilagineuses, et surtout les huiles, dont il s
rapproche si fort par sa composition? Elles con
tribuent à la nutrition des plantes et ne les sti
mulent point, elles s'assimilent et n'excitent pas

Les preuves qu'on allègue en faveur d'une con
traction semblable à l'action musculaire, son
donc dénuées de force, et de plus elles sont com
battues par des faits positifs.

Si; pendant l'hiver, on introduit dans un
serre chaude une branche de vigne ou de tou
autre arbre exposé à la basse température d
l'atmosphère, la sève s'agite aussitôt; les bour
geons de la partie échauffée se développent peu
à peu, transpirent, et enfin se changent en feui
les. Or, si des contractions particulières de
vaisseaux séveux sont indispensables pour l'as
cension du liquide, comment l'application de l
chaleur sur une simple branche détermine-t-ell
l'irritabilité d'un tronc éloigné ou dont les raci
nes sont fixées dans le sein d'une terre couvert
de frimats? Si nous admettons, au contraire, que
le calorique diminue la densité des liquides, fa
vorise l'action capillaire et dilate les fibres du

sain d'argent, ce phénomène s'explique au moyen des principes que nous avons posés dans [première partie de ce chapitre.

[Le chêne vert ou ilex conserve ses feuilles rendant l'hiver, même dans les cas où il est greffé sur le chêne commun. Celles-ci font passer la sève de l'un à l'autre, et entretiennent un certain mouvement qui semble incompatible avec la théorie de l'irritabilité.

On ne peut lire la *Statique des Végétaux* de Halles, sans être frappé de l'influence que les moyens extérieurs exercent sur la circulation de la sève. Cet habile naturaliste a observé les variations qu'elle éprouve dans le même arbre. Stagnante dans une matinée froide et couverte, aussitôt que le soleil parut elle s'agita et se mit en mouvement; le vent passa du midi au nord, elle s'arrêta sur-le-champ. La température, élevée dans la première partie du jour, baissa dans la seconde, la sève tomba avec elle. Une ondée chaude, une bouffée de neige, produisirent des effets opposés.

Plusieurs observations dues au même savant, prouvent que ceux que déterminent les diverses causes qui agissent sur un arbre adulte, varient suivant les saisons.

Ainsi, dans les premiers jours du printemps, avant que les bourgeons épanouissent, les variations de température, de sécheresse et d'humi-

dité se manifestent surtout par l'expansion et
contraction des vaisseaux ; les arbres sont alo[
pour me servir du langage des jardiniers, d[
la saison saignante.

Quand les feuilles sont développées, la s[
afflue dans ces nouveaux organes ; ainsi, un s[
qui en émet abondamment par une blessure
moment où les bourgeons s'ouvrent, n'en dég[
plus dès que les feuilles sont parfaites. Sur
fin de l'automne, lorsqu'il perd son feuilla[
il saigne de nouveau, mais peu et seulem[
dans les journées les plus chaudes.

Ces diverses circonstances n'offrent rien [
nalogue à l'irritabilité des systèmes anima[
dans ceux-ci le cœur et les artères ne cess[
jamais de battre. Les fonctions qu'ils remplis[
ne sont interrompues dans aucun climat et d[
aucune saison. En hiver, au printemps, s[
le soleil brûlant du tropique, au milieu des
mats du nord, elles s'accomplissent avec
régularité invariable. Le sommeil périodi[
auquel la plupart des animaux se livrent pen[
la nuit, celui même auquel certaines espèces [
sujettes dès que le froid se fait sentir, ne les [
pend pas. Elles sont liées avec l'animalisatio[
restreintes aux seuls êtres qui jouissent de la s[
tanéité. Elles naissent et s'éteignent avec la

On peut considérer les végétaux comme
systèmes vivans, en ce sens qu'ils possèdent

moyens de communiquer une organisation à la matière ordinaire, soit par l'assimilation soit par la reproduction. Mais il ne faut pas nous tromper nous-mêmes en donnant au mot *vie* une signification trop étendue, ni imaginer dans les plantes quelque principe semblable à celui qui nous anime. Les fonctions végétales ne s'accomplissent à la rigueur qu'au moyen d'agens physiques; et dans l'économie animale ces agens sont subordonnés à une intelligence supérieure. Pour le dire sans détour, quelques naturalistes voudraient nous faire admettre l'existence de quelque chose d'immatériel qui vivifie les végétaux. Cette idée est poétique; l'imagination peut aisément donner des dryades aux arbres et des sylphes aux fleurs; mais les dryades, les sylphes sont repoussés par la physiologie végétale; et l'irritabilité, l'animalisation ne sont pas moins chimériques.

Aussitôt que l'action des divers agens physiques cesse, et que la sève se ralentit, les substances qu'elle tenait dissoutes au moyen de la chaleur se déposent sur les parois des tubes dont le diamètre est considérablement diminué. Elles forment une provision de matières nutritives qui servent à alimenter les plantes aux premiers jours du printemps, à faciliter l'ouverture et l'expansion des bourgeons quand le mouvement est encore faible faute de feuilles.

Ce beau principe d'économie végétale p[...]
par Darwin, a été confirmé par les nombreu[...]
expériences de M. Knight. Ce savant a fait [...]
verses incisions dans l'aubier du sycomore,
bouleau, et a reconnu que la sève est d'aut[...]
plus douce et plus mucilagineuse que l'enta[...]
d'où elle provient est plus élevée. Cet effet ne p[...]
être attribué à aucune autre cause qu'au sucre[...]
au mucilage dissous et tenus en réserve pou[...]
mauvaise saison.

Il examina l'aubier de plusieurs billiots[...]
chêne abattus dans la même forêt, aux époq[...]
les plus opposées, et acquit la conviction [...]
ceux qui avaient été coupés pendant l'hiver c[...]
tenaient la matière la plus soluble et la p[...]
dense.

Cette circonstance n'est pas particulière [...]
arbres, elle se présente aussi dans les arb[...]
seaux et les gramens. Les nœuds des tiges h[...]
bacées vivaces contiennent alors plus de matiè[...]
saccharines et mucilagineuses qu'en aucune au[...]
partie de l'année, et c'est pour cette raison [...]
le fiorin, ou agrostis alba, forme un excell[...]
fourrage d'hiver.

C'est au cœur de cette saison que les raci[...]
des arbrisseaux renferment le plus de substan[...]
nutritives; la bulbe, dans les plantes qui en s[...]
pourvues, est le réceptacle qui les reçoit.

La production des fleurs et des semences d[...]

plantes annuelles, semble en dépouiller to-
lement la sève; et il n'existe aucun système
qpable de les retenir.

Les herbes vivaces broutées, sur la fin de l'au-
mne, jusqu'à la racine, ont une végétation
mstamment faible au printemps. Cet effet, fré-
semment observé par les agriculteurs, provient
ce que la tige est détruite et ne peut recevoir
sève concrétée qui eût servi à la première nu-
tion.

On préfère, pour les constructions maritîmes,
chêne dénudé au printemps, et coupé dans
utomne ou l'hiver qui suivent. La sève épais-
, s'épuise par la pousse des feuilles; elle ne
ut se renouveler, parce que la circulation est
truite; et le bois, dont les pores sont dégagés
matière saccharine, est moins susceptible de
décomposer par l'action de l'humidité et de
ir.

Il se produit chaque année, dans les arbres,
nouvel aubier, et par conséquent un nouveau
stème de vaisseaux qui se remplissent des sub-
nces nutritives destinées à l'année suivante;
conséquence, les bourgeons, ainsi que la plu-
lne de la semence, sont pourvus d'un réser-
ir de matière essentielle à leur premier déve-
opement.

L'ancien aubier se convertit peu à peu en bois
cœur. Pressé d'une manière continue par la

force expansive des nouvelles fibres, il devi[ent]
plus dur, plus dense, et enfin perd tout-à-[fait]
sa structure vasculaire. Il obéit, après un c[er]
tain temps, aux lois qui régissent la mati[ère]
morte, il dépérit, se décompose, se résoud d[ans]
ses principes constituans, en fluides aériform[es]
et en charbon.

La décomposition du bois de cœur sem[ble]
constituer la limite de l'âge et de la grand[eur]
des arbres. Elle arrive plutôt dans les branc[hes]
de ceux qui ont vieilli, que dans les branc[hes]
d'égale durée de ceux qui sont encore jeun[es]
la même chose a lieu pour les greffes. Le su[jet]
sur lequel on les transporte ne fait que les a[li]
menter au moyen de la sève. Leurs proprié[tés]
ne changent pas; les feuilles, les fleurs et [les]
fruits ne diffèrent pas de ceux qu'elles do[n]
naient d'abord. Le seul avantage de cette m[é]
thode, est de fournir au rameau une nourritu[re]
plus saine, plus abondante, de le rendre m[o]
mentanément plus vigoureux, de lui faire pr[o]
duire des fleurs plus belles et des fruits p[lus]
succulens. Mais il ne participe pas seulem[ent]
aux propriétés de l'arbre d'où il provient, il c[on]
tracte toutes ses infirmités et ses disposition[s à]
languir ou à s'éteindre.

Ce fait paraît établi par les observations et [les]
expériences de Knight. Dans un grand nomb[re]
de cas, ce savant a greffé de jeunes rejetons[s]

pousses vigoureuses, provenant de vieux arbres à bon fruit, sur des sauvageons peu avan-
. Ils végétèrent très-bien pendant deux à trois
, mais cessèrent ensuite de prospérer et montrent les mêmes signes de vieillesse et de déca-
nce que les arbres d'où ils avaient été extraits.
C'est par cette raison que tant de variétés de
mmes, renommées autrefois pour leur goût
l'excellent cidre qu'elles donnaient, se sont
à peu détériorées, et menacent de dispa-
re tout-à-fait. Le *golden pippin*, la calville
nge et le *moil*, si parfaits dans le commen-
ment du dernier siècle, ont atteint le terme
xrême de leur détérioration. On a beau cher-
er à les maintenir par des greffes choisies, on
fait que multiplier des variétés maladives et
nisées.

Les arbres qui vivent le plus long-temps sont
nx dont le bois de cœur est le plus dur et le
ins poreux.

En général, la quantité de charbon qu'on re-
e du bois, indique d'une manière passable-
mt exacte la durée dont ils sont susceptibles.
nx qui en contiennent davantage et renfer-
nt en même temps beaucoup de matière ter-
ise, sont les plus durables; et ceux qui se
mposent d'une très-grande proportion de sub-
nces gazeuses, les plus destructibles.

Parmi les arbres qui croissent dans nos con-

trées, le marronier et le chêne, sous ce r
port, sont supérieurs à tous les autres. Le p
mier donne beaucoup plus de matière charb
neuse que le deuxième.

Dans les vieux édifices gothiques, ils ont
souvent confondus l'un avec l'autre; il est
pendant facile de les distinguer. Les pores
l'aubier du chêne sont larges et serrés; tan
qu'on ne distingue ceux du marronier qu
moyen d'une loupe.

Le bois de cœur de ces deux arbres se
compose très-lentement : aussi, quand ils
gètent dans des circonstances favorables, p
viennent-ils à un âge qui se prolonge au delà
mille ans.

Le hêtre, le frêne et le sycomore, suiv
toute apparence, n'atteignent pas la moitié
cette période. La durée du pommier ne dépa
pas deux cents ans : suivant Knight, le poir
vit plus du double. On suppose que la plup
de nos meilleurs pommiers ont été introduits
Angleterre par un jardinier de Henri VIII;
sont maintenant dans la vieillesse.

Le chêne et le marronier se détériorent p
promptement, et donnent un bois moins fer
dans un lieu humide, que dans un sol sec et
blonneux. Les vaisseaux séveux sont plus di
tés, quoiqu'ils transmettent moins de matiè
nutritives, et la texture générale des couches

neuses est nécesairement plus lâche. Ces sortes
e bois se fendent aisément, et sont sensibles aux
moindres variations atmosphériques.

En général, les arbres de même espèce vivent
plus long-temps dans les contrées du nord, que
dans celles du midi. Cette différence paraît due
à ce que le froid s'oppose au développement de
la fermentation, de la décomposition, et qu'à
une basse température les substances animales et
végétales résistent mieux à la putréfaction. Dans
les contrées septentrionales, toutes les fonctions
des végétaux, la décomposition même, sont suspendues pendant l'hiver.

On en a eu dernièrement une preuve sensible.
On a trouvé en Sibérie des rhinocéros et des
mammouths parfaitement conservés, quoiqu'ils
fussent là probablement depuis le déluge. J'ai
examiné un fragment de la peau d'un de ces derniers animaux ; elle était encore revêtue de quelques poils grossiers, et avait tous les caractères
de celle qui est récemment desséchée.

Les arbres qui croissent exposés aux vents,
produisent un bois plus dur et plus ferme que
ceux qui végètent à l'ombre. La sève devenue
plus dense se porte, en vertu de l'agitation que
lui impriment les rameaux, vers le tronc et les
branches considérables, dont le nouvel aubier
devient plus épais et plus ferme. C'est dans les
arbres ainsi exposés qu'on trouve ces pièces

courbées, si précieuses pour les usages de marine. Les vents qui les travaillent dans les situations élevées leur donnent peu à peu la forme la plus avantageuse pour opposer une longue résistance. Le chêne de montagne se développe robuste et vigoureux, se cramponne fortement dans la terre, et brave les tempêtes.

La dégénération des meilleures variétés d'arbres à fruit, multipliées par la greffe, est d'autant plus fâcheuse, qu'il n'y a aucun remède pour la prévenir, et que le seul moyen de la réparer, est de semer des graines.

Quand une espèce a été améliorée par la culture, ses semences, toutes choses égales d'ailleurs, donnent des plantes plus vigoureuses et plus parfaites. C'est à cette circonstance que paraît due la supériorité dont jouissent aujourd'hui les produits de nos champs et de nos jardins.

Dans son état indigène, comme production naturelle du sol, le blé semble n'avoir été qu'un gramen extrêmement faible ; la pomme et la prune étaient encore plus débiles. Les diverses espèces cultivées de celle-ci proviennent, suivant toute apparence, de celle des bois. A peine cependant pourrait-on citer deux fruits qui diffèrent plus par l'apparence, la couleur et le volume, que la prune sauvage et le *magnum bonum*.

Les semences des plantes perfectionnées par la

ulture, donnent constamment des espèces plus
grosses, plus parfaites, mais dont le parfum et
même la couleur varient par une foule de circonstances. Cent graines, par exemple, de pommes de pepin (*goldenp'pin*), produisent toutes des
sujets à feuilles larges, fines. Les fruits en sont
considérables, mais diffèrent tous des pommes
primitives, et n'offrent même entre eux qu'une
faible ressemblance : les uns sont doux, acides
ou amers ; les autres insipides ou aromatiques. Ceux-là sont jaunes ou verts ; ceux-ci
rouges ou bigarrés. Il n'y en a néanmoins
aucun, qui ne soit supérieur à ceux que donnent les semences de la pomme sauvage. Celle-ci
ne développe que des arbres de même espèce,
lesquels se chargent de fruits également acides
et petits.

Le jardinier multiplie les bonnes espèces, au
moyen de la greffe ; mais il ne peut les rendre
permanentes. Les fruits que nous récoltons au-
ourd'hui, sont dus à quelques pousses choisies
parmi une multitude d'autres ; ils sont les résultats du travail, de l'industrie et d'expériences
nombreuses.

Les sauvageons promettent des variétés de
fruits, d'autant meilleures, qu'ils ont des feuilles
plus larges, plus épaisses, et des bourgeons plus
épanouis. Ceux dont le feuillage est court doivent être rejetés ; ils tiennent de trop près au

sujet primitif, tandis que les qualités opposée
annoncent déjà l'influence de la culture.

Les semences qui proviennent des variétés d
plantes les mieux cultivées, paraissent être e
général celles qui donnent les produits les plu
vigoureux. De temps à autre, cependant, il es
nécessaire de les changer, ou, comme on dit
de croiser les races.

En secouant le pollen, renfermé dans l'éta
mine d'une fleur, sur le pistil d'une autre de l
même espèce, on obtient aisément une nouvell
variété. Les expériences de M. Knight donnen
l'espérance que cette méthode de propagatio
est susceptible des résultats les plus avantageux.

Les pois qu'elle a fournis à son inventeur son
célèbres parmi les jardiniers, et seront bientô
cultivés en grand.

J'ai vu plusieurs de ses pommes croisées qui
promettent de rivaliser un jour avec les meilleures
espèces que la vieillesse a détériorées dans les
contrées à cidre.

Les expériences faites par ce savant pour croiser
les blés, et qui consistent simplement à en semer plusieurs espèces ensemble, conduisent à un
résultat bien important; il nous apprend que,
« dans les années 1795 et 1796, ils furent tous
gâtés, hors ceux qui avaient été obtenus par cette
méthode, quoiqu'ils eussent végété dans des sols

des expositions fort diverses. » (Transactions
hilosophiques pour 1799.)

Les procédés du jardinage, qui tendent à ac-
roître le nombre des branches fruitières, ou à
erfectionner les fruits sur certaines branches,
ont tous fondés sur les principes que nous ex-
osons dans cette chapitre.

Dans les espaliers, la force de la gravitation
st plus spécialement dirigée vers les parties la-
érales des branches, et la sève afflue davantage
ur les bourgeons à fruit. Aussi les arbres sont-
ls plus productifs dans la situation horizontale
ue dans la verticale.

On recommande souvent comme un moyen
le rendre les branches plus fécondes, de les lier
vec des fils métalliques ou des liens du règne
égétal. La ligature empêche la sève de pénétrer
lans l'écorce ; elle la retient, et l'oblige d'ali-
nenter les parties développées.

Dans l'opération de la greffe, les vaisseaux
le l'écorce du sujet et ceux du rameau ne sont
amais en contact aussi immédiat que ceux de
'aubier, qui sont plus nombreux, et distribués
l'une manière uniforme. Cette circonstance gêne
probablement la circulation de la sève descen-
lante, et augmente la disposition de ce liquide
à développer les bourgeons à fruits.

La taille diminue la consommation des substances nutritives, et favorise la végétation des

branches conservées : car la sève ne circule pas
moins dans une direction horizontale que verticale. Les mêmes considérations expliquent l'augmentation de volume que prennent les fruits
dont on affaiblit le nombre.

Au moyen de bonnes méthodes de culture,
les plantes sont susceptibles de s'améliorer et de
vivre plus long-temps ; mais aussi, quand elles
se trouvent dans des circonstances défavorables,
elles souffrent, vieillissent promptement, et ne
tardent pas à périr.

Les plantes des climats chauds, transportées
dans les pays froids, celles des pays froids transportées dans les climats chauds, deviennent constamment languissantes quand elles résistent à
cette épreuve.

On sait qu'il n'y a qu'un petit nombre des
plantes du tropique qui puissent se cultiver dans
nos contrées, à moins qu'on ne les tienne dans
des serres chaudes. La vigne souffre même au
milieu de nos étés (en Angleterre), et son fruit
contient presque toujours un excès d'acide.
Quand le pin gigantesque du nord est transporté
dans les régions équatoriales, il dégénère et se
rabougrit. On peut citer un grand nombre de
faits du même genre.

On a beaucoup écrit, et les naturalistes ont
fait des remarques très-ingénieuses sur ce qu'on
nomme les habitudes des plantes. Un arbre trans-

anté meurt ou languit s'il n'a pas la même po-
tion par rapport au soleil. Les semences, ap-
ortées des climats chauds dans nos contrées, y
erment beaucoup plus vite que celles de même
pèce qu'on tire des pays froids. Le pommier
e Sibérie, où un été de trois mois succède im-
édiatement aux plus rigoureux hivers, fleurit,
première année de sa transplantation en An-
leterre, dès que la belle saison approche, et,
ouvent il est détruit par les dernières gelées du
rintemps.

Il n'est pas difficile de rendre raison de ce
hénomène : le germe, renfermé dans les se-
ences ou les bourgeons, doit différer suivant
ue la chaleur est plus ou moins forte, ou que
es alternatives de chaud ou de froid l'affectent
avantage pendant qu'il se forme. Ces circons-
ances ne peuvent qu'influer sur la nature de son
xpansion. Dans les climats variables, il est sou-
ent interrompu dans son développement, et se
ompose de différentes couches successives. Lorsque la température est uniforme, il est lui-même
niforme, et l'action des causes nouvelles et sou-
laines est vivement sentie.

Les arbres changent peu à peu de dispositions
en diverses circonstances, et supportent les dif-
érences de climats. Le mirte, indigène dans
e midi de l'Europe, périt toutes les fois qu'on
l'expose encore tendre aux rigueurs de nos hi-

vers ; mais si , pendant quelques années , il passe
la mauvaise saison dans les serres , et qu'on le
soumette par degrés aux basses températures , il
devient bientôt capable de résister aux froids les
plus vifs. Naturalisé par cette méthode dans
l'Angleterre méridionale , il fleurit , porte des
semences comme un arbre ordinaire , et les couches dont il se compose sont beaucoup plus
dures que s'il eût été élevé dans une serre.

L'arbutus , propagé sans doute par la même
méthode , fait aujourd'hui le principal ornement
des lacs de l'Irlande méridionale. Il prospère
jusque sur les cimes des montagnes , et pourrait
aisément se multiplier.

L'influence de la sécheresse et de l'humidité
repose sur les mêmes principes que celle de la
chaleur et du froid. Des rejetons d'un arbre venu
dans un sol humide , périssent si on les transporte dans un terrain sec, quoique celui-ci soit
d'ailleurs très-propre à cette espèce. Nous l'avons
déjà dit , les futaies qui ont crû au centre des
forêts sont promptement détruites , si on aba
les pièces qui les protégent.

Toutes les fois que les arbres sont exposés
l'action du soleil, de la pluie et des vents , ils
s'élèvent peu , et n'offrent jamais de tiges droites
et gracieuses ; mais ils deviennent robustes et
propres aux constructions maritimes. Ceux qui
croissent , au contraire , dans des circonstances

pposées, à l'abri de la chaleur et des orages,
lent à des hauteurs prodigieuses ; mais ils ne
roduisent que des branches menues et faibles,
es feuilles pâles, malades, et ne donnent ja-
iais de fruits. D'après les recherches de Bonnet,
ette différence n'est due qu'à l'absence de la lu-
nière. Cet ingénieux physiologiste sema trois
raines de pois dans la même variété de sol ; il
n abandonna une à l'air libre, enferma l'autre
lans un tube de verre, et la dernière dans un
uyau de bois La seconde se développa, et crût
omme si elle eût été en plein champ ; mais la
roisième, qui était privée du contact de la lu-
nière, blanchit, s'effila, et devint beaucoup
plus haute qu'elle ne l'est communément.

Les plantes qui végètent dans un sol dépour-
vu d'engrais ou de matière organisée morte,
sont en général très-petites ; leurs feuilles sont
brunes ou vert foncé, et leur fibre ligneuse
abonde en terre. Celles qui croissent dans un
terrein tourbeux, ou dans un fonds qui renferme
un excès de matières animale et végétale, se développent rapidement, se couvrent d'un beau
feuillage, contiennent beaucoup de sève, et
sont presque toujours printanières.

Quand le blé végète avec trop de force, on
fauche assez communément les premières pousses ; c'est un moyen de corriger l'exubérance de
la terre, et d'empêcher que les céréales ne se

12*

couchent avant que le grain atteigne sa maturité. Un fonds trop riche ou trop pauvre est également funeste aux espérances de l'agriculture. Le plus productif est celui qui résulte d'un mélange convenable de matières terreuses, d'engrais légèrement humides, et qui ne contient pas plus d'un quart de son poids de substances végétales ou animales.

La carie, ou érosion de l'écorce du bois, est souvent due à la maigreur du sol ; elle n'attaque que les arbres qui vieillissent, et paraît dépendre d'un excès de matières alcalines et terreuses contenues dans la sève descendante. J'ai vu souvent du carbonate de chaux sur les bords de la plaie cancéreuse qui consume les pommiers ; et de l'ulmine, qui contient de l'alcali fixe, abonde dans celle qui s'attache aux ormes. Leur vieillesse offre, sous ce point de vue, quelque analogie avec celle des animaux. Les sécrétions de la matière osseuse solide sont toujours en excès dans ceux-ci, et ils manifestent la plus grande tendance à la solidification.

Les moyens qu'on emploie ordinairement contre cette maladie, consistent à couper l'extrémité de l'écorce, à en mettre de fraîche sur la plaie, ou à la recouvrir d'une couche de terre ; mais ces moyens, quelque vantés qu'ils soient, sont peu efficaces. Peut-être serait-il plus avantageux de faire usage d'un acide faible : quand arbre est précieux, on peut le laver avec de eau acidulée. La nature de l'affection morbique indique ce remède ; mais il est possible ue des circonstances imprévues s'opposent au uccès de l'expérience.

Outre les maladies qui prennent leur source ans la constitution de la plante, et l'influence les causes extérieures, il y en a d'autres, peut-tre plus funestes, qui sont engendrées par l'acion et la puissance des êtres vivans. Ce sont :elles auxquelles il est moins facile de porter ?emède, et qui sont les plus préjudiciables aux igriculteurs.

Les plantes parasites de toute espèce, qui s'attachent aux arbres et aux arbrisseaux, qui se nourrissent de leur sève, les énervent et les détruisent, abondent dans toutes les contrées ; elles sont les ennemies les plus redoutables des grandes espèces végétales.

La rouille, si souvent funeste aux blés, et qui le fut surtout en 1804, est une espèce de fungus si petit, qu'on ne le discerne bien qu'à la loupe, et qui se propage rapidement par sa graine.

Ce fait, reconnu par divers botanistes, a été constaté par les belles recherches du président de la Société royale.

L'espèce de fungus dont il s'agit passe d'une tige à l'autre, s'attache aux cellules qui commu-

276 L'ART DE PRÉPARER LES TERRES.

niquent avec les tubes communs, s'approprie et consomme la nourriture destinée au grain.

On n'a pas encore trouvé le moyen de remédier à cette maladie ; mais, comme ce fungus se multiplie par la diffusion de ses semences, on doit apporter le plus grand soin à éloigner les tiges attaquées, des engrais employés dans les terres à blé. Si quelques plantes se montrent au printemps, il faut les arracher et les détruire (*).

L'idée généralement répandue parmi les fermiers, que le voisinage de l'épine-vinette infecte les blés, mérite d'être examinée. S'il était prouvé que l'espèce de fungus qu'on trouve fréquemment sur cet arbrisseau, peut se convertir en fungus à blé, l'explication s'offrirait d'elle-même.

Les recherches de sir Joseph Banks tendent à établir que le charbon est dû à une plante parasite du même genre qui s'attache aux grains.

(*) On garantit les blés d'une manière beaucoup plus sûre en introduisant dans les fumiers une certaine quantité de chaux caustique. Ce moyen est usité dans quelques villages aux alentours de Liége. A mesure qu'on saupoudre le tas, un ouvrier recueille les eaux d'égout et l'humecte. Il se fait une espèce de lessive, et l'alcali détruit non seulement le virus déjà formé, mais encore les larves des insectes et les semences des plantes adventices qui eussent végété aux dépens du bon grain.

es produits qu'elle donne à l'analyse sont les
êmes que ceux qu'on obtient de la vesse-de-
up. Il est difficile de concevoir que le grain
bisse un changement si complet sans l'inter-
ntion de quelque substance organisée.

Le gui et le lierre, les mousses et les lichens
tériorent plus ou moins les arbres auxquels ils
ttachent. Ils vivent aux dépens de la sève
i circule dans les organes latéraux, et privent
s branches d'une partie de leur nourriture.

Les insectes ne sont pas moins dommagea-
ès que les plantes parasites.

Si on voulait faire l'énumération de tous les
nemis du règne végétal, il faudrait dresser un
talogue de la plus grande partie des classes
nt se compose la zoologie. Chaque espèce de
intes est, pour ainsi dire, le siége de quel-
e famille d'insectes; et depuis la sauterelle,
chenille et le limaçon jusqu'aux aphis, une
riété inconcevable de ces animalcules déso-
it les végétaux, et vivent à leurs dépens.

J'ai fait mention plus haut des mouches qui
aquent les feuilles séminales des turneps.

Celle de Hesse, encore plus funeste aux blés,
quelquefois menacé les États-Unis de la fa-
ne; et le gouvernement français, au moment
j'écris (*), prend des mesures pour détruire
larves des sauterelles.

_____

*) Juin 1813.

En général, les saisons humides favorisent la
multiplication des fungus, de la rouille, des
petites plantes parasites ; et les saisons sèches,
celle des insectes. Au milieu de ces mutations,
la nature s'occupe sans relâche à produire et à
multiplier la vie. Les agens qui contrarient nos
espérances et détruisent nos ressources, loin
d'être inutiles à l'économie générale du système,
exaltent nos facultés. L'inclémence des saisons
éveille l'industrie de l'homme, et aiguillonne
son activité ; les obstacles qu'il rencontre excitent, développent ses talens ; il regarde dans
l'avenir, il voit que le règne végétal, au lieu
d'être un héritage assuré et inaltérable qui fournisse spontanément à ses besoins, est une pos-
session douteuse et incertaine qui ne se conserve que par le travail et ne s'étend que par la
sagacité.

CHAPITRE SIXIÈME.

ıgrais d'origines végétale et animale. — Manières
dont ils se convertissent en alimens des plantes. —
Fermentation et putréfaction. — Différentes espèces d'engrais d'origine végétale et d'origine
animale. — Engrais mixtes. — Coup d'œil général sur les usages et l'application de ces sortes
d'engrais.

On sait de toute antiquité que certaines sub-
ınces introduites dans le sol favorisent la vé-
tation et augmentent le produit des récoltes ;
ais on discute encore sur la manière dont elles
issent , les méthodes les plus avantageuses
en faire usage , la valeur respective de cha-
ne d'elles , et le temps qu'elles mettent à se
nsumer. Je vais essayer d'établir quelques
incipes sur ces diverses questions, que les
couvertes récentes de la chimie permettent
approfondir , et dont les agriculteurs sentent
mportance.

Les pores des radicules des plantes sont si pe-
s , qu'on les discerne à peine à l'aide du mi-
oscope ; en conséquence, il n'est pas vraisem-
able qu'ils absorbent directement les substances

solides répandues dans le sol. Pour vérifier cette
conjecture, je fis, au commencement de mai
1805, l'expérience suivante : je mis du charbon
en poussière impalpable, que j'avais obtenu du
lavage d'une certaine quantité de poudre, dans
une fiole pleine d'eau pure, où croissait une
tige de menthe. Cette plante végéta avec force
pendant quinze jours ; je la retirai à cette
époque : ses racines, coupées en divers sens,
ne présentaient aucune trace de matière charbonneuse ; les fibrilles les plus ténues n'étaient
point noircies ; elles eussent cependant dû
l'être, si le charbon eût été absorbé sous forme
solide.

Aucune substance n'est plus nécessaire aux
végétaux, que la matière charbonneuse ; elle
doit être dissoute pour pénétrer dans leurs organes, et on peut supposer sans invraisemblance
que celles qui sont moins essentielles ne sont pas
affranchies de cette loi.

Je me suis assuré, par des expériences faites
en 1804, que les plantes ne peuvent vivre dans
de récentes et fortes solutions de sucre, de mucilage, de tannin, de gelée et autres substances,
à moins qu'elles n'aient subi la fermentation.
J'en avais conclu que ce phénomène est indispensable pour élaborer les principes qui servent à
la nutrition des espèces végétales. J'ai reconnu
depuis que les effets délétères de ces dissolutions

ovenaient de ce qu'elles étaient trop concen-
es. Il est probable qu'elles obstruaient les ornes des végétaux et interceptaient la transpi-
ion des feuilles.

Je cherchai à vérifier cette idée l'année sui-
nte : j'employai les mêmes dissolutions, mais
ndues à un tel point qu'elles ne renfermaient
e $\frac{1}{200}$ de matière solide, soit végétale, soit
imale. Les plantes végétèrent dans toutes avec
aucoup de force, moins pourtant dans celle
i contenait du tannin ; j'arrosai quelques tiges
graminées avec les différens liquides dont je
rle, et d'autres avec de l'eau commune. La
issance des premières fut très - vigoureuse ;
les même qui avaient reçu le fluide chargé
principe tannant, se développèrent beaucoup
eux que celles qui n'avaient eu que de l'eau
linaire.

J'ai aussi cherché à connaître si les substan-
 végétales solubles s'introduisent sans altéra-
n dans les racines. J'ai fait l'analyse compara-
e de celles de diverses plantes de menthe,
ltivées les unes dans l'eau commune, les autres
ns une dissolution de sucre. 120 grains des
ondes m'en ont donné 5 d'un extrait vert,
le, douceâtre et susceptible d'être légèrement
agulé par l'alcohol. La même quantité des pre-
ères en a produit trois et demi d'une substance
tractive de couleur olive foncée, douce au

goût, mais plus astringente que celle dont il
vient d'être question, et précipitant plus abondamment par l'esprit de vin.

Quoique ces résultats ne soient pas tout-à-fai
décisifs, ils tendent néanmoins à prouver que les
matières solubles sont absorbées sans altération
La teinte rouge que prennent les fibres radicales
des plantes qui végètent dans les infusions de
garance, confirment encore cette opinion ; et
l'on peut admettre comme un fait pour ainsi
dire hors de doute, que les végétaux s'emparen
même des substances vénéneuses qui les détrui
sent. Ainsi, j'ai tenu les racines d'une tige de
primerose dans une faible dissolution d'oxide de
fer et de vinaigre, jusqu'à ce que les feuilles dont
elle était revêtue, aient jauni : réduites en poudre
après avoir été lavées avec soin dans l'eau distil
lée, elles ont été bouillies dans le même liquide
la décoction passée au filtre et traitée par une
infusion de noix de galles, manifesta une légère
nuance de pourpre : ce qui prouve que les vaisseaux ou les pores dont elles sont couvertes, s'é-
taient approprié une certaine quantité de dissolution de fer.

Les substances végétales et animales qui se
consomment dans l'acte de la végétation, ne
contribuent à la nourriture des plantes, qu'en
leur fournissant des matières solubles dans l'eau
ou des gaz susceptibles d'être absorbés au moyen

liquides contenus dans les feuilles. Mais ces
miers s'échappent, se répandent dans l'at-
sphère , et ne produisent pas tout l'effet dont
sont capables. Le principal but cependant
'on se propose en faisant des engrais , est de
ésenter aux racines le plus possible de ma-
re soluble , de ne l'administrer que peu à,
1 et d'une manière graduelle , en sorte qu'elle
t employée toute entière à la formation de la,
'e et des parties organisées.

Les fluides mucilagineux, gélatineux, saccha-
s , huileux, extractifs , et les solutions d'acide
bonique dans l'eau , contiennent, pour ainsi,
'e , tous les principes nécessaires à la vie des,
ntes ; mais il est rare qu'on puisse, dans leurs,
mes pures, les employer comme engrais :
substances végétales qui remplissent ces fonc-
ns, renferment généralement un excès de
tière fibreuse et insoluble , qui a besoin ,
ur devenir nutritive , d'éprouver des altéra-
ns chimiques.

Il convient de donner une idée de la nature
ces altérations , des causes qui les produi-
it, les accélèrent ou les retardent, ainsi que des
oduits qui en résultent. Une matière végétale
îche, qui contient du sucre, du mucilage, de
midon ou d'autres composés solubles dans,
au, exposée à l'action de l'air et de l'humidité,,
ine température de 12 à 26 degrés , absorbe,

aussitôt de l'oxigène et dégage de l'acide carbo
nique. Elle s'échauffe et donne naissance à de
fluides élastiques, mais surtout à l'acide qu
je viens de nommer, à l'oxide de carbone et
l'hydro-carbonate ; un liquide d'un noir foncé
d'un goût légèrement aigre ou amer, se déve
veloppe. La substance, abandonnée à elle
même pendant un temps suffisant, se désorga
nise d'une manière complète, et ne laisse pou
résidu solide qu'un peu de matière terrestre e
saline colorée en noir par du charbon.

Le fluide brun, auquel la fermentation donn
naissance, renferme toujours de l'acide acét
que et de l'alcali volatil quand l'albumine e
le gluten entrent dans la composition de l
substance végétale. Plus celle-ci en contient
plus, toutes choses égales d'ailleurs, elle se dé
compose promptement. La fibre ligneuse pur
résiste lorsqu'elle est seule ; mais, alliée à de
substances moins fixes, qui renferment un
plus grande proportion d'oxigène et d'hydro
gène, elle se résout sans obstacles et se dissocie
Les huiles fixes et volatiles, les résines et l
cire, exposées à l'action de l'air et de l'eau
sont plus sujettes aux décompositions que la fibr
ligneuse, mais beaucoup moins que les autre
composés végétaux. Les corps les plus inflam
mables deviennent peu à peu solubles par l'ab
sorption de l'oxigène.

Les matières animales sont en général plus sceptibles de se décomposer que les substans végétales : elles se putréfient, absorbent de l'xigène, dégagent de l'acide carbonique, de l'mmoniaque, divers fluides élastiques, comsés, fétides, ainsi que de l'azote ; elles donnt aussi des liquides colorés, acides, huileux, déposent un résidu formé de sels, e matières rreuses et du carbone.

Les principales substances qui constituent s différentes parties des animaux, ou qui se puvent dans le sang, les sécrétions, les exémens, sont la gélatine, la fibrine, le mucus, graisse, l'albumine, l'urée, l'acide urique, diverses matières acides, salines et teruses.

La *gélatine* est cette substance qui, combinée ec de l'eau, donne naissance à la gelée ; elle putréfie fort aisément, et se compose, d'aès MM. Gay-Lussac et Thenard, de

Carbone.	47,881
Oxigène.	27,207
Hydrogène.	7,914
Azote.	16,998

Ces proportions ne peuvent être considérées omme définies, car elles n'ont de rapport avec acun des multiples simples des nombres qui

représentent les élémens. La même chose a li[
pour tous les composés animaux et les substa[
ces végétales elles-mêmes. Ainsi que nous l[
vons déjà observé dans le troisième chapitr[
elles sont bien éloignées d'offrir ces relatio[
simples qui existent dans les composés binair[
susceptibles d'être formés artificiellement, t[
que les acides, les alcalis, les oxides et l[
sels.

La *fibrine* constitue la base de la fibre musc[
laire des animaux. Le sang renferme une su[
stance tout-à-fait semblable. Lorsqu'il est récer[
et qu'on le bat, cette substance s'attache aux b[
guettes employées à cet usage. Elle n'est pas s[
luble dans l'eau. L'action des acides, comme [
fait voir M. Hatchett, lui communique cette pr[
priété, et la rend analogue à la gélatine. Elle [
moins susceptible de se putréfier que celle-[
D'après MM. Gay-Lussac et Thenard, 100 pa[
ties de fibrine sont composées de

Carbone. 53, 360
Oxigène. 19, 685
Hydrogène. 7, 021
Azote. 19, 934

Le *mucus* présente à peu près les mêmes cara[
tères que la gomme végétale, et peut s'obteni[
suivant Bostock, en évaporant la salive. L'an[

se n'en a pas été faite ; mais il est probable que
composition diffère peu de celle de la sub-
ance avec laquelle nous venons de dire qu'il a
e l'analogie. Il éprouve la putréfaction, mais
oins vite que la fibrine.

Les *graisses* et *huiles animales* n'ont pas été
aalysées avec soin : néanmoins, on peut sup-
oser avec vraisemblance, qu'elles ont la même
omposition que les substances analogues du rè-
e végétal.

L'*albumine* a déjà été examinée, et nous avons
ndu compte de son analyse dans le troisième
apitre.

L'*urée* se prépare en évaporant l'urine hu-
aine jusqu'à consistance de sirop, et en traitant
r l'alcohol la substance cristallisée qui se dé-
se pendant le refroidissement. Elle se dissout
ns ce liquide, qu'on dégage ensuite au moyen
la chaleur. Elle est très-soluble dans l'eau,
précipite par l'acide nitrique étendu, sous
rme de cristaux brillants et couleur de perle.
tte propriété la distingue de toutes les autres
bstances animales. D'après Fourcroy et Vau-
elin, 100 d'urée donnent, quand on les dis-
le,

Carbonate d'ammoniaque. . 92, 02
Gaz hydrogène carburé. . . 4, 608
Charbon. 3, 225

L'urée, mélangée avec l'albumine ou la g
tine, se putréfie promptement.

L'*acide urique* peut s'obtenir, ainsi que l'a
voir le docteur Egan, en traitant l'urine ham
par un acide. Souvent il se précipite lui-m
sous forme de cristaux couleur de brique.
compose de carbone, d'oxigène, d'hydrogèn
d'azote; mais les proportions de ces élén
n'ont pas été déterminées. C'est une des s
stances animales les moins sujettes à la pu
faction.

Les altérations que les composés de ce ré
éprouvent, varient suivant les principes dou
sont formés. Quand ils contiennent beauc
de matières salines et terreuses, les progrè
la décomposition sont moins rapides que l
qu'ils renferment presque uniquement de l
brine, de l'albumine, de la gélatine ou
l'urée.

L'ammoniaque, formée dans ces circons
ces, est due à la combinaison de l'hydrogèn
de l'azote, qui s'unissent au moment où il
dégagent. Tous les autres produits sont an
gues à ceux de la fermentation des substai
végétales; et les principes solubles que les p
miers renferment, abondent en ces élémens d
les secondes se composent, en carbone, hyd
gène et oxigène.

Quand les engrais contiennent beaucoup

matières solubles, il est évident qu'on doit employer tous les moyens possibles pour en empêcher la putréfaction. Elle n'est utile que dans le cas où ils sont principalement composés de fibre végétale et animale. Les circonstances qui la déterminent, pour les substances des deux règnes, sont une température supérieure à la congélation, la présence de l'eau et de l'oxigène.

Les fumiers, dont on veut prévenir la décomposition, doivent être desséchés, préservés du contact de l'air, et tenus aussi frais que possible.

Le sel et l'alcohol conservent les substances animales et végétales, parce qu'ils s'emparent de l'eau qu'elles contiennent et qu'ils les soustraient à l'action de l'air. La glace produit le même effet, parce qu'elle abaisse la température.

La *Méthode* d'Appert, publiée tout récemment, est fondée sur l'exclusion du fluide qui nous environne. Elle consiste à remplir de viande ou de végétaux un vase de métal ou de verre, à en cimenter l'ouverture de manière à intercepter toute communication avec l'atmosphère, et à le tenir à moitié plongé dans l'eau bouillante, un temps suffisant pour cuire les productions qu'il renferme. La petite quantité d'oxigène retenue dans le bocal paraît être absorbée dans cette dernière opération. En effet, ayant ouvert une boîte de fer étamé remplie de bœuf cru et exposée

13

pendant un jour dans les circonstances que je viens de décrire, j'ai reconnu que le peu de fluide qui s'en dégageait, était un mélange d'acide carbonique et d'azote.

Si on avait dessein de conserver ces diverses substances en grand, pour les besoins de la marine ou des troupes, par exemple, je suis porté à croire qu'on y parviendrait d'une manière plus sûre, en introduisant dans les vases de l'acide carbonique, de l'hydrogène ou de l'azote, au moyen d'une pompe à compression, du genre de celle qu'on emploie pour préparer l'eau artificielle de Seltz. Les fluides auxquels la décomposition donne naissance ne pourraient se développer ; et, suivant toute apparence, la pression contribuerait autant que le froid à préserver les substances de toute corruption.

Les engrais, étant formés en proportions diverses des principes nécessaires à la végétation exigent des apprêts différens pour produire tous les effets dont ils sont susceptibles. En conséquence, je vais entrer dans quelques détails sur les propriétés et la nature de ceux dont on fait communément usage, et donner quelques idées générales sur les meilleures méthodes de les conserver et de les appliquer.

Toutes les *plantes succulentes vertes* contiennent des matières saccharines ou mucilagineuses, de la fibre ligneuse, et fermentent promptement. On doit donc, si elles sont destinées à amender les terres, en faire usage aussitôt qu'elles sont privées de la vie.

Quand les _recoltes vertes_ sont consacrées à améliorer le sol, elles doivent être enfouies pendant qu'elles sont en fleurs, ou même lorsque celles-ci s'épanouissent ; car c'est l'époque où les plantes contiennent la plus grande quantité de matière soluble, et où les feuilles remplissent mieux leurs fonctions. Les herbes marécageuses, les raclures de fossés et toutes les substances végétales fraîches n'exigent aucune préparation pour se convertir en engrais. Elles se décomposent peu à peu dans l'intérieur de la terre, les parties qui en sont susceptibles se dissolvent, et la fermentation légère qu'elles éprouvent, modérée par le manque d'air, tend à rendre la fibre ligneuse soluble, sans que les produits aériformes se dissipent avec trop de promptitude. Quand les vieux pâturages sont rompus et restitués à l'agriculture, le sol se trouve bonifié nonseulement par la décomposition lente des végétaux qui ont déposé dans son sein des matières solubles, mais encore par les feuilles et les racines des graminées vivantes qui occupaient une surface si considérable au moment de l'opération. Elles fournissent des substances saccharines, mucilagineuses et extractives qui alimentent immédiatement les récoltes, et dont la décomposition graduelle en développe pour les années suivantes.

Les *tourteaux de navette* qui sont employés avec succès pour amender les terres, contiennent une grande quantité de mucilage, de la matière albumineuse et un peu d'huile. On doit en faire usage pendant qu'ils sont récens, et les tenir secs jusqu'à ce qu'on les applique. Ils favorisent singulièrement la végétation, et la manière la plus économique de les utiliser consiste à les répandre sur le sol en même temps que la semence. Ceux qui veulent voir cette pratique dans toute la perfection dont elle est susceptible, doivent se transporter à la fête annuelle de la tonte, chez M. Coke à Holkam.

La *poussière de drèche* est composée en grande partie, de radicules détachées du grain. Je n'ai pu faire d'expériences sur cet engrais, mais la quantité de matière saccharine qu'il contient semble expliquer la force avec laquelle il excite la végétation. Il doit, comme le précédent, être employé aussi sec que possible, et sans avoir fermenté.

Les *tourteaux de graines de lin* sont trop recherchés par les bestiaux pour être employés à féconder la terre. Nous en avons donné l'analyse dans le troisième chapitre. Les eaux dans lesquelles on a fait rouir le *lin et le chanvre* jouissent aussi d'une grande puissance de fertilisation ; elles paraissent contenir une substance analogue à l'albumine, et de la matière végétale extractive en abondance. Elles se putréfient promptement ; les tiges qu'elles recouvrent subissent une certaine fermentation avant que l'épiderme se détache, et le liquide chargé des principes qui se développent doit être employé aussitôt qu'on les retire.

Sur les côtes d'Angleterre et d'Irlande, on fait une grande consommation de plantes marines, de fucus, d'algues et de conferves. En traitant par l'eau bouillante le fucus commun, j'ai obtenu un huitième de cette substance gélatineuse fort analogue au mucilage. Distillé, il a fourni près des quatre cinquièmes de son poids d'un liquide empyreumatique et légèrement aigre ; mais il n'a pas dégagé d'ammoniaque. Les cendres contenaient du sel marin, du carbonate de soude ; et de la matière charbonneuse. Les produits gazeux étaient peu considérables, et presque totalement composés d'acide carbonique, de gaz, d'oxide de carbone et de quelques traces d'hydro-carbonate. L'action de cet engrais est passagère, et ne se fait pas sentir au-delà d'une récolte ; ce qui s'explique facilement, à raison de la grande proportion d'eau ou des élémens de ce fluide que les varecks renferment : exposés à l'action de l'air, ils se décomposent, se disolvent et se dissipent sans produire de chaleur ni de fermentation sensible. J'en ai vu un amas énorme se détruire en moins de deux ans, et ne laisser pour résidu qu'un peu de matière fibreuse noire.

J'ai mis la partie la plus ferme d'un fucus dans une jarre fermée et remplie d'air atmosphérique: au bout d'une quinzaine, cette partie de plante était ridée d'une manière complète, et les parois du vase couverts de rosée. Le fluide aériforme avait perdu son oxigène, et contenait du gaz acide carbonique.

On laisse quelquefois fermenter les plantes marines avant de les employer. C'est une méthode tout-à-fait vicieuse; les algues ne renferment pas de matière fibreuse qui puisse devenir soluble pendant l'opération, et se détruisent en pure perte.

Les meilleurs fermiers de l'Angleterre occidentale les enfouissent aussi fraîches qu'ils peuvent, et les résultats qu'ils obtiennent sont exactement conformes à ceux que la théorie annonce. L'acide carbonique qui se développe, est en partie dissous par l'eau que le phénomène dégage, et devient susceptible d'être absorbé par les racines des plantes.

Les effets que produisent ces sortes d'engrais, sont dus principalement au gaz acide dont nous venons de parler, et au mucilage soluble qu'ils contiennent. J'ai trouvé que des fucus qui avaient perdu environ la moitié de leur poids par la fermentation, donnaient moins de $\frac{1}{12}$ de matière mucilagineuse. J'en conclus que cette substance est en partie détruite pendant que les plantes se décomposent.

La *paille sèche* de blé, d'avoine, d'orge, de fèves et de pois, le foin gâté et toute autre espèce analogue de matière végétale desséchée, forment un utile engrais. Toutes ces substances sont généralement soumises à la fermentation, avant d'être employées. Il est cependant douteux que cette méthode doive être adoptée sans réserve.

400 grains de paille d'orge sèche m'en ont donné huit d'une matière soluble dans l'eau, de couleur brune et d'un goût analogue à celui du mucilage ; la même quantité de paille de blé n'en a produit que cinq d'une substance semblable.

Il n'est pas douteux que la paille de différentes céréales immédiatement enfouie dans le sol, ne contribue à la nutrition des plantes ; mais on objecte les difficultés qu'elle présente dans la pratique : ses longues tiges sont difficiles à couvrir, et rendent l'aspect des champs difforme.

Elle n'offre plus les mêmes obstacles quand elle a fermenté, mais alors elle a perdu une bonne partie des substances nutritives qu'elle renferme. Sans doute elle profite plus à la première récolte, mais elle bonifie moins la terre

que si toute la matière végétale dont elle se compose était bien divisée et mélangée dans le sol.

On est dans l'habitude de faire fermenter le
pailles qui ne sont destinées qu'à être convertie
eu engrais. Il serait important de recherche
s'il n'y aurait pas de l'économie à la hacher au
moyen de quelque machine, et à la tenir sèch
jusqu'au moment où on en fait usage. Dans c
cas, la décomposition lente qu'elle éprouv
produit d'abord moins d'effet, mais elle amend
le sol d'une manière durable.

La *fibre végétale pure* est la seule substanc
de ce règne qui ait besoin de fermenter pou
devenir propre à la nutrition des plantes ; il e
est de même du tan épuisé. Young, dans so
excellent *Traité des engrais*, assure « que c
» corps semble plutôt contraire que favorabl
» à la végétation, » effet que cet agronome a
tribue à la matière astringente qu'il contien
Mais il a été dépouillé dans la fosse de tous l
principes solubles qu'il renferme ; et s'il e
funeste aux récoltes, c'est probablement par so
action mécanique ou par la force avec laquel
il agit sur l'eau. Il absorbe, retient l'humidi
avec beaucoup d'énergie, et n'est pas néanmoi
pénétrable au racines.

La *matière tourbeuse inerte* est une substan
du même genre. Elle reste pendant des anné
entières exposée à l'action de l'eau et de l'a

sans éprouver de putréfaction, et ne contribue en cet état que peu ou point à la nutrition des plantes.

La fibre ligneuse ne fermente pas, à moins qu'elle ne soit en contact avec quelque substance qui agisse à la manière du mucilage, du sucre, des matières extractive ou albumineuse auxquelles elle est unie dans les gramens et les végétaux succulens. Lord Meadowbanck a judicieusement recommandé l'emploi du fumier de basse-cour, pour mettre les tourbes en fermentation. Toute autre matière susceptible d'une prompte putréfaction est également bonne; celle qui s'échauffe davantage et se décompose plus vite est la meilleure.

Le même agronome estime qu'une partie de fumier est suffisante pour rendre trois ou quatre parties de tourbe propres à être employées comme engrais; mais la proportion ne peut être fixe, elle doit nécessairement varier suivant la nature des deux substances. Si la seconde contient encore quelques végétaux qui jouissent de la vie, elle s'altère beaucoup plus promptement.

Il est probable que le tan épuisé, les copeaux, la sciure de bois exigent une dose aussi forte de cet ingrédient que la plus mauvaise espèce de tourbe.

La fibre ligneuse peut aussi être convertie en engrais au moyen de la chaux. Nous en parle-

13*

rons dans le chapitre suivant en discutant les effets de cet alcali sur les sols.

D'après l'analyse de la fibre ligneuse, publiée par Gay-Lussac et Thenard (analyse qui prouve que cette substance est principalement composée des élémens de l'eau et d'une quantité de carbone supérieure à celle que renferment les autres végétaux), il est clair que tout procédé qui tend à la dépouiller de sa matière charbonneuse, doit la rapprocher de la composition des principes solubles. Or, c'est ce qui s'effectue pendant qu'elle fermente, au moyen de l'absorption de l'oxigène et de la production de l'acide carbonique. La chaux, ainsi que nous le ferons voir, produit les mêmes effets.

Les cendres de bois imparfaites, c'est-à-dire les cendres qui contiennent encore beaucoup de charbon, passent pour un engrais qu'on emploie avec avantage. Une partie des effets qu'elles produisent est due à la consommation lente et graduée de ce corps qui paraît susceptible d'absorber l'oxigène, et se transformer en acide carbonique dans des circonstances indépendantes de celles d'une véritable combustion.

Au mois d'avril 1803, j'enfermai du charbon bien consumé, dans un tube plein de volumes égaux d'eau pure et d'air ordinaire ; je le scellai hermétiquement, et l'abandonnai jusqu'au printemps de l'année suivante.

Je l'ouvris dans la cuve pneumatique, lorsque la température et la pression atmosphérique furent à peu près les mêmes qu'au commencement de l'expérience. Le liquide s'éleva dans l'appareil; d'un autre côté, traité par la chaux, il précipita abondamment. L'air dégagé par la chaleur, et analysé, ne contenait plus que sept pour cent d'oxigène; en sorte qu'il n'est pas douteux qu'il se fût formé de l'acide carbonique.

Les engrais qui proviennent des substances animales n'exigent pas en général de préparations *chimiques* avant d'être employés. L'agriculteur n'a qu'à les mélanger avec les principes terreux dans un état de division convenable, et à faire en sorte qu'ils ne se décomposent pas d'une manière trop rapide.

On ne fait pas communément usage des muscles d'animaux terrestres pour amender les sols. Dans plusieurs circonstances, néanmoins, l'application en serait facile. Les chevaux, les chiens, les moutons, les daims ou autres quadrupèdes, qui périssent ou meurent, restent souvent, après qu'ils ont été dépouillés de leur peau, exposés à l'action de l'air et de l'eau, jusqu'à ce que les oiseaux carnassiers les aient dévorés ou qu'ils soient entièrement détruits. La plus grande partie des principes dont ils se composent, est perdue pour la terre sur laquelle ils sont étendus,

et les vapeurs méphitiques qu'ils exhalent cor-
rompent l'atmosphère.

Si on recouvrait ces cadavres de cinq à six fois
leur volume de terre, alliée à une partie de chaux,
et qu'on les abandonnât pendant quelques mois,
elles se satureraient l'une et l'autre de matières solubles, et se convertiraient en excellent engrais.
De petites quantités de chaux vive, ajoutées au
moment où on en ferait usage, préviendraient les
miasmes, et serviraient elles-mêmes à fertiliser
les champs.

Les poissons remplissent très-bien le même
objet en quelque état qu'on les applique. On
doit néanmoins se hâter de les enfouir; mais
il ne faut en faire usage qu'à petites doses.
Young rapporte que des harengs employés pour
amender une pièce de terre, donnèrent une
récolte de blé si magnifique, qu'elle se coucha
entièrement avant d'avoir atteint l'époque de sa
maturité.

Dans le Cornwal, on se sert avec beaucoup de
succès des rebuts de sardines. On les mêle avec
un peu de sable et quelquefois avec des plantes
marines, pour modérer le luxe de végétation
qu'elles produisent. Leur influence est sensible
pendant plusieurs années.

Dans les marais du Lincoln, de Cambrige et
de Norfolk, on prend, quand les eaux sont basses, une quantité si considérable de petits pois-

ns , qu'ils forment la majeure partie des en-
rais consommés dans le voisinage.

Il est facile de se rendre compte du grand effet
qu'ils produisent. La peau dont ils sont revêtus
est pour ainsi dire entièrement formée de géla-
ne que son faible état de cohérence rend incapable de résister long-temps à l'action dissolvante de l'eau. De la graisse, de l'huile, se
trouvent au-dessous ou dans quelques-uns des
viscères, et la matière fibreuse qu'ils renferment
est pourvue de tous les élémens essentiels dont
se composent les substances végétales.

Parmi les matières huileuses, on fait usage de
celles de baleines et de diverses autres. Elles
sont excellentes quand elles sont mêlées avec le
sol et bien exposées à l'air dont l'oxigène les
rend en partie solubles. Lord Sommerville a retiré de grands avantages de l'emploi des premières dans sa terre de Surey. L'influence s'en
est fait sentir plusieurs années de suite. Le carbone et l'hydrogène qui abondent dans ces sortes
de substances, la manière lente dont elles s'altèrent par le concours de l'air et de l'eau, expliquent assez les effets qu'elles produisent et la
durée qu'elles obtiennent.

On consomme beaucoup d'os dans les alentours de Londres. On les pulvérise et on les fait
bouillir pour en retirer la graisse, après quoi
on les vend aux agriculteurs. Plus ils sont divi-

sés, plus plus ils sont efficaces. Il est probable qu'il y aurait de l'avantage à les moudre, et que la dépense serait compensée par la puissance de fertilisation qu'ils acquerraient. Ils seraient susceptibles alors d'être employés dans les cultures à sillons, de la même manière que les tourteaux de graines de navette.

La poussière, les rognures, les débris d'os peuvent également devenir utiles.

La base de ce corps se compose de sels terreux, principalement de phosphate, de carbonate de chaux et de phosphate de magnésie; les substances facilement décomposables qu'il renferme sont la graisse, la gélatine, et le cartilage, dont la nature ne paraît pas différer de celle de l'albumine coagulée.

D'après Fourcroy et Vauquelin, les os de bœuf sont formés de

Matière animale décomposable . 51
Phosphate de chaux. 37,7
Carbonate de chaux 10
Phosphate de magnésie. 1,3

100,0

M. Merat-Guillot a donné le tableau suivant de la composition des os de différens animaux.

	Phosphate de chaux.	Carbonate de chaux.
Os de veau.	54	
— de cheval.	67,5	1,25
— de mouton.	70	5
— d'élan	90	1
— de cochon	52	1
— de lièvre	85	1
— de poulet.	72	1, 5
— de brochet	6{	1
— de carpe	45	5
Dents de cheval	85,5	25
Ivoire	64	5
De corne de cerf.	27	1

ᴌe parties qui forment le complément de ces
ᴇrs nombres à 100 , doivent être considérées
ıme de la matière animale décomposable.

ᴌa *corne* est encore supérieure aux os pour
ᴇnder les terres ; elle contient beaucoup plus
matière animale décomposable. 5oo grains
celle de bœuf n'ont donné à M. Hatchett que
,de résidu terreux , dont un peu moins de la
ıtié était du phosphate de chaux. Les rognu-
de cette substance forment un excellent en-
ıs , mais elles ne sont pas assez abondantes
ır qu'on en puisse faire un usage bien étendu.
matière animale qu'elles contiennent paraît
: de même nature que l'albumine coagulée ,
ıe n'est qu'à la longue qu'elle devient soluble.

Les principes terreux qui font partie de la co[n]
ceux surtout que l'os renferme , la préserv[e]
d'une putréfaction trop rapide , et rendent [ses]
effets plus durables.

Les cheveux , les debris de laine et les plum[es]
ont une composition analogue , et sont prin[ci]
palement formés d'une substance semblable [à]
l'albumine combinée avec la gélatine , ai[nsi]
que le prouvent les ingénieuses recherches [de]
M. Hatchett. La théorie des effets qu'ils p[ro]
duisent est la même que celle des rognures d[e]
et de cornes.

Les *rebuts* des manufactures de *peaux* et [de]
cuirs deviennent d'excellens.engrais ; telles s[ont]
les rognures du corroyeur , du pelletier , [etc.]
La gélatine que chacune d'elles renferme , [est]
toute disposée à éprouver une décompositi[on]
graduelle ; enfouie dans le sol , elle dure p[en]
dant un temps considérable , et contribue à [la]
nutrition des plantes.

Le *sang* contient tous les principes qui [se]
trouvent dans les autres substances animales[, il]
donne à la terre une fertilité prodigieuse. [La]
fibrine et l'albumine entrent, ainsi que n[ous]
l'avons déjà dit , dans sa composition , et les p[ar]
ticules rouges que divers chimistes supposaie[nt]
colorées par du fer , dans un un état particul[ier]
de combinaison avec l'oxigène et une mati[ère]
acide , sont considérées par M. Brande com[me]

rmées d'une substance animale particulière
d'un peu de fer.

L'écume des chaudières de raffinerie, em-
loyée aux mêmes usages, se compose princi-
lement du sang de bœuf qui a servi à purifier
sucre brut. La matière albumineuse qu'il
ntient se coagule par la chaleur et entraîne les
puretés.

Les différentes espèces de *corail*, de *coralines*
d'*éponges*, doivent être considérées comme
s substances d'origine animale. Toutes con-
ennent, d'après l'analyse de M. Hatchett, des
antités considérables d'une matière analogue
l'albumine coagulée ; l'éponge donne même
la gélatine.

Suivant Merat-Guillot, le corail blanc est
mposé de parties égales de substance ani-
ale et de carbonate de chaux, le rouge de

Matière animale. 46, 5
Carbonate de chaux. 53, 5

La coraline articulée résulte de

Matière animale. 5ı
Carbonate de chaux. 49

Je ne crois pas que ces substances aient jamais
é employées en Angleterre comme engrais, si
n'est dans le cas où elles se trouvent acci-

dentellement mêlées avec les plantes marines
mais il est probable qu'on pourrait faire u
usage avantageux des coralines qui se rencon
trent en quantités considérables sur les roche
et au fond des étangs rocailleux , dans plusieur
endroits de la côte , où les terres déclinent pe
à peu vers la mer. On pourrait les détache
avec la houe, et les recueillir sans beaucoup d
peine.

De tous les excrémens animaux que l'agri
culture consomme , l'*urine* est celle qui a é
soumise le plus souvent aux épreuves chimi
ques , et dont la nature est la mieux connu

Celle de vache, d'après l'analyse de M. Brand
contient :

Eau. 65
Phosphate de chaux 3
Muriate de potasse et d'ammonia-
que. 15
Sulfate de potasse 6
Carbonates de potasse et d'ammo-
niaque. 4
Urée 4

D'après Fourcroy et Vauquelin , l'urine d
cheval est composée de

Carbonate de chaux 11
Idem de soude 9

Benzoate de soude. 24
Muriate de potasse. 9
Urée. 7
Eau et mucilage. 940

Indépendamment de ces substances, M. Brande
rouvé qu'elle renferme encore du phosphate
chaux.

Les urines d'âne, de chameau, de lapin et
s volailles de basse-cour, soumises à diverses
périences, ont présenté une constitution semble. Vauquelin a découvert en outre de la
atine dans celle de lapin, et de l'acide urique
is celle des volailles domestiques.

L'urine humaine est, de toutes, celle qui con-
nt un plus grand nombre de principes. Elle
itient de l'urée, de l'acide urique, une sub-
nce analogue, appelée acide rosacique, de
ide acétique, de l'albumine, de la gélatine,
? matière résineuse, et divers sels.

Sa composition varie suivant l'état du corps
la nature des alimens, des boissons dont on
t usage. Dans plusieurs maladies, elle devient
is abondante en gélatine et en albumine;
le des diabètes contient du sucre.

Il est probable que l'urine du même animal
ange suivant les substances nutritives qu'il
asomme. C'est sans doute à cette cause qu'il
t rapporter les discordances des analyses qui
: été publiées.

Elle se putréfie très-promptement; celle d[
carnivores beaucoup plus vite encore que cel
des herbivores. Elle se corrompt d'autant pl[
tôt qu'elle est plus chargée de gélatine et d'a
bumine.

Les urines qui en renferment davantage , so[
celles qui fertilisent mieux la terre. Elles tie[
nent toutes en dissolution les principes esse[
tiels des végétaux.

La plus grande partie de la matière anim[
soluble se détruit pendant qu'elles subissent[
putréfaction. Elles doivent en conséquence êt[
employées pendant qu'elles sont fraîches. Si [
ne les mélange pas avec des substances solide[
il faut les étendre. Pures , elles renferment u[
trop grande quantité de matière animale , po[
former un fluide nutritif que les racines d[
plantes puissent absorber.

L'urine putréfiée contient beaucoup de s[
à base d'ammoniaque. Quoique moins active q[
quand elle est fraîche , elle est encore un tr[
bon engrais.

D'après l'analyse publiée récemment par B[
zélius , 1000 parties d'urine sont composées d[

Eau. 933
Urée. 3o, 1
Acide urique. 1
Muriate d'ammoniaque , acide

lactique libre, lactate d'ammoniaque et matière ani-
male 17, 14

Le reste se compose de différens sels, de
bsphates, sulfates et muriates.
Parmi les substances excrémentielles solides,
nt on fait usage comme engrais, une des plus
issantes est la *fiente des oiseaux* qui se nour-
sent de *matières animales*. Celle des oiseaux
rins mérite surtout la préférence. La *guano*,
at on consomme une si grande quantité dans
mérique méridionale, et qui fertilise les
ines arides du Pérou, est une production de
te espèce. On en trouve abondamment, ainsi
e nous l'apprend M. de Humbolt, dans les
ites îles de Chinché, d'Ilo, d'Iza et d'Arica,
as la mer Pacifique. Cinquante bâtimens,
rgés de 1500 à 2000 pieds cubes de cette
ostance, sont annuellement expédiés du pre-
er de ces lieux. On ne l'emploie qu'en très-
ites quantités, et spécialement pour récoltes
maïs. J'ai fait quelques expériences sur des
nantillons de guano, envoyés au comité d'a-
culture en 1805. Il avait l'aspect d'une poudre
e et brunâtre; il noircissait par la chaleur,
répandait de fortes exhalaisons ammonia-
es. Traité par l'eau-forte, il dégageait de l'a-
e urique. Fourcroy et Vauquelin en publiè-

rent, en 1806, une analyse faite avec bea[u]
coup de soin. Ils établirent que cette substan[ce]
renferme un quart de son poids d'acide uriq[ue]
en partie saturé par l'ammoniaque et en par[tie]
par la potasse, un peu d'acide phosphoriq[ue]
combiné avec les mêmes bases et avec la chau[x]
de faibles quantités de sulfate et de muriate[de]
potasse, de matière grasse et de sable qua[r]-
tzeux.

Sa puissance de fertilisation est facile à co[n]-
cevoir. Sa composition seule indique qu'elle d[oit]
être un excellent engrais. Elle a besoin d'e[au]
pour dissoudre la matière soluble qu'elle re[n]-
ferme, et la mettre en état de produire tous l[es]
effets dont elle est susceptible.

La fiente des oiseaux de mer n'a pas é[té]
éprouvée en Angleterre; mais il est probab[le]
que le sol même des petites îles qui sont en v[ue]
de nos côtes, et qu'ils fréquentent beaucou[p]
pourrait être employé avec succès. Une certai[ne]
quantité de ces déjections, détachées d'une r[o]-
che du Merionetshire, et répandues sur u[ne]
prairie, a exercé une influence considérabl[e]
mais passagère. L'épreuve en a été faite à m[a]
demande par sir Robert Vaughan, à Nannau.

Dans nos climats, les pluies affaiblissent ce[s]
sortes d'engrais qu'elles lavent fréquemme[nt]
aussitôt qu'ils sont déposés; mais il y a appa[-]
rence que les cavernes, les fentes de rochers, o[ù]

s cormorans et les mouettes se retirent, en re-
lent des masses plus ou moins considérables
ns un état de grande perfection.

J'ai fait l'analyse de la fiente du premier de
s volatiles, que j'ai recueillie près du cap Lé-
rd, dans le Cornwal. Elle n'avait pas tout-à-
it l'aspect du guano ; elle était d'un blanc
isâtre, exhalait une odeur fétide, analogue
celle de la matière animale putréfiée. Mise
i contact avec la chaux vive, elle donnait
e l'ammoniaque en abondance, et donnait
i l'acide urique quand on la traitait par l'eau-
rte.

La *poudrette* est bien connue. C'est un excel-
nt engrais qui ne tarde pas à se décomposer.
i nature varie ; mais elle abonde constamment
substances formées de carbone, d'hydrogène,
azote et d'oxigène. D'après l'analyse de Berzé-
is, elle est en partie soluble dans l'eau. Em-
oyée récente ou consumée, elle favorise sin-
lièrement la végétation des plantes.

L'odeur infecte qu'elle répand est détruite au
oyen de la chaux vive. Exposée, pendant la
lle saison, en couches peu épaisses, et mé-
ngée avec cette terre, à l'action de l'atmo-
lhère, elle se dessèche bientôt, se pulvérise,
peut être étendue comme les tourteaux de
aines de navette, et distribuée dans les sillons
i même temps que les semences.

Les Chinois, si supérieurs aux autres peu
par les connaissances pratiques qu'ils possèd
sur l'usage et l'application des engrais, allient
déjections animales avec le tiers de leur po
de marne grasse ; ils en forment des gâteaux,
moulent, et les font sécher au soleil. Les n
sionnaires français nous apprennent que ces
teaux n'ont aucune odeur désagréable, et f
ment un objet de commerce dans l'empire.

Suivant toute apparence, la terre prévie
par son affinité pour l'eau, l'action que l'hu
dité exerce sur la poudrette, et la défend a₁
en partie contre les effets de l'air.

L'engrais qui mérite la préférence après c₀
dont il vient d'être question, est la *fiente*
pigeons. 100 grains digérés pendant quelq
heures dans l'eau chaude, m'en ont donné 23
matière soluble, qui, soumise à la distillatio
dégageait en abondance du carbonate d'amn
niaque, et laissait pour résidu des matières ch
bonneuses, du carbonate de chaux et des su
stances salines presque entièrement compos
de sel commun. Les excrémens de pigeo₁
humides, fermentent promptement, et conti₀
nent, après avoir subi ce phénomène, moins
principes solubles qu'auparavant. 100 parties
ces déjections, ainsi altérées, n'en ont produit q
8 de matière soluble, qui développe, lorsqu
la distille, une quantité de carbonate d'amn

ĥaque proportionnellement moindre que dans
le premier cas.

Il est donc évident que cet engrais doit être
mployé aussi frais que possible. Quand il est
esséché, on l'applique comme tous ceux qui
ont susceptibles de se réduire en poudre.

Le sol des bois où les pigeons sauvages vivent
n si grandes troupes, est souvent recouvert
d'une quantité considérable de leurs excrémens,
t peut être employé avec beaucoup de succès à
mender les terres. Distillé avec la chaux, il dé-
age de l'ammoniaque. Chaque année, les débris
es feuilles s'accumulent sur ces déjections, et
e transforment en matières solubles.

Les excrémens des *volailles domestiques* se
approchent beaucoup de la nature de ceux des
ïgeons, et contiennent de l'acide urique. Dis-
ĺllés, ils donnent naissance à de l'ammoniaque,
t se résolvent en matières solubles dans l'eau.
ĩs entrent très-facilement en fermentation.

Les tanneurs emploient un mélange de fientes
de poules et de pigeons pour communiquer une
ĺgère putréfaction aux peaux destinées à la fa-
rication des cuirs souples. On le délaye dans
eau, où il ne tarde pas à produire l'effet désiré.
es excrémens de chiens remplissent le même
objet. Dans tous les cas, le résidu des fosses où
ætte préparation est mise en œuvre doit former
in excellent engrais.

14

On n'a pas fait l'analyse des *excrémens de la*
pins. M. Fauc en trouve l'usage si avantageux
qu'il élève ces animaux pour le fumier qu'il
produisent. Il faut le consommer aussi frais que
possible ; il est moins bon lorsqu'il est fermenté

Einhoff et Thaer ont analysé les fientes de
bestiaux, celles des bœufs et des vaches. Elle
contiennent des matières solubles dans l'eau, e
engendrent, par la fermentation, les mêmes pro
duits que les substances végétales ; elles absor
bent de l'oxigène, et développent de l'acid
carbonique.

Les *fientes récentes de mouton et de daim*, sou
mises à l'ébullition, donnent en poids deux o
trois pour cent de matières solubles. J'ai fait l'a
nalyse de celles-ci ; elles contiennent une petit
quantité de substance analogue au mucus animal
et sont en grande partie composées d'un extrai
amer soluble dans l'eau et l'alcohol. Elles déga
gent des vapeurs ammoniacales quand on les dis
tille, et paraissent avoir une composition presqu
identique.

J'ai arrosé, pendant plusieurs jours de suite
des plantes avec ces extraits. Elles sont devenue
plus vertes, et ont végété avec plus de force que
les tiges qui, placées dans les mêmes circon
stances, ne recevaient pas cette préparation.

La partie du fumier de bestiaux, de moutoi
et de daim, qui résiste à l'action de l'eau, paraî

n'être que de la fibre ligneuse. Elle est tout-à-fait analogue au résidu des végétaux dont ils se nourrissent, lorsque ces substances ont été dépouillées de tous les principes solubles qu'elles contiennent.

Le fumier de cheval donne un fluide de couleur brune, qui dépose, par l'évaporation, un extrait amer, dont on obtient des vapeurs ammoniacales beaucoup plus abondantes que de celui de bœuf.

Si les déjections des bestiaux sont employées pour amender les terres, ainsi que les autres espèces d'engrais dont nous avons parlé, il n'y a aucun motif pour leur faire éprouver la fermentation avant d'en faire usage. Si on souffre qu'elle s'établisse, il faut au moins l'arrêter promptement. L'herbe qui pousse dans le voisinage de celles qui ont été enfouies sur-le-champ, est toujours d'une végétation forte et d'un vert noirâtre. Quelques personnes attribuent cette circonstance à ce que le fumier n'a pas fermenté ; mais il est beaucoup plus probable qu'elle tient à un excès de substances nutritives administrées aux plantes.

La question relative à la méthode la plus avantageuse d'appliquer ces fumiers, rentre dans celle des *engrais composés* ; car ils sont ordinairement formés d'un mélange d'excrémens, de paille et autres débris dont se compose la litière ; de plus, ils contiennent souvent une grande quantité de matière fibreuse végétale.

Un léger commencement de fermentation est d'une utilité incontestable ; il dispose la fibre ligneuse, qui abonde toujours dans les immondices qu'on recueille autour d'une ferme, à se décomposer et à se dissoudre, quand elle est répandue sur la terre ou enfouie dans le sol.

Une putréfaction trop avancée est extrêmement préjudiciable aux fumiers composés. Il vaut mieux que la masse n'ait pas fermenté du tout avant qu'on en fasse usage, que d'avoir été trop loin. C'est une conséquence des principes que nous avons posés dans le cours de ce chapitre. Le phénomène, poussé au-delà des bornes qu'il doit avoir, dissipe les parties les plus efficaces de l'engrais, et produit en définitif les mêmes effets que la combustion.

Les fermiers ont l'habitude de laisser fermenter leurs fumiers jusqu'à ce que la texture fibreuse de la matière végétale soit rompue, que l'engrais soit tout-à-fait froid, et si doux qu'il se coupe à la bêche.

Indépendamment des objections fondées sur la nature et sur la composition des substances végétales que la théorie suggère, une foule d'observations et de faits démontrent que cette méthode est préjudiciable aux intérêts de ceux qui l'emploient.

Pendant la violente fermentation qui est nécessaire pour putréfier les fumiers d'étable, au point qu'ils n'offrent plus qu'une masse savonneuse et liante, les engrais éprouvent de telles pertes par les liquides et les gaz qui s'en dégagent, qu'ils se réduisent de la moitié aux deux tiers de leur poids. La plus grande partie des fluides aériformes se compose d'acide carbonique et d'ammoniaque, qui concourent l'un et l'autre, si l'humidité les retient dans le sol, à la nutrition des plantes.

Au mois d'octobre 1808, je remplis de ce fumier une cornue capable de contenir trois pintes d'eau, à laquelle était adapté un petit récipient, et je la disposai sur la cuve à mercure, afin de recueillir tous les produits qui se dégageraient. Le réservoir ne tarda pas à être tapissé de gouttelettes qui coulèrent bientôt le long des parois du vase, et les fluides élastiques se développèrent presque aussitôt. En trois jours, il s'en forma 35 pouces cubes, qui en contenaient 21 d'acide carbonique. Le reste était de l'hydro-carbonate mélangé avec un peu d'azote, dont la proportion était probablement la même dans le récipient que dans l'air commun. La matière fluide, recueillie en même temps, s'élevait à près d'une demi-once. Elle était saline, d'une odeur désagréable, contenait un peu d'acétate et de carbonate d'ammoniaque.

Ces résultats me suggérant l'idée d'une autre expérience, j'appliquai le bec d'une cornue remplie des mêmes substances, sous les racines d'un gazon qui faisait partie de la bordure d'un jardin. En moins d'une semaine, l'effet était devenu sensible; l'herbe contrastait fortement avec celle qui ne recevait aucune des émanations de la cornue, et végétait avec une force extraordinaire.

La dissipation des gaz n'est pas le seul désavantage que produise la fermentation poussée à l'extrême, elle cause encore une perte de *chaleur*. Celle-ci, développée dans le sol, eût provoqué la germination des semences, et facilité l'expansion des plantes, tant qu'elles sont faibles et sujettes à périr; elle eût surtout été utile au blé qu'elle eût maintenu dans une douce température pendant l'arrière-automne et l'hiver.

En outre, c'est un axiome en chimie, que les principes se combinent bien plus facilement lorsqu'ils se dégagent, que lorsqu'ils sont tout-à-fait libres. Dans la fermentation que les substances enfouies éprouvent, les fluides à mesure qu'ils se forment, se trouvent en contact avec les organes des plantes; ils sont encore chauds au moment où ils s'introduisent dans les racines, et sont bien plus efficaces que si l'engrais eût été putréfié avant qu'on en fît usage.

Les ouvrages des agronomes instruits sont pleins de faits qui militent en faveur de la mé-

thode que je recommande ; Young, dans son
Essai sur les engrais, invoque une foule d'excellentes autorités, pour en faire sentir les avantages. Plusieurs personnes, long-temps incertaines,
se sont enfin rendues à l'évidence, et il n'existe
pas peut-être de sujet de recherches sur lequel
il y ait une coïncidence aussi parfaite entre les
résultats de la théorie et ceux de la pratique. J'en
ai vu, pendant ces dix dernières années, de fré-
quens exemples. Je me bornerai à citer celui qui
doit avoir, et qui, j'en suis sûr, aura la plus
grande influence parmi les cultivateurs. Depuis
sept ans, M. Coke a tout-à-fait renoncé à l'ancien
système qu'il suivait pour la conduite des engrais ; il les applique frais, et m'annonce qu'ils
durent presque deux fois autant, et que les récoltes sont aussi belles que jamais.

Une grande objection qu'on élève contre les
fumiers légèrement fermentés, c'est qu'ils développent avec force les mauvaises herbes dans
tous les endroits où on les applique. S'ils en renferment les graines, elles germeront, la chose
n'est pas douteuse : mais ce cas particulier n'aura
jamais lieu bien en grand. Si la terre est infec-
tée, qu'elle contienne les semences des plantes
dont il s'agit, toute espèce d'engrais, qu'il soit
ou non putréfié, favorisera leur croissance.
Quand on emploie sur les prairies celui qui n'est
que légèrement décomposé, il faut, aussitôt que

l'herbe pousse avec vigueur, en rassembler le débris au moyen du rateau, et les reporter dan la basse-cour. En suivant cette méthode, on n fera aucune perte, et la culture sera propre é économique.

Lorsqu'on ne peut appliquer de suite les er grais, il faut, autant que possible, les empêche de fermenter. Nous avons déjà indiqué les prin cipes au moyen desquels on peut y parvenir.

Il faut les abriter avec soin du contact de l'ox gène répandu dans l'air : une couche de marn compacte ou d'argile tenace est ce qu'on peu employer de mieux ; mais il faut les desséche autant que les circonstances le permettent, avan de les couvrir entièrement. Si on s'aperçoit qu'il s'échauffent, il faut les retourner et les refroidi en les aérant.

On recommande quelquefois de les humecte pour ralentir les progrès de la fermentation cette pratique est tout-à-fait mauvaise : l température baisse en effet ; mais l'humidité ainsi que nous l'avons observé précédemment est un des principaux agens qui concourent à la décomposition de toute espèce de substances Les matières fibreuses sèches ne l'éprouven jamais. L'eau est aussi nécessaire que l'air à l production du phénomène : en répandre su une masse qui fermente, c'est lui fournir le principe qui doit hâter sa destruction.

Dans tous les cas, lorsque les fumiers se pu-
réfient, il y a des moyens simples à l'aide desquels on peut connaître la rapidité avec laquelle
ils se décomposent, et conséquemment la dété-
ioration qu'ils ont déjà subie.

Si un thermomètre, plongé dans la masse,
ne s'élève pas au-dessus de 38°, il n'y a pas de
danger qu'elle se dissipe en produits aériformes;
s'il monte davantage, il faut la découvrir et l'é-
tendre sans délai.

Si un morceau de papier, plongé dans l'acide
muriatique, est exposé aux vapeurs qui s'échappent du fumier, et donne une fumée épaisse,
cette circonstance indique qu'il se dégage de
l'alcali volatil, et que la décomposition est trop
avancée.

Quand les engrais doivent être conservés quelque temps, le choix du lieu où on les dépose
est important. Il ne faut pas, autant que possible, qu'ils soient exposés au soleil. On les tient
à l'ombre, ou on les adosse à un mur tourné au
nord. L'aire sur laquelle ils reposent doit être
pavée en pierres plates, et un peu concave. Des
conduits doivent aboutir au centre pour rassembler les matières fluides qu'on enlève au moyen
d'une petite pompe, et qu'on distribue ensuite
sur les terres. On voit trop fréquemment ces liquides mucilagineux, qui découlent des fumiers,
négligés et totalement perdus.

14*

Les *boues des rues*, *des chemins, les balayur*
des maisons, doivent être considérées comme de
engrais composés. Leur constitution varie néce
sairement ; elle est aussi diverse que les substar
ces qui les forment. Elles sont communémei
employées comme il convient, sans avoir sul
de fermentation.

La *suie* formée par la combustion du charboi
de-terre ou des tourbes·, renferme en génér;
toutes les substances dont se composent les m;
tières animales. C'est un excellent engrais ; ell
donne à la distillation des sels à base d'ammoni;
que et un extrait de couleur brune, d'un goï
amer, quand elle est traitée par l'eau chaude
Elle contient aussi une huile empyreumatique
Elle a pour base le charbon, dans un état de té
nuité qui la rend soluble dans l'oxigène et l'eau

Cet engrais s'emploie sec, et n'exige aucun
préparation, on le jette dans la terre en mêm
temps que les semences.

La doctrine de l'application opportune des en
grais qui proviennent de substances organisées
rend plus manifeste l'économie de la nature e
l'ordre heureux avec lequel tout est disposé.

La mort et la décomposition des substance
animales tendent à résoudre dans leurs élémen
chimiques les formes organisées. Les miasme
putrides qui se dégagent, indiquent qu'elle
doivent être enfouies dans le sol où elles s(

transforment en alimens des plantes. Décomposées à la surface de la terre, elles sont pernicieuses; réduites dans son sein, elles sont éminemment utiles. Dans ce dernier cas, la nourriture
des végétaux se prépare aux lieux mêmes où elle
se consomme; et ce qui, à l'air libre, eût offensé
les sens, altéré la santé, se change, par une opération insensible, en plantes aussi belles que
précieuses. Des gaz fétides donnent naissance
aux parfums; et des principes vénéneux engendrent les substances dont l'homme et les animaux
se nourrissent.

CHAPITRE SEPTIÈME.

Des engrais d'origine minérale ou engrais fossiles. — De leur préparation et de la manière dont ils agissent. De la chaux dans ses différens états. — Action de la chaux comme engrais et comme ciment. — Diverses combinaisons de chaux. — Du gypse. — Idées relatives à son usage. — Des autres composés neutro-salins employés comme engrais. — Des alcalis et sels alcalins. — Du sel commun.

Nous avons vu dans les chapitres qui précèdent, qu'un grand nombre de substances favorisent la végétation des plantes et les nourrissent. Le passage de la matière d'une structure vivante à une forme organisée se conçoit aisément ; mais il n'en est pas de même des opérations au moyen desquelles les combinaisons salines et terreuses s'incorporent dans les fibres des végétaux et en facilitent les fonctions. Quelques naturalistes, doptant la doctrine des anciens, qui supposaient que tous les corps sont essentiellement identiques, et que ceux que nous considérons comme simples ne sont que des arrangemens divers des mêmes particules indestructibles, ont essayé de prouver que les principes dont se composent les plantes peuvent provenir de ceux qui sont répandus dans l'atmosphère. Ils ont prétendu que la vie végétale est une opération dans laquelle des substances, que nous ne sommes capables d'altérer ni de produire, sont continuellement formées et détruites. On ne s'en est pas tenu aux hyponèses ; des expériences ont été faites pour les appuyer. MM. Schrader et Braconot ont été conduits, par des recherches cependant assez distinctes, aux mêmes conclusions. Plusieurs espèces de graines semées dans le sable fin, le soufre, les oxides métalliques, et nourries seulement d'air atmosphérique et d'eau, se sont très-bien développées. Les plantes qu'elles ont produites, soumises à l'analyse, ont donné des composés salins et terreux en quantité supérieure à celle que renfermaient les semences, et quelquefois aussi étrangers à celles-ci qu'au sol qui les avait reçues. Ces chimistes en ont conclu qu'ils étaient dus au concours de l'air ou de l'eau et de la force végétative des plantes.

Ces deux savans ont fait preuve de beaucoup de sagacité, et l'inexactitude de leurs résultats tient à des causes qui n'étaient pas encore connues au moment où ils ont publié leur travail.

L'eau distillée est bien éloignée d'être pure. Soumise à l'action de la pile voltaïque, elle m'a donné des alcalis et des terres. Plusieurs des

combinaisons que forment les métaux avec
chlore, sont extrêmement volatiles. Quand
plantes reçoivent du liquide en abondanc
elles absorbent une foule de principes qui s'
cumulent et deviennent enfin sensibles. L'hur
dité qu'elles dégagent est dépouillée de tor
substance étrangère.

J'ai semé, en 1801, de l'avoine dans un
composé de carbonate de chaux pur, et je l
arrosée avec une quantité connue d'eau distill
Le vase de fer qui servait à mon expérience
placé dans une vaste jarre mise en communi
tion avec l'atmosphère au moyen d'un tube
courbé ; aucune poussière, aucun fluide ni s
lide ne pouvait s'introduire par cette voie. J'av
dessein de m'assurer s'il se forme de la te
siliceuse dans l'acte de la végétation ; mais
plantes n'eurent qu'une croissance extrêmém
faible, et jaunirent avant la floraison. Je
brûlai, et comparai leurs cendres avec cel
d'un nombre égal de grains d'avoine. Les pr
mières renfermaient beaucoup plus de carbon
de chaux que les secondes, mais moins de sili
Cette différence me paraît due à ce que l'env
loppe du grain qui en contient davantage, av
été détruite par la germination. Des tiges ver
de la même céréale, cueillies dans un char
dont le fonds était formé d'un sable fin, produ
sirent une proportion de la base dont il s'agi

bien plus considérable qu'un poids égal de blé , cultivé artificiellement.

Ces résultats sont bien opposés à l'opinion émise par MM. Schrader et Braconot, et plusieurs autres faits ne lui sont pas moins contraires. Jacquin rapporte que la *salsola soda* donne, quand on l'incinère , de l'alcali végétal , si elle est élevée dans l'intérieur des terres , et de l'alcali minéral ou fossile , si elle croît sur les rivages de la mer où ce sel abonde. Duhamel a observé que les plantes marines languissent lorsqu'on les transporte dans les sols qui contiennent peu de muriate de soude. Le tournesol cultivé dans un fonds qui ne renferme pas de nitre , n'en présente pas lui-même ; mais si on l'arrose avec une dissolution de ce composé , il en produit abondamment. Les tables de Saussure , que nous avons rapportées dans le troisième chapitre, prouvent que la constitution des cendres est analogue à celle des terrains dans lesquels les végétaux se sont développés.

Ce chimiste a élevé des plantes dans des dissolutions de divers sels ; et il a reconnu que , dans tous les cas , une portion de ceux-ci est absorbée , et passe sans altération dans les organes des végétaux.

Les animaux eux-mêmes ne possèdent pas la faculté de produire des substances alcalines et terreuses. Suivant le docteur Fordice , la co-

quille des œufs de serins est constamment flexi
ble, quand ces oiseaux sont privés de carbonat
de chaux à l'époque de la ponte. Si cependant l
nature jouissait de la puissance qu'on lui attri
bue, elle la manifesterait, sans doute, dan
une circonstance qui intéresse la propagation d
l'espèce.

Dans l'état actuel de nos connaissances, nou
pouvons conclure que les différentes terres o
substances salines qni se trouvent dans les org
nes des plantes proviennent du sol, et ne son
produites dans aucun cas par les combinaison
nouvelles des élémens de l'air ou de l'eau. I
est impossible de décider où nous conduiron
les dernières conséquences des lois de la chimie
et à quel point nos idées sur les corps élémen
taires seront simplifiées. Nous ne pouvons rai
sonner que d'après les faits. Si la puissance d
composition, dont les structures végétales son
pourvues, nous est inaccessible, nous somme
au moins en état de la comprendre. Or toute
les recherches qui ont été faites nous montren
que les formes composées dérivent des plu
simples, et que les principes répandus dans l
sol, l'atmosphère et la terre, sont absorbés e
deviennent parties constituantes des végétau
les plus magnifiques et les plus diversifiés.

Les principes que nous avons développés plu
haut nous conduisent à des idées exactes sur l

manière dont se comportent les engrais, qui ne
ont ni le produit de la décomposition des substances organisées, ni formés de carbone, d'hydrogène, d'oxigène et d'azote. Ils ne peuvent
agir qu'en s'assimilant aux plantes, ou en éla-
borant les principes nutritifs, et en les rendant
plus propres à entretenir la vie végétale.

Les seules substances qu'on puisse véritablement appeler engrais fossiles, et qui se trouvent
sans mélange de corps organisés, sont certaines
terres alcalines et leurs combinaisons.

Jusqu'ici on n'a fait usage, pour amender les
sols, que de la chaux et de la magnésie; la potasse et la soude n'ont été employées qu'à l'état
e combinaisons. J'exposerai, dans l'ordre où ils
sont venus à ma connaissance, quelques faits
relatifs à cette application; mais je discuterai
avec beaucoup d'étendue les propriétés de la
première de ses bases. Si les détails dans lesquels je vais entrer paraissent minutieux, j'au-
ri une excuse dans l'importance du sujet, que
les dernières découvertes ont si fort éclairci.

La chaux se présente communément à la surface de la terre, combinée avec l'acide carbonique ou air fixe. Projetée dans un acide liquide,
elle fait effervescence, phénomène dû au principe aériforme qui se dégage pendant que la
substance terreuse se dissout.

Quand la pierre à chaux est soumise à une

forte chaleur, elle abandonne son acide carbon
que, et se réduit en terre alcaline pure ; ell
éprouve alors une perte qui s'élève à la moiti
de son poids, si le feu a été poussé avec la de
nière violence ; mais communément elle o
beaucoup plus faible ; elle varie de 35 à 4
pour 100 quand le carbonate a été desséché ava
l'opération.

J'ai dit, en parlant de l'action de l'air sur ll
végétaux, qu'il contient toujours de l'acide ca
bonique, et que ce gaz précipite la chaux de s
dissolutions dans l'eau. Cette terre, expos
pure au contact de l'atmosphère, ne tarde p
à s'éteindre, elle se combine avec le même aci
et présente tous les caractères de précipito
Quand elle est prise immédiatement après
calcination, elle est caustique, brûle la langu
verdit les couleurs bleues végétales, et se di
sout dans l'eau ; mais toutes ces propriétés di
paraissent dès qu'elle s'empare du gaz acid
elle acquiert de nouveau celle de faire efferve
cence ; c'est, en un mot, de la craie ou de
pierre à chaux.

Très-peu de pierres à chaux ou craies so
entièrement formées de chaux et d'acide carb
nique. Le marbre des statuaires et les verres
Moscovie sont presque les seules espèces q
soient pures. Les propriétés de ces substance
soit comme engrais, soient comme cimens, d

endent de la nature des ingrédiens qu'elles ren-
rment ; car le véritable élément calcaire , le
rbonate de chaux , est identique , et produit
onstamment les mêmes effets. Il se compose d'une
roportion d'acide 41,4 , et d'une de chaux 55.

Quand la pierre à chaux ne fait pas vivement
fervescence avec les acides , et qu'elle est assez
ure pour rayer le verre , elle contient de la
lice et quelquefois aussi de l'alumine. Lors-
u'elle est d'un brun ou rouge intense , ou
u'elle affecte à un haut degré une des teintes
e brun ou de jaune , elle renferme de l'oxide
e fer. Si elle n'est pas assez dure pour rayer le
erre , mais qu'elle fasse lentement efferves-
ence et blanchisse l'acide dans lequel elle se
issout , elle est alliée à de la magnésie. Si elle
st noire , et qu'elle exhale une odeur fétide
ar le frottement, elle est bitumineuse ou char-
onneuse.

L'analyse des pierres à chaux n'est pas diffi-
ile , et les proportions de leurs parties consti-
uantes peuvent être aisément déterminées , au
oyen des méthodes que nous avons décrites
ans le chapitre sur l'analyse des sols. La cin-
uième est suffisamment exacte pour toutes les
echerches qui intéressent les fermiers.

Avant de se former aucune opinion sur la ma-
ière dont les propriétés des pierres à chaux
ont modifiées par les divers ingrédiens qu'elles

renferment, il faut considérer l'action de l'élément calcaire pur, soit comme engrais, soit
comme ciment.

Dans son état de pureté, la chaux vive, soit
en poudre, soit dissoute, est nuisible aux plantes. J'ai souvent fait périr des graminées en les
arrosant avec de l'eau qui en contenait en solution ; mais unie à l'acide carbonique, elle devient
une substance utile dans les sols, ainsi qu'il résulte des analyses rapportées dans le quatrième
chapitre. Elle se trouve saturée dans les cendres
de la plupart des végétaux ; exposée à l'air elle
cesse bientôt d'être caustique, et se transforme
en calcaire.

Fraîchement cuite, et mise en contact avec
l'atmosphère, elle ne tarde pas à se réduire en
poudre ; on dit alors qu'elle est éteinte. Elle produit le même effet quand on l'humecte ; elle dégage une vive chaleur, vaporise, solidifie l'eau
et se délite.

La chaux éteinte est une simple combinaison
de chaux et d'environ le tiers de son poids de
liquide ; 55 parties, par exemple, de l'une en
absorbent 17 de l'autre. Elle est formée de proportions définies des deux substances, et constitue ce que les chimistes appellent *hydrate de
chaux*. Quand une longue exposition à l'air la
transforme en carbonate, l'eau se dissipe, et
l'acide carbonique en prend la place.

Lorsqu'on mêle de la chaux vive avec une
tière végétale, fibreuse, humide, elles réa-
ssent fortement l'une sur l'autre, et donnent
issance à une espèce de composé, en partie
uble.

La première rend nutritive la deuxième, qui
it, pour ainsi dire, inerte ; et comme celle-
renferme beaucoup de carbone et d'oxigène, à
i tour elle convertit celle-là en carbonate.

La chaux éteinte, la pierre à chaux réduite en
udre, les craies, n'exercent aucune action de
te espèce. Elles préviennent la décomposition
p rapide des substances déjà dissoutes, mais
es n'ont aucune tendance à les rendre solubles.

Il résulte de ces diverses circonstances que
chaux vive et la craie, ou la marne, agissent
ine manière bien opposée. La première tend à
composer et à dissoudre plus vite la matière
gétale dure contenue dans les terres, et à la
idre plus tôt susceptible d'être absorbée par les
intes. La deuxième améliore la texture du sol,
augmente sa faculté d'absorption ; elle se com-
rte comme un des ingrédiens terreux. Quand
chaux vive est éteinte, elle remplit à peu
ès les mêmes fonctions ; mais en s'éteignant,
e communique la solubilité à une partie de la
itière insoluble.

C'est à cette circonstance qu'est due son effi-
sité pour fertiliser les tourbes, et mettre en

culture les sols qui abondent en racines dures ou
en fibres sèches.

On fait usage de la chaux vive ou éteinte, de
la pierre à chaux, de la marne, suivant les proportions de matière végétale inerte ou de calcaires contenues dans les terres. Tous les so..
sont amendés par la seconde de ces substances :
la première fertilise ceux qui ne font pas effervescence avec les acides ; les fonds sablonneu..
profitent mieux que ceux dont l'argile fait l..
base.

Lorsque la quantité de calcaire est faible, ..
celle des engrais végétaux *solubles* considérabl..
il faut s'abstenir d'employer la chaux vive..
parce qu'elle tend à décomposer ceux-ci, qu'ell..
s'empare de l'oxigène et du carbone qu'ils renferment, et se sature ; ou bien elle se combin..
avec eux, et donne naissance à des composé..
qui jouissent d'une moindre affinité pour l'ea..
que la substance végétale qu'elle a détruite.

Il en est de même pour la plupart des engrai..
animaux ; mais l'action de la chaux varie sui..
vant les circonstances, et dépend de la natur..
de ces matières. Elle forme une espèce de savo..
insoluble avec celles qui sont huileuses, et le..
décompose peu à peu en isolant le carbone ..
l'oxigène. Elle s'unit aussi aux acides du mêm..
règne ; elle en favorise probablement la décom..
position, en s'appropriant les principes char..

nneux combinés avec l'oxigène , et les rend
'ins nutritifs.

Elle tend aussi à produire le même effet sur
.bumine , et détruit toujours jusqu'à un cer-
n point l'efficacité des substances animales qui
vent à amender les terres. Ou elle s'empare
ıne partie de leurs élémens , ou elle les fait
ıser à de nouvelles combinaisons. La chaux
doit jamais être employée avec elles , à moins
'elles ne soient trop riches , ou qu'on veuille
évenir les exhalaisons pestilentielles. Elle est
isible quand elle est mélangée avec les déjec-
ns communes , et tend à rendre la matière
:ractive insoluble.

l'ai fait une expérience à ce sujet : j'ai mêlé
e certaine quantité d'extrait brun soluble ,
ıvenant du crottin de mouton , avec cinq
s son poids de chaux vive. Ce mélange hu-
cté , qui a développé beaucoup de chaleur ,
té abandonné à lui-même pendant 14 heures.
ımis alors à l'action de l'eau pure , passé au
re et évaporé , il a donné un précipité solide,
ısque incolore , composé de chaux et de ma-
re saline.

La chaux est constamment utile dans les cas
il est nécessaire de faire fermenter les sub-
nces végétales pour les rendre nutritives. J'ai
s du tan épuisé , humide , et un cinquième
son poids de chaux vive dans un vase clos ;

j'ai laissé réagir le mélange pendant trois mo
La terre s'était colorée et était devenue efferv(
cente. De l'eau bouillic sur ces deux substan(
prit une couleur rousse, et donna par l'évapo
tion une poudre qui devait être composée
chaux unie à une matière végétale ; car, so
mise à une haute température, elle éprouva
combustion, et laissa de la chaux éteinte po
résidu.

Les pierres à chaux, qui contiennent de l'al
mine et de la silice, sont moins bonnes po
amender les terres que celles qui sont pur(
Elles sont moins efficaces, parce qu'elles re
ferment une plus petite quantité de chaux ; ma
celle qui en provient n'a pas de qualités nuis
bles.

J'ai parlé de pierres à chaux bitumineuses
elles produisent d'excellente chaux et contiennei
rarement beaucoup de matière charbonneuse
on peut même dire qu'elles n'en renferment ji
mais cinq pour cent. Loin d'être nuisible, dai
certaines circonstances, celle-ci contribue à
nutrition des végétaux, comme nous l'avons été
bli dans le dernier chapitre.

L'application de la chaux magnésienne est un
des plus importantes questions d'agriculture.

Depuis long-temps les fermiers des environ
de Doncaster avaient reconnu que la chaux ex
traite d'une certaine variété de calcaire était fu

este aux récoltes. M. Tennant, l'ayant soumise à
analyse, trouva qu'elle contenait de la magné-
e. Il fit un mélange de cette base calcinée et
e terre ordinaire, dans lequel il sema différentes
aines. Toutes moururent ou ne végétèrent que
une manière imparfaite, et restèrent languis-
ntes. Il conclut de cette expérience que les
auvais effets de la pierre à chaux dont il s'agit
nt dus à la magnésie qu'elle renferme.

En faisant des recherches sur le même objet,
me suis assuré qu'il y a des circonstances où
le peut être utile.

Parmi les divers échantillons de calcaire que
i reçus de lord Sommerville, deux de ceux
nt l'emploi était désigné comme avantageux
ntenaient de la magnésie. La chaux qu'on ex-
ait de la pierre de breedon est consommée dans
Leycestershire sous le nom de chaux ardente,
j'ai appris des fermiers du voisinage de la car-
ère, qu'ils l'appliquen avec succès, prise en
antités peu considérables, comme de 25 à 30
isseaux par acre. Les terres riches peuvent en
cevoir davantage.

Quelques considérations chimiques suffiront
ur résoudre la question.

La magnésie a beaucoup moins d'affinité que
chaux pour l'acide carbonique ; quoique ex-
sée à l'air, elle reste caustique pendant plu-
urs mois, et ne peut cesser de l'être tant que

15

la seconde base n'est pas complètement saturée, car elle est réduite par celle-ci.

Quand on cuit les calcaires dont il est question, la magnésie abandonne son acide carbonique beaucoup plus vite que la chaux. Si le sol amendé n'est pas chargé de matières végétales et animales dont la décomposition en fournisse en abondance, elle ne se combine pas; et tant qu'elle est calcinée, elle est mortelle à certaines espèces. Les fonds riches en admettent davantage, parce que l'engrais qu'ils contiennent se décompose, donne naissance à du gaz acide, et la neutralise.

Lorsqu'elle n'est plus caustique, c'est-à-dire, lorsqu'elle est saturée d'acide carbonique, elle paraît être une utile partie constituante des sols. J'ai répandu sur de l'herbe, du blé et de l'orge cette substance préparée, en la faisant bouillir avec du carbonate acide de potasse. La végétation des plantes n'en souffrit pas, quoiqu'elles fussent tout-à-fait blanchies. L'une des contrées les plus fertiles du Cornwall, le Lizard, abonde en magnésie carbonatée, et produit une herbe courte, verte, dont on nourrit des moutons qui donnent une chair excellente. La partie cultivée passe pour une des meilleures terres à blé du comté.

Dans le dessein de connaître d'une manière précise le véritable genre d'action que la chaux magnésienne exerce, j'ai fait, en décembre 1806, l'expérience suivante : J'ai pris quatre parties de terre ; j'en ai mêlé une avec $\frac{1}{20}$ de son poids de magnésie caustique, une autre avec la même quantité de cette substance et un quart de tourbe grasse en décomposition. J'ai conservé la troisième dans son état naturel, et mélangé la quatrième avec de la tourbe seule. Au mois d'avril 1807, je semai de l'orge dans toutes ces préparations ; elle se développa très-bien dans le sol pur, mieux dans celui qui contenait la magnésie et la tourbe, et presque aussi bien dans celui qui renfermait de la tourbe seule ; mais elle fut constamment faible, jaune et languissante, dans le terrain qui ne se composait que de magnésie.

J'ai répété cette expérience avec les mêmes résultats, dans l'été de 1810. La magnésie alliée au sol qui contenait de la tourbe faisait une vive effervescence, tandis que la portion mélangée avec celui qui n'en renfermait pas ne donnait que de faibles quantités d'acide carbonique. Dans le premier cas, cette base avait favorisé la formation des engrais ; dans l'autre, elle s'était comportée comme une substance vénéneuse.

Il résulte de là que la chaux magnésienne peut être appliquée en grand dans les fonds tourbeux, et que les terres appauvries par un excès de ce principe doivent être amendées avec la tourbe.

J'ai dit que, projetée dans un acide, la pierre à chaux magnésienne se dissout sans tumulte. Cet effet est dû à la magnésie; et un moyen facile de s'assurer s'il y en a dans la pierre, c'est de voir si un fragment de ce corps rend laiteux l'acide nitrique étendu.

D'après l'analyse de M. Tennant, les pierres à chaux magnésifères contiennent

Magnésie. . . . . . . 20, 3 à 22, 5.
Chaux. . . . . . . .29, 5 à 31,7
Acide carbonique. . . 47, 2
Argile et oxide de fer. 0, 8

Communément colorées en brun ou en jaune pâle, elles se trouvent dans le Sommersetshire, Leycestershire, Derbyshire, Shropshire, Durham et Yorkshire. Je n'en ai rencontré dans aucun autre endroit de l'Angleterre; mais elles abondent dans plusieurs parties de l'Irlande, et surtout près de Belfast.

L'emploi de la chaux comme ciment ne peut être discuté avec beaucoup d'étendue dans un cours de chimie agricole; néanmoins, comme la théorie de l'action qu'elle exerce n'a été, que je sache, bien exposée dans aucun ouvrage élémentaire, je dirai quelques mots sur l'application de cette partie des connaissances chimiques.

Elle agit ici de deux manières : en se combinant avec l'eau , et en se combinant avec l'acide carbonique.

Nous avons déjà parlé de l'hydrate de chaux. Quand la base caustique est humectée et pétrie, elle perd son inconsistance et forme avec l'eau une masse cohérente et solide composée de 55 de l'une et de 17 de l'autre. Si on ajoute , pendant qu'elle se solidifie , de l'oxide rouge de fer , de l'alumine ou de la silice , elle acquiert plus de dureté et de cohésion : effet qui paraît dû , jusqu'à un certain point , à l'affinité chimique qui s'exerce de part et d'autre ; car le composé devient moins soluble et moins susceptible d'être réduit par l'action de l'acide carbonique répandu dans l'air.

L'hydrate de chaux doit servir de base aux cimens employés pour toutes les constructions sous l'eau. La chaux qui provient des calcaires impures est la meilleure pour cet objet ; alliée avec la pouzzolane, presque entièrement composée d'alumine et d'oxide de fer, elle lie très-bien ces sortes d'ouvrages. Dans la construction du fanal d'Edyston, M. Smeatton a fait usage de parties égales en poids de cette substance et de chaux éteinte. La pouzzolane est une lave décomposée. Le trass, dont on tirait autrefois des quantités considérables de Hollande , n'est qu'un basalte dans le même cas. Une partie de cette substance et deux de chaux éteinte forment, pour ainsi dire, tout le mortier qu'on emploie dans les digues des Provinces - Unies. Les îles Britanniques fournissent abondamment de quoi les remplacer l'une et l'autre. On trouve du trass rouge sur la Chaussée-du-Géant dans l'Irlande septentrionale, et l'Écosse ainsi que différens endroits de l'Angleterre abondent en basaltes qui se décomposent.

Le ciment de Parker, et autres de même espèce qui se fabriquent dans les manufactures d'alun de lord Dundas et de lord Mulgrave, sont des mélanges de pierres ferrugineuses calcinées et d'hydrate de chaux.

Les cimens qui agissent en s'emparant de l'acide carbonique, ou les cimens communs, sont composés d'un mélange de chaux éteinte et de sable. Ils se solidifient d'abord comme les hydrates, et se transforment peu à peu en carbonates par le contact de l'air. M. Tennant a trouvé qu'un mortier de cette espèce avait, en trois ans et quart, repris les soixante-trois centièmes de la quantité d'acide qui constitue la proportion définie du carbonate de chaux. C'est principalement à cette circonstance et au sable qu'ils contiennent, que les plâtras qu'on retire des ruines doivent leur puissance de fertilisation. La cohésion des élémens qu'ils renferment les rend surtout propres à améliorer les sols argileux.

La dureté du ciment des anciens édifices vient de ce qu'il est entièrement converti en carbonate. Les pierres à chaux les plus pures sont les plus propres à la fabrication des mortiers de cette espèce; celles qui contiennent de la magnésie en donnent d'excellent pour bâtir sous l'eau ; mais il agit avec trop peu d'énergie sur l'acide carbonique de l'air, pour acquérir une qualité supérieure dans les circonstances ordinaires.

Pline nous apprend que les Romains préparaient un an d'avance les meilleurs mortiers dont ils fissent usage, en sorte qu'ils étaient déjà en partie saturés au moment où ils étaient mis en œuvre.

Il y a quelques précautions à prendre dans la cuite de la chaux, qui dépendent des espèces de pierres soumises à l'expérience. En général, cinq litres de charbon de terre suffisent pour en préparer vingt à vingt-cinq de chaux. Celle qui est magnésienne exige moins de feu. Toutes les fois que la pierre calcaire renferme beaucoup de silice ou d'alumine, il faut veiller à ce qu'il ne soit pas trop intense, car elle se vitrifie aisément, à cause de l'affinité que ces différentes bases ont les unes pour les autres. Et comme il y a des endroits qui ne possèdent pas d'autre espèce de pierres, il faut donner à cette circonstance une attention spéciale. On obtient de la chaux passable à une basse température rouge : elle se fritte, si celle-ci est portée au blanc. Les fours où on la prépare doivent toujours être construits de telle sorte qu'on puisse la modérer.

Quand les pierres à chaux ne sont pas magnésifères, la perte qu'elles éprouvent indique en général leur degré de pureté. Celles qui diminuent davantage sont celles qui contiennent plus de matière calcaire. Les magnésiennes renferment plus d'acide carbonique que les pierres à chaux communes. Elles se réduisent toutes de plus de moitié en poids par la calcination.

L'agriculture ne consomme pas seulement la chaux pure et carbonatée ; diverses combinaisons de cette base servent encore à amender les terres. Tel est surtout le *gypse* ou sulfate de chaux. Ce sel est composé d'acide sulfurique (le même qui, combiné avec l'eau, fournit l'huile de vitriol) et de chaux : sec il renferme 75 de l'un et 55 de l'autre. Le gypse commun ou sélénite qu'on tire de Shotover près d'Oxford contient, indépendamment de ces deux principes, une grande quantité d'eau. Sa composition peut être exprimée par

Acide sulfurique, une proportion. . . 75
Chaux. . . . . . . id. . . . . id. . . 55
Eau, deux proportions. 34

Il est facile de s'assurer de la nature du gypse.

La chaux vive et l'huile de vitriol, mises en contact, produisent une violente chaleur. Le magma chauffé dégage l'eau, et laisse, si l'acide a été employé en quantité suffisante, du sulfate pour résidu. Dans le cas contraire, on obtient un mélange de ce sulfate et de chaux. Le gypse se rencontre quelquefois sans eau dans la nature; il prend alors le nom de sélénite anhydre, et se distingue du gypse commun, en ce qu'il ne donne aucun liquide quand on le soumet à l'action du feu.

Lorsque le gypse sans eau ou dépouillé d'eau par la chaleur est pétri avec ce liquide, il l'absorbe rapidement. Le plâtre de Paris n'est que du gypse sec pulvérisé; et ses propriétés, soit qu'on l'emploie comme ciment, soit qu'on le fasse servir à tout autre usage, dépendent de la faculté qu'il possède d'en solidifier une certaine quantité et de se convertir en masse cohérente. Le gypse est soluble dans environ 500 fois son poids d'eau froide. Il en exige moins lorsqu'elle est chaude; celle-ci, portée à l'ébullition, dépose ensuite des cristaux en se refroidissant. On reconnaît la présence de ce corps au moyen des oxalates et des sels barytiques qui le précipitent de ses dissolutions.

Les agronomes sont partagés d'opinion sur l'emploi du gypse. Les Américains en ont obtenu les plus heureux effets; le comté de Kent en fait

15*

un usage non moins avantageux, et les divers rapports faits par M. Smith au comité d'agriculture attestent combien cet engrais est efficace ; néanmoins, dans tout le reste de l'Angleterre, on n'a pu en retirer aucun service, quoiqu'on l'ait éprouvé de diverses manières et sur différentes récoltes.

On a émis les opinions les plus contradictoires sur la manière dont il agit. Quelques personnes ont supposé qu'il n'exerce d'influence que par la force avec laquelle il absorbe l'humidité ; mais cette cause est trop insignifiante, si on la compare à son effet. Il est d'ailleurs trop peu hygrométrique, et retient avec trop d'énergie le liquide dont il s'est une fois emparé, pour le céder aux racines des plantes : de plus, il est appliqué en quantité si faible, que cette idée est tout-à-fait inadmissible.

On a dit que le gypse favorise la putréfaction des substances animales et la décomposition des engrais. J'ai fait quelques expériences qui ne s'accordent pas avec cette supposition. J'ai pris deux parties égales de veau haché ; j'en ai mêlé une avec $\frac{1}{100}$ de son poids, du sel dont il est question ; et j'ai placé l'autre dans les mêmes circonstances, mais sans addition de corps étrangers. Elles se sont putréfiées dans le même temps ; celle qui était restée pure est même arrivée plus tôt à ce terme. J'ai préparé d'autres mélanges,

employant tantôt plus, tantôt moins de gypse :
j'ai substitué dans l'un la fiente de pigeons à la
matière animale, et j'ai constamment obtenu les
mêmes résultats, en sorte qu'on peut dire avec
certitude qu'il ne hâte jamais la putréfaction.

Il y a long-temps, quoique ce fait soit peu
connu, qu'on éprouve en Angleterre l'action du
gypse comme engrais. Les cendres de tourbe
de Berkshire et du Wiltshire en contiennent
beaucoup : celles de Newbury en recèlent depuis un quart à un tiers, et quelques-unes de
celles qui proviennent du voisinage de Stock-
bridge, en renferment de plus grandes quantités
encore ; les autres principes dont elles se composent sont des terres calcaires, alumineuses,
siliceuses, du sulfate de potasse, dont les proportions varient, un peu de sel commun, et
quelquefois de l'oxide de fer : cette dernière
substance abonde dans les cendres rouges.

Les cendres de tourbe sont employées pour
exciter la végétation des fourrages, du sainfoin
et surtout du trèfle. Incinérés et soumis à l'analyse, ces gramens et le raygrass m'ont présenté
beaucoup de gypse, qui probablement faisait
partie de leur fibre ligneuse. Si cette supposition
est admise, il est facile d'expliquer comment il
opère en quantités si peu considérables, que la
récolte d'un acre de trèfle ou de sainfoin, si elle
était brûlée, n'en donnerait pas plus de trois

ou quatre boisseaux. J'ai examiné de la terre prise
aux alentours de Newbury, au-dessous d'un
sentier où il n'avait pas dû s'introduire, et je
n'ai pu en découvrir une trace. Cependant, on
répandait les cendres au moment même où mon
opération avait lieu. L'inefficacité du sel dont il
s'agit me paraît tenir à ce que la plupart des
sols cultivés en contiennent suffisamment pour
les besoins de la végétation. Les engrais des bestiaux herbivores en renferment, et en approvi-
sionnent les terres dans lesquelles ils se décomposent : les blés, les pois, les fèves n'en
consomment pas, et les turneps n'en prennent
que fort peu ; mais les terrains destinés aux pâturages et aux foins en détruisent sans cesse.
J'ai recherché le sulfate de chaux dans quatre
sols consacrés aux récoltes ordinaires : l'un était
un fonds sablonneux, léger, de Norfolk ; un
autre, un fonds argileux à blé de Middlesex ;
un troisième provenait des champs sablonneux
de Sussex ; et le quatrième, des alentours argileux d'Essex : tous en contenaient, et le deuxième
en renfermait près de un pour cent. Lord Dundas
m'apprend qu'ayant vu le gypse ne produire
aucun effet dans deux de ses fermes du Yorkshire, il avait traité les sols de celles-ci par les
méthodes exposées dans le quatrième chapitre, et
avait reconnu qu'il existait dans toutes les pièces
où il avait été appliqué.

Quoique ces considérations aient peut-être
esoin d'être confirmées par de nouvelles recher-
hes, on en peut au moins tirer une conséquence
ratique importante. Il est possible que les terres
ui cessent de donner de belles récoltes de trèfle
u d'autres fourrages se raniment lorsqu'on
es amende avec le gypse. Cette substance se
rouve, ainsi que je l'ai déjà dit, dans l'Ox-
ordshire ; mais elle n'est pas moins abondante
ans les autres parties de l'Angleterre, dans le
Glocestershire, Sommersetshire, Derbyshire,
Yorkshire, etc. Elle n'exige pas d'autre prépa-
ation que d'être réduite en poudre.

Le docteur Pearson a présenté au comité d'a-
riculture des détails très-intéressans sur l'usage
u sulfate de fer ou vitriol vert, sel qu'on retire
e la tourbe dans le Bedfordshire ; et j'ai été té-
noin de la puissance de fertilisation d'une eau
errugineuse employée pour l'irrigation des
rairies par le duc de Manchester, à Priestley
oy, près de Woburn. Je ne doute pas que le
el de tourbe ou l'eau vitriolique n'agisse, surtout
n produisant du gypse.

Les sols sur lesquels l'un et l'autre produisent
es effets sont calcaires, et décomposent, au
noyen du carbonate de chaux qu'ils contiennent,
e sulfate de fer, sel acide très-soluble, formé
d'acide sulfurique et d'oxide de fer.

Dissous et mis en contact avec le carbonate

dont nous venons de parler, il se réduit; l'a
cide abandonne sa base, se porte sur la chaux
et les composés qui résultent de cette combinai
son sont insipides et beaucoup moins soluble

J'ai recueilli une certaine quantité de la ma
tière que dépose l'eau ferrugineuse de Priestley
et j'ai reconnu, par l'analyse, qu'elle contier
du gypse, du carbonate de fer et du sulfate in
soluble du même métal. Les principales herbe
de la prairie dont je parle étaient le pied d
poule, la festuque des prés, le fiorin et la flouv
odorante. J'en ai incinéré trois dont les cendre
m'ont présenté une proportion considérable d
gypse.

Les substances vitrioliques exercent, dans l
terres qui ne contiennent pas de calcaire, tell
que celles du Lincolnshire dont nous avons par
dans le quatrième chapitre, une influence bi
funeste, et due sans doute à l'excès des matièr
ferrugineuses qu'elles introduisent dans la sév
L'oxide de fer, lorsqu'il n'est pas trop abondan
forme un utile ingrédient des sols; il se trouv
d'après les détails que nous avons donnés préc
demment, dans le produit de l'incinération d
plantes, et ne semble préjudiciable que dans s
combinaisons acides.

J'ai parlé de certaines variétés de tourbes do
les cendres contiennent du gypse; mais il n'e
faut pas conclure que toutes soient dans le mêm

s. J'en ai examiné beaucoup, tirées de l'Ir-
nde, de l'Écosse, du pays de Galles, et de
verses contrées de l'Angleterre; elles n'en ren-
rmaient pas une quantité sensible, mais elles
 composaient de silice, d'alumine et d'oxide
: fer.

Lord Charville a trouvé, dans quelques-unes
:s premières, du sulfate de potasse, c'est-à-dire
ie combinaison d'acide sulfurique et de potasse.
La matière vitriolique se forme communément
ns les tourbes; et si le sol ou la couche sur
quelle il repose est calcaire, il donne aussi
issance au gypse. En général, quand une
ndre tourbeuse fraîche exhale une odeur
rte, analogue à celle des œufs pouris, traités
r le vinaigre, elle contient du sulfate de
aux.

Le *phosphate* de la même base est formé d'une
oportion de chaux et d'autant d'acide phos-
iorique. Il est insoluble dans l'eau pure, so-
ble dans ce liquide aiguisé par une substance
ide. Il constitue la plus grande partie des os
lcinés, existe dans la plupart des déjections
imales, dans la paille et le grain du blé, de
rge, de l'avoine, du seigle, des fèves, des
is et des vesces. On le trouve aussi dans quel-
ies endroits de l'Angleterre, mais en très-petite
iantité. Il est généralement transporté dans la
rre par le moyen des engrais, et peut former

un des ingrédiens essentiels aux récoltes de bl
et autres céréales.

Les cendres d'os doivent être utiles dans le
terres arables qui contiennent beaucoup de ma
tières végétales. Il est possible qu'elles metten
les tourbes douces en état de produire du blé
mais l'os broyé sans calcination est toujours pré
férable.

Les *composés salins de magnésie*, employé
pour amender les sols, n'exigent pas de long
détails. Les principales observations qu'ils sug
gèrent ont été exposées en traitant de la chau
magnésienne. Combinée avec l'acide sulfurique
la base dont il s'agit donne naissance à un se
soluble. On dit qu'elle est employée comme en
grais ; mais elle n'est pas assez abondante dan
la nature, ni d'une fabrication assez peu dispen
dieuse pour qu'on en fasse usage dans les opéra
tions ordinaires de l'agriculture.

Les *cendres de bois* sont principalement for
mées d'acide carbonique et d'alcali végétal
Comme celui-ci existe dans la plupart des plan
tes, on conçoit aisément qu'il puisse former un
partie essentielle de leurs organes.

Toutes les substances de cette espèce tenden
à rendre solubles les matières végétales. Il es
possible qu'elles mettent les charbonneuses
même d'être absorbées par les tubes dont se com
posent les fibres radicales. L'alcali végétal joui

ssi d'une forte affinité pour l'eau, et entretient ne certaine humidité dans le sol et les substances étrangères qui en font partie. Cependant, comme il n'existe et n'est employé dans les terres qu'en quantités très-faibles, son influence ne peut être que secondaire.

L'*alcali minéral ou la soude* se trouve dans les plantes marines, et peut s'extraire, au moyen de procédés chimiques, du *sel commun* qui résulte de la combinaison d'un métal appelé sodium avec le chlore. La soude pure est formée par ce métal uni à l'oxigène. Quand il est en contact avec l'eau, on peut extraire l'oxide du sel, de plusieurs manières.

Les mêmes raisonnemens s'appliquent à l'action de l'alcali minéral pur ou de l'alcali carbonaté. Le muriate, employé comme engrais, n'agit probablement qu'en s'introduisant dans la composition des plantes, de la même manière que le gypse, le phosphate de chaux et les alcalis. Sir John Pringle a prouvé que, pris en petites quantités, il favorise la décomposition des substances végétales et animales. Cette circonstance doit en rendre l'usage avantageux pour certains sols. Il est encore utile en ce qu'il incommode les insectes. Son efficacité me paraît suffisamment établie lorsqu'il est appliqué à légères doses; et il est probable qu'elle dépend de réunion de plusieurs causes.

Quelques personnes s'élèvent contre l'usa
du sel ; parce qu'employé en quantités consid
rables il rend les terres stériles ; mais cette m
nière de raisonner est tout-à-fait vicieuse.
mauvaise influence qu'il exerce dans cette ci
constance était connue bien long-temps ava
qu'il n'existât aucun ouvrage d'agriculture :
nous lisons dans la bible, « qu'Abimeleck, s
» tant rendu maître de Sichem, détruisit ce
» ville de fond en comble, et sema du sel s
» l'emplacement qu'elle occupait, » afin qu
ne produisît jamais de récolte. Virgile condam
les sols où cette substance domine ; et quoiq
Pline recommande d'en donner aux bestiau
il assure néanmoins que répandue sur les cham
elle nuit à leur fertilité. Mais ces allégations
doivent pas la faire exclure.

Les rebuts de muriate de soude qu'on emplo
dans le Cornwall, et qui renferment sans dou
des huiles et des débris de poissons, ont lon
temps passé pour un engrais admirable, et l
fermiers de Cheshire leur attribuent enco
l'abondance de leurs récoltes.

Il est probable que les effets du sel sont m
difiés par les causes qui influencent l'action d
gypse. Presque tous les champs de l'Angleterr
ceux surtout qui sont dans le voisinage de
mer, en contiennent suffisamment pour les b
soins de la végétation. En conséquence, l'em

ɔi en est non-seulement inutile , mais dange-
ɑx. Dans les violentes tempêtes , les flots jail-
ɟent quelquefois à plus de 50 milles dans les
res , et leur fournissent du muriate de soude.
us les grès que j'ai analysés en contiennent ,
les sols qui proviennent de leur décomposi-
n doivent en être pourvus. Il est vraisembla-
: aussi qu'il entre comme partie constituante
ɦs les engrais végétaux et animaux.
Indépendamment des composés de terres al-
ines , il y en a plusieurs autres qui passent
ur être favorables au développement des
ntes : tel est le nitre ou la combinaison for-
ɩe par l'acide nitrique et la potasse. Sir Kenelm
ɜby assure avoir augmenté la force de la végé-
ion de l'orge , en l'arrosant avec une faible so-
ïon de sel dont il s'agit : mais les résultats de
ɡavant trop systématique méritent peu de con-
ɑce. Le nitre se compose d'une proportion
ɀote , de six d'oxigène et d'une de potassium.
ɩest possible qu'il cède son azote pour former
l'albumine ou du gluten dans les végétaux qui
contiennent; mais il est trop précieux , ainsi
ɘ tous les sels du même genre , pour être con-
ɩré aux usages de l'agriculture.
Le docteur Home prétend que le *sulfate de
ɬasse* , qui se trouve dans les cendres de quel-
ɩes tourbes, s'emploie avec succès. M. Nais-
ɩh conteste ce fait; il cite des expériences qui

le combattent, et sont peu favorables, suiva
lui, à l'opinion que l'on a communément s
l'efficacité des engrais salins (*).

Cette divergence vient sans doute de ce q
les composés dont il s'agit ont été appliqués
proportions diverses et généralement beaucoi
trop fortes.

J'ai fait, dans les mois de mai et de juin 180
plusieurs expériences pour connaître quels eff
ils produisaient sur l'orge et l'herbe qui cro
saient dans le jardin, dont le sol était un sab
léger, composé, sur 100, de

Sable siliceux 60
Matière ténue . . . . - 24

Cette matière était composée elle-même de

Carbonate de chaux 7
Alumine et silice 12
Matière saline, un peu moins de. . 1

Elle était formée en grande partie de
sel commun, de quelques traces
de gypse et de sulfate de magnésie.
Le reste était de la matière végétale. 16

J'arrosais, deux fois la semaine, des touff

(*) Élémens d'agriculture, page 78.

erbe et de blé, assez éloignées l'une de l'au-
pour que les résultats ne se compliquassent
mutuellement.Les dissolutions, constamment
ployées dans la proportion de deux onces,
ent celles des *oxi-carbonate, sulfate, acétate,*
ate et muriate de potasse, du sulfate de
de, des sulfate, nitrate, muriate et carbo-
e d'ammoniaque. Toutes les fois que le sel
nait le $\frac{1}{50}$ du poids de l'eau, elles étaient
sibles, moins cependant lorsque c'était du
bonate, du sulfate ou muriate d'ammonia-
. Quand elles n'en contenaient plus que $\frac{1}{300}$,
effets étaient différens.

es plantes qui recevaient les solutions de
ates se développaient comme celles du même
re qui recevaient de l'eau de pluie. Celles
on arrosait avec des dissolutions de nitre,
état e, d'oxi-carbonate de potasse et de
iate d'ammoniaque, végétaient beaucoup
ux. Celles qui absorbaient le carbonate d'am-
niaque dissous étaient, de toutes, celles
poussaient avec le plus de force. On devait
irellement s'attendre à ce résultat, puisque
el dont il s'agit est composé de carbone,
drogène, d'azote et d'oxigène.
ais il en est un que je n'avais pas prévu;
plantes, traitées par les solutions de nitrate
mmoniaque, ne firent pas plus de progrès
celles qui n'avaient eu que de l'eau de pluie.

La solution rougissait le papier de tourne[
et son peu d'effet doit être attribué sans dou
l'acide libre.

Il n'y a pas de doute que la suie ne doive
partie de son efficacité aux composés à base d
cali volatil qu'elle renferme. La liqueur qu
obtient en distillant le charbon est chargée
carbonates, d'acétates ammoniacaux, et p
pour un excellent engrais.

Je me suis assuré, en 1808, qu'une très-fai
dissolution d'acétate d'ammoniaque excitai
végétation du blé.

Les cendres de savonniers sont recomm
dées pour amender la terre. On suppose que l'
cacité dont elles jouissent dépend des diver
matières salines qu'elles renferment ; mais e
n'en retiennent que fort peu, et les principa
ingrédiens qu'elles recèlent sont de la cha
vive et éteinte. Celles des bonnes savonne
offrent à peine des traces d'alcali. La chaux é
litée avec l'eau de mer en donne davantage.
prétend que l'usage en est quelquefois plus av
tageux que celui de la chaux commune.

Il est inutile de discuter plus au long les é
fets produits par les substances salines ; si l'
excepte les composés à base d'ammoniaque,
ceux dont les acides nitrique, acétique et ca
bonique font partie, il n'y en a aucun qui,
se décomposant, puisse fournir aux plantes l

incipes ordinaires de la végétation, le carbone,
ydrogène et l'oxigène.

Les sulfates alcalins et les muriates terreux
rencontrent rarement dans les végétaux, ou
trouvent en si petite quantité, qu'il est tout-
ait inutile d'en répandre sur le sol. Nous avons
que les substances de cette espèce ne se for-
ent jamais dans l'acte de la végétation. Il est
s-probable qu'elles ne se décomposent pas
vantage dans cette circonstance, car elles se
rouvent dans les cendres des plantes qui les
t absorbées.

Les bases métalliques qu'elles renferment ne
fivent exister en contact avec tous les fluides
neux; mais quelque procédé qu'on emploie,
es ne se résolvent, non plus que les métaux,
aucune autre forme de matières. La combi-
ison dans laquelle elles sont engagées est-elle
truite, elles passent dans une autre; mais elles
tent indestructibles, et ne diminuent pas de
üds.

CHAPITRE HUITIÈME.

De l'amélioration des terres au moyen de l'écobua, — Principes chimiques de cette opération. — l'irrigation et de ses effets. — Des jachères. Avantages et inconvéniens de cette méthode. Des rotations de récoltes. — Du pâturage. — Idé relatives à son application. — Divers objets d'ag: culture, considérés dans leurs rapports avec chimie. — Conclusion.

L'APPLICATION du feu sur les sols stériles éta connue des Romains. Virgile la recommanc dans le premier livre des Géorgiques : « *Sæ; etiam steriles incendere profuit agros.* » La théor de cette méthode, dont on fait encore usage c divers endroits de l'Angleterre, a occasioi de longues discussions parmi les savans et l agriculteurs. Elle repose entièrement sur l doctrines chimiques, et j'espère pouvoir l'expose d'une manière satisfaisante.

La base de tous les sols ordinaires se compose comme je l'ai dit dans le quatrième chapitre, d mélanges de terres primitives et d'oxide de fer ces divers principes ont les uns pour les autre une certaine affinité. On peut se faire une idé exacte de la force avec laquelle ils se sollicitent en considérant la composition de quelque pierre siliceuse commune. Le feldspath, par exemple, contient de la silice, de l'alumine, du calcaire, de l'alcali fixe et de l'oxide de fer. Ces divers élémens ne se maintiennent en un composé unique qu'en vertu de leurs attractions chimiques mutuelles. Réduisez ce feldspath en poussière impalpable, ce n'est plus qu'une substance analogue à l'argile. Portez-la à une température très-élevée; elle entre en fusion et forme, par le refroidissement, une masse cohérente semblable à la pierre originelle; les parties séparées par la division mécanique, se rapprochent en conséquence de l'affinité moléculaire. Si le coup de feu n'est pas assez violent, les particules ne se combinent que superficiellement, et produisent un composé graveleux qui, mis en pièces, présente tous les caractères du sable.

La puissance avec laquelle le feldspath en poudre absorbe l'eau de l'air, est beaucoup plus faible après qu'il a éprouvé l'action de la chaleur, qu'auparavant. Les autres pierres siliceuses et alumineuses placées dans les mêmes circonstances, présentent le même phénomène.

Deux parties égales de basalte réduit en poudre impalpable, dont une avait été exposée à une haute température, et l'autre n'avait supporté que celle de l'eau bouillante, mises en contact avec l'atmosphère, reçurent dans le

16

même temps des augmentations de poids fort différentes. En quatre heures elles gagnèrent, celle-ci deux grains, et celle-là sept.

L'application du feu dans les sols argileux ou tenaces produit un effet du même genre, et les porte à un état voisin de celui des sables.

Les briques offrent une nouvelle preuve du principe que nous avons posé. Un morceau de la terre sèche dont elles se composent, appliqué sur la langue, s'y attache fortement en vertu de sa puissance d'absorption ; mais dès qu'elle est cuite, elle y adhère à peine.

L'action du feu rend les sols moins compactes, moins tenaces, et diminue la force avec laquelle ils retiennent l'eau. Appliqué d'une manière convenable, il leur donne des qualités tout opposées. Un fonds pâteux, humide, et par conséquent froid, devient poreux, sec, chaud et beaucoup plus propre à servir de support aux substances végétales.

Les agronomes repoussent l'écobuage sous prétexte qu'il détruit l'humus renfermé dans les sols ; mais ce désavantage temporaire est plus que compensé par l'amélioration durable qu'il produit dans la texture des ingrédiens terreux. D'ailleurs cette destruction ne peut qu'être utile dans ceux qui contiennent un excès de matière végétale inerte, et les cendres, par le carbone qu'elles contiennent, profitent plus aux récoltes que les substances fibreuses d'où elles proviennent.

J'en ai soumis à l'analyse plusieurs espèces. L'une avait été envoyée au comité par M. Boys de Bellhanger du comté de Kent, qui a publié un Traité sur l'Écobuage. Elle avait été obtenue dans un fonds crayeux, et se composait, pour 200 grains, de

Carbonate de chaux 80
Gypse. 11
Charbon. 9
Oxide de fer. 15
Matière saline. 3
Sulfate de potasse. . . . .
Muriate de magnésie mêlé à une
     petite quantité d'alcali végétal.

Le reste était de l'alumine et de la silice.

M. Boys estime qu'une acre en donne communément 172,900 livres contenant :

Carbonate de chaux. . . . 69160 liv.
Gypse. 9509, 5
Oxide de fer. 12967, 5
Matière saline. 2593, 5
Charbon. 7780, 5

On ne peut douter qu'il se forme dans cette occasion une quantité considérable de matières susceptibles de se transformer en engrais. Le charbon, réduit en poudre et répandu sur une grande surface, doit peu à peu se convertir en acide carbonique. Le gypse et l'oxide de fer, comme je l'ai déjà dit dans le dernier chapitre, semblent produire d'excellens effets, quand on les applique aux terres qui contiennent un excès de carbonate de chaux.

La deuxième espèce de cendre dont je parlais tout à l'heure provenait d'une prairie située près de Coleorton dans le Leicestershire, et formée de quatre pour cent de carbonate de chaux, des trois quarts de sable siliceux léger, et d'environ un quart d'argile. La pièce était en gazon avant l'écobuage, et 100 parties de cendre ont donné :

Charbon 6
Muriate de soude et sulfate de po-
    tasse présentant quelques traces
    d'alcali végétal 3
Oxide de fer . . . . , . . 9

Le reste se composait de terres.

Cette cendre, comme celle qui précède, contenait du charbon extrêmement divisé, et dont la solubilité devait être accrue par la présence de l'alcali.

La troisième avait été produite par une glaise tenace des environs de Mount's Bay dans le Corn-

wall. Le sol avait été mis en culture par l'incinération de la bruyère dix ans auparavant. Né-
gligé ensuite, il s'était couvert de fougère en
plusieurs endroits, ce qui avait exigé, une
deuxième fois, l'application du feu. 100 parties
de cendre contenaient :

Charbon. 8
Matière saline, principalement sel
    commun avec un peu d'alcali vé-
    gétal. 2
Oxide de fer. 7
Carbonate de chaux. 2

Le reste était de l'alumine et de la silice.

La quantité de charbon est plus grande ici que
dans les premiers essais. Quant au sel, je soupçonne qu'il est dû au voisinage de la mer,
qui n'est éloignée que de deux milles. Ce sol
contient, on ne peut en douter, un excès de fibre végétale et de matière vivante du même règne, qui est tout-à-fait inutile. J'ai ouï dire depuis qu'il s'était considérablement amélioré.

On a eu recours à une foule de causes obscures
pour expliquer les effets de l'écobuage. Je pense
qu'ils sont entièrement dus à ce que les argiles
deviennent moins cohérentes et moins tenaces,
que la matière végétale inerte est détruite et
convertie en engrais.

Darwin suppose, dans sa Phytologie, que,

pendant la torréfaction, l'argile s'empare de quelques principes nutritifs répandus dans l'atmosphère, et les communique ensuite aux plantes. Mais les terres ne sont que des oxides métalliques saturés d'oxigène, et que la chaleur dépouille des autres substances volatiles avec lesquelles ils sont combinés. Celui de fer passe au maximum pendant l'opération, s'il n'y est déjà, et la terre se colore en rouge. Mais, dans cet état, l'oxide a moins d'énergie qu'il n'en avait d'abord. Il n'agit plus qu'à la façon des bases, et les acides avec lesquels il se trouve en contact le dissolvent avec plus de difficulté. Un chimiste ingénieux, que j'ai cité dans le dernier chapitre, prétend que le fer, en se combinant avec l'acide carbonique, devient mortel aux plantes, et qu'un des avantages de la torréfaction est de chasser ce fluide aériforme ; mais le sel qui en résulte est insoluble dans l'eau, et tout-à-fait inerte.

Du cresson, cultivé dans un mélange de carbonates de fer et de chaux, dont celui-ci formait les quatre cinquièmes, a joui de la plus belle végétation. Le premier abonde dans les sols les plus fertiles de l'Angleterre, dans ceux surtout qui sont destinés au houblon. Aucune considération théorique ne permet de supposer que l'air fixe, qui contribue d'une manière aussi essentielle à la nutrition des plantes, leur devienne préjudiciable, quelles que soient les combinaisons dans lesquelles il s'engage, et l'on sait que la chaux et la magnésie sont funestes aux récoltes tant qu'elles ne sont pas saturées de ce principe.

Tous les sols qui renferment trop de fibre végétale morte, et qui perdent dans l'incinération du tiers à la moitié de leur poids ; tous ceux dont les parties constituantes sont dans un état de division impalpable, c'est-à-dire, les sols argileux et les marnes, gagnent à l'écobuage. Mais cette opération détériore les fonds riches, formés d'un mélange de terres convenables, ceux dont la texture est suffisamment poreuse ou dont la matière susceptible d'organisation est assez soluble.

Elle est nuisible dans tous les mauvais terrains à base de silice ; la pratique à cet égard est d'accord avec la théorie. Dans un essai sur les engrais, M. Young rapporte « qu'il a reconnu que » l'application du feu appauvrit les fonds sablon- » neux. » Les bons agriculteurs ne l'emploient jamais sur les terres de cette espèce dès qu'elles sont une fois en culture.

Un fermier intelligent de Mount's Bay, m'a raconté qu'il n'avait pu remettre en bon état un petit champ écobué depuis plusieurs années. J'ai examiné cette pièce ; c'est un fonds siliceux entièrement aride, et qui ne produit que des herbes misérables.

L'irrigation ou arrosement des terres paraît,

au premier coup d'œil, l'opposé de la torréfaction. L'eau réduit en général les substances terreuses à un état de division extrême ; mais les effets de cette opération, exécutée par des moyens artificiels, dépendent de plusieurs causes, les unes chimiques, les autres mécaniques.

L'eau est essentielle à la végétation. Quand les pluies ont été abondantes pendant l'hiver ou au commencement du printemps, la terre s'humecte à des profondeurs souvent considérables ; l'humidité dont elle s'imbibe devient une source de nutrition pour les plantes, et les protége contre les chaleurs excessives de l'été.

Quand le liquide employé à rafraîchir le sol, a traversé des lieux calcaires, il tient généralement en solution du carbonate de chaux, et cette circonstance produit souvent de très-bons effets.

L'eau de rivière commune est chargée pour l'ordinaire de quelques matières susceptibles d'organisation ; elle en renferme davantage après les pluies, et plus encore quand elle coule dans des pays cultivés.

Lorsqu'elle est tout-à-fait pure et complètement dépouillée de substances étrangères, elle agit en répartissant d'une manière plus égale les principes nutritifs contenus dans le sol. Pendant les saisons rigoureuses, elle préserve les feuilles et les racines encore tendres, des atteintes du froid.

La densité de l'eau est plus considérable à 5°,5 qu'à 0°; il résulte de là qu'en hiver le liquide dont les prairies sont couvertes est rarement au-dessous de 5°, température qui n'est pas préjudiciable aux organes des plantes.

J'essayai de la déterminer pendant le mois de mars 1804, dans le voisinage de Hungerford en Berkshire. Un thermomètre fort sensible que j'employais à cette expérience marquait dans l'air 2°,5 au-dessous de zéro à sept heures du matin. L'herbe était cachée par la glace, et le sol au-dessous, dans lequel les racines végétaient, indiquait six degrés.

En général, les eaux abondantes en poissons sont les meilleures, mais toutes produisent les principaux avantages qu'on se propose d'obtenir en les conduisant dans les terres. On peut cependant poser en principe que celles qui sont ferrugineuses, quoique excellentes lorsqu'elles sont appliquées sur les sols calcaires, sont mauvaises sur ceux qui ne font pas effervescence avec les acides; et que celles qui donnent un dépôt quand elles sont soumises à l'ébullition, exercent une influence utile sur les fonds siliceux ou autres qui ne contiennent pas beaucoup de carbonate de chaux.

Nous avons exposé les principaux moyens d'améliorer les terres. Ils consistent à éloigner certaines substances, à en introduire de nou-

16*

velles ou à changer leur nature. Il ne nous reste
plus à discuter qu'une pratique très-ancienne et
suivie encore de nos jours, je veux parler des
jachères ou de la méthode d'exposer le sol à l'air
et de le soumettre à des opérations entièrement
mécaniques.

Les avantages qu'on en retire ont été exagé-
rés. Un peu de relâche peut être quelquefois nécessaire dans les terrains qui se couvrent continuellement d'herbes, et qui ne peuvent être éco-
bués parce qu'ils sont sablonneux. Mais comme
partie d'un système général d'économie rurale,
cette opération est vicieuse.

Quelques agronomes ont supposé que l'atmosphère fournit à la terre des principes qui la fé-
condent; que ceux-ci, épuisés par la succession
des récoltes, réparent leurs pertes, et s'augmentent pendant que le sol se repose et qu'il éprouve
l'action de l'air : mais cette supposition n'est pas
exacte; les élémens dont il se compose ne peuvent se combiner avec plus d'oxigène qu'ils n'en
renferment déjà; aucun d'eux ne s'unit à l'azote, et ceux qui ont de l'affinité pour l'acidecar-
bonique sont toujours complètement saturés
dans les terrains soumis à cette opération.

Il est vraisemblable que les idées vagues qu'on
s'était formées autrefois sur l'usage du nitre et
des sels nitreux dans la végétation, sont une des
principales considérations qui ont maintenu la

pratique des jachères d'été. Ces sortes de sels prennent naissance pendant l'exposition des terres qui contiennent des débris de substances animales et végétales, et les saisons chaudes surtout les développent en abondance. Mais la production dont il s'agit est probablement due à la combinaison de l'azote qui se dégage de ces débris et de l'oxigène répandu dans l'atmosphère. Elle n'est donc engendrée qu'au moyen d'un principe qui eût pu donner de l'ammoniaque dont les composés sont bien autrement propres à développer la végétation.

Les mauvaises herbes, enfouies dans le sol, se décomposent peu à peu, et fournissent une certaine quantité de matières solubles ; mais on peut douter qu'un fond contienne autant d'humus, lorsque le temps de la jachère expire, qu'au moment où il a reçu le dernier coup de charrue. Il s'est formé sans interruption de l'acide carbonique par la réaction des principes végétaux et de l'oxigène de l'air, et la plus grande partie s'en dissipe à pure perte.

Le soleil, qui darde sur la surface nue du sol, tend à en dégager toutes les substances gazeuses et fluides volatiles. La chaleur rend la fermentation plus active ; et c'est à l'époque où il n'y a point de végétaux pour les absorber, que les principes de la nutrition sont plus tôt élaborés.

Quand la terre n'est pas employée à produire

de la nourriture pour les animaux, elle devrait l'être à préparer des engrais pour les plantes. C'est ce qui s'effectue au moyen des récoltes vertes qui absorbent le carbone et l'acide carbonique de l'atmosphère. Les jachères d'été entraînent toujours une perte de temps qui pourrait être employé à la culture des végétaux.

D'ailleurs, cette jachère n'est pas aussi profitable à la terre que celle d'hiver, où la force expansive de la glace, la fonte graduelle des neiges, et les alternatives de sécheresse et d'humidité, tendent à pulvériser le sol et à mélanger ensemble les diverses parties dont il se compose.

Dans la culture en lignes, la terre est constamment propre. Les plantes disposées par rangées, n'opposent aucun obstacle à l'extirpation des mauvaises herbes. La récolte verte elle-même ou les déjections des bestiaux qui s'en nourrissent, fournissent les engrais, et les végétaux à larges feuilles alternent avec ceux qui portent des graines.

C'est un grand avantage dans un système de culture, de tirer des substances qu'on emploie pour amender la terre, tout le parti possible, en sorte que les parties qui ne contribuent pas au développement d'une récolte servent à la nutrition d'une autre. C'est ainsi que M. Coke ouvre son assolement par les turneps. Le fumier récent qu'il distribue dans le sol leur fournit toute la

matière soluble qui leur est nécessaire ; et la chaleur, dégagée par la fermentation, favorise la
germination de la graine et développe la jeune
plante. Au turneps succèdent l'orge et quelque
fourrage artificiel. Le fonds, peu épuisé par la
première récolte, administre au grain tous les
principes solubles auxquels la décomposition des
fumiers a donné naissance. Les herbes, le ray-
grass et le trèfle viennent ensuite. Ils ne puisent
dans le sol qu'une petite partie des substances
qu'ils s'assimilent, et s'emparent probablement
du gypse contenu dans les engrais, et que les
autres productions ne consomment pas. Ces plantes puisent dans l'atmosphère la plus grande portion de leur nourriture au moyen des vastes systèmes de feuilles dont elles sont pourvues ; et
lorsqu'à la fin de la seconde année on procède à
un nouveau labourage, la terre se trouve enri-
chie des débris de feuilles et de racines qui se décomposent et dont le blé profite. A cette époque,
la fibre ligneuse du fumier est rompue, et dégage le phosphate de chaux et autres principes
peu solubles. Aussitôt que la récolte est faite,
M. Coke fume et recommence les mêmes opérations.

M. Gregg, dont le comité d'agriculture a publié l'excellent système agricole, et qui a le mérite d'avoir appliqué aux terres argileuses une
méthode analogue à celle de M. Coke, les laisse

en prairie pendant deux ans après la moisson
l'orge ; il sème ensuite des pois et des fèves do
il enfouit le chaume et auxquels succède le fr
ment. Quelquefois, lorsque celui-ci est récolt
il le remplace par des vesces et de l'orge d'hive
que les bestiaux consomment au printemps ava
les semailles des turneps.

Les pois et les fèves paraissent très-propr
à disposer la terre à la culture du blé ; dans que
ques fonds riches, comme dans les sols d'alluvi
de Parret dont nous avons parlé dans le qua
trième chapitre, et dans ceux qui environnent l
dunes de Sussex, ils alternent avec cette céréa
pendant plusieurs années consécutives. Ils co
tiennent, d'après l'analyse rapportée dans
troisième chapitre, une petite quantité d'une ma
tière analogue à l'albumine ; mais il semble q
l'azote, qui en est une partie constituante, e
fourni par l'atmosphère. La feuille sèche de fè
exhale, quand elle brûle, une odeur peu diff
rente de celle de la matière animale qui se pu
tréfie ; cette feuille, en se décomposant dans
sol, peut fournir des principes susceptibles d'e
trer dans la formation du gluten que le blé ren
ferme.

Quoiqu'en général la composition des plant
soit à peu près la même, néanmoins les diffé
rences spécifiques des produits de plusieurs d'en
tre elles, et les faits rapportés dans le dernier cha

pitre, prouvent que les principes qu'elles pompent dans le sein de la terre, varient suivant l'espèce à laquelle elles appartiennent; et quoique, proportion gardée, elles épuisent d'autant plus le sol de matière nutritive commune, que le système des feuilles dont elles sont pourvues est plus petit, néanmoins quelques végétaux exigent que le fonds où ils croissent contienne certains principes pour bien se développer. Les pommes-de-terre et les fraises donnent d'abord des récoltes abondantes dans les prairies nouvellement rompues; mais d'année en année elles produisent moins, et demandent enfin d'être changées de sol. Ces plantes ont une telle organisation qu'elles s'étendent sans cesse. La première dirige constamment ses longues racines vers la terre fraîche, et les fibres radicales de la seconde développent des tubercules à une distance considérable de la tige mère. Les terrains cessent à la longue de produire de belles récoltes de fourrages; ils se *lassent*, suivant l'expression populaire. Nous avons indiqué dans le dernier chapitre une des causes probables de ce fait.

Certains champignons fournissent une preuve remarquable de la force avec laquelle les végétaux épuisent le sol et s'emparent des principes nécessaires à leur croissance. On dit que les mousserons ne viennent jamais deux années de suite à la même place, et le docteur Wollaston attribue le phénomène connu sous le nom de cercles magiques, à la présence d'une espèce de fungus qui absorbe toutes les substances essentielles à la production de son espèce. Les semences ne peuvent végéter aux lieux occupés par les plantes qui les ont produites, la partie circulaire étant épuisée. Les champignons ne réussissent qu'au dehors du cercle, qui s'étend d'année en année ; tandis que leurs débris fournissant des substances nutritives aux graminées, celles-ci se développent avec force dans l'intérieur, et sont d'un vert foncé.

Un terrain dont les bestiaux consomment le pâturage, et qui ne reçoit pas leurs déjections, s'épuise constamment. Cet effet a lieu surtout lorsqu'il s'agit de chevaux de charrois qui paissent pendant la nuit, et perdent la plus grande partie de leur fumier pendant le travail du jour.

L'exportation des grains, à moins que le pays où elle se fait ne reçoive en échange des matières susceptibles de se convertir en engrais, doit à la longue épuiser le sol. Quelques-unes des parties aujourd'hui stériles de l'Afrique septentrionale et de l'Asie mineure étaient autrefois fertiles ; la Sicile était le grenier de l'Italie, et la quantité de céréales que les Romains en ont tirée paraît être la principale cause de son aridité actuelle.

Notre système commercial n'a pas les mêmes convéniens. Il nous pourvoit de substances ont l'usage et la décomposition enrichissent la terre. Nous recevons du blé, du sucre, des suifs, des peaux, des fourrures, des vins, de la soie, du coton, etc. La mer nous fournit du poisson; et, parmi les nombreux objets dont nos exportations se composent, les laines, les toiles et les cuirs sont les seuls qui contiennent des matières nutritives extraites du sol.

Quels que soient les assolemens, chaque partie du sol doit concourir à la production des plantes; mais la profondeur qu'il convient de donner aux sillons dépend de la nature de la terre labourable et de la couche qui la supporte. Dans les bons terrains argileux, la charrue ne peut aller trop bas; il en est de même des fonds dont le sable fait la base, à moins qu'ils ne recèlent, à quelque distance de la surface, des principes nuisibles à la végétation. Lorsque les racines sont bien enterrées, elles sont moins exposées à souffrir par les excès de sécheresse et d'humidité; elles s'étendent mieux dans toutes les directions, et l'espace, d'où elles extraient les substances dont elles se nourrissent, est plus considérable que lorsque ces semences sont simplement répandues au-dessus du sol.

On a beaucoup discuté les avantages des prairies permanentes, mais les circonstances de si-

tuation et de climat peuvent seules décider ce
question. Si l'on a des moyens d'irrigation fa
les, ou si l'on habite des contrées où les plu
sont abondantes, on obtient à peu de frais
récoltes considérables. Dans le voisinage
grandes villes où il se consomme beaucoup
foin, il est avantageux de faire usage des engr
le prix toujours modéré où ils se vendent
couvert par l'augmentation de fourrage qu
développent; néanmoins ils doivent être exc
d'un système général de culture; ils éprouvent
trop grande déperdition par l'action de l'air
du soleil, et cette circonstance est un nouv
motif pour les employer, même dans ce c
plutôt frais que fermentés.

On a donné peu d'attention au choix des h
bes les plus propres à former des prairies per
nentes. La qualité principale qu'on exige c
siste dans la quantité de matières nutritives
contient la récolte entière. Mais l'époque où
peuvent être fauchées, et la durée des prod
qu'on en retire, sont des considérations d'
haute importance. Une plante qui donne
fourrage vert toute l'année peut être plus
cieuse que celle dont la coupe a lieu en
quoique d'ailleurs elle soit plus substantielle
la première.

Celles qui se propagent par leurs racis
telles que les différentes espèces d'agrostis,

sent sans interruption des pâturages ; et,
me je l'ai déjà dit, la sève concrète, déposée
s leurs nœuds, en fait une bonne nourriture
ver. J'ai vu, à la fin de janvier, récolter
tre mètres carrés de fiorin dans une pièce à
e de glaise froide, exclusivement consacrée
culture de cette plante. Ils produisirent vingt-
t livres de fourrage qui, sur mille parties,
contenaient soixante-quatre de matière nu-
tive, composée d'environ $\frac{1}{6}$ de sucre, de $\frac{5}{6}$ de
cilage et d'un peu de matière extractive. Dans
e autre expérience, quatre mètres donnèrent
gt-sept livres de fourrage vert, mais dont la
alité était inférieure à celle du fiorin men-
nné dans la table, que le troisième chapitre
nferme, et qui avait été fauché au mois de
cembre dans un terrain plus riche situé en
ddlessex.

Pour atteindre sa perfection, le fiorin de-
ande un climat humide ou un sol mouillé. Il
ent admirablement dans des terrains argileux
ids, où aucune autre plante ne prospère.
ans les terres légères, dans les expositions sè-
es, il ne donne qu'un produit bien inférieur
n quantité et en qualité aux récoltes ordinaires
u'on en obtient.

Les herbes communes, celles qui fournissent
plus de matières nutritives dès les premiers
ours du printemps, sont l'alopécure des prés

et le poa printanier. Mais quand elles entrent
floraison, où que leurs semences mûrissent, ell
sont inférieures à une foule d'autres graminée
leur dernière pousse néanmoins est abondant

D'après les expériences du duc de Bedfor
aucune plante ne donne plus de substances n
tritives que la grande fétusque des prés , qua
on la récolte au moment où ses fleurs sont ép
nouies ; et le fléau des prés est celle qui en co
tient davantage , quand on la coupe lorsque
graine atteint la maturité. De toutes les gran
nées qu'il a soumises à ses épreuves , c'est le p
maritime qui donne le plus de regain.

La nature a répandu dans les prairies div
ses plantes dont les produits diffèrent suivant l
saisons. On doit, autant que possible , imiter
mélange quand on consacre une pièce de ter
à la culture des fourrages. Peut-être même
obtiendrait-on de préférables à ceux qui cro
sent spontanément , si on adoptait de justes p
portions de ces espèces de gramens , qui so
appropriés à la nature du sol, et qui donn
les plus abondantes récoltes de printemp
d'été , d'automne et d'hiver. Dans l'appendi
nous exposerons des détails qui prouvent q
ce plan de culture est très-praticable.

Toutes les mauvaises herbes , quelles q
soient les terres qu'elles infectent, prés
champs , doivent être arrachées avant que

ne soit mûre. Si on souffre qu'elles se déve-
)ent dans les haies , il faut les détruire dès
la floraison commence , ou même aupara-
t , et les mettre en tas pour les convertir en
rais. Cette méthode sera doublement avanta-
se : on préviendra la multiplication qu'occa-
ierait la dispersion de leurs semences , et
obtiendra une certaine quantité de matière
ritive qu'elles produisent en se décomposant.
griculteur qui les laisse sur pieds , et permet
: vents d'en disperser les graines , ne cause
de moindres dommages à ses voisins qu'à
même. Quelques chardons suffisent pour em-
sonner une ferme entière ; le duvet léger dont
rs semences sont pourvues les met à même
béir à la moindre action de l'air , et d'être
nsportées à de grandes distances. La nature a
s tant de précautions pour perpétuer l'espèce
, moindres plantes , qu'il faut des soins extrê-
s pour détruire celles qui nuisent à l'agricul-
'e. Des graines privées du contact de l'atmo-
ière peuvent dormir plusieurs années dans le
(*) , et germer ensuite si les circonstances de-

') Cette circonstance et d'autres encore expliquent
)parition des plantes dans les lieux qui, précédemment,
u offraient aucune de même espèce. Des semences tom-
it dens la mer et sont charriées au moyen des courans
is les îles les plus éloignées : les enveloppes dont elles

viennent favorables. Les semences qui sont
lées, comme celles des chardons et des dents
lion, peuvent même, au moyen des eaux et
orages, être jetées sur les points les plus él
gnés. Le fleabane du Canada a été récemm
trouvé en Europe, et Linnée suppose qu'il n
est venu d'Amérique par la voie de l'atn
sphère.

Il y a divers avantages à nourrir les anim
dans les écuries avec du fourrage vert. Le
déjections sont recueillies, et les plantes coup
à la faux souffrent moins que lorsqu'elles s
déchirées par la dent du bétail, qui d'aillei
en écrase toujours une partie. Au râtelier, t
se mange, tout se consomme pêle-mêle et sa
choix. L'avidité et la répugnance que les ai
maux manifestent pour certaines plantes, ne d
cident rien pour les propriétés nutritives do
elles jouissent. Les gâteaux de graines de l

---

sont pourvues les garantissent de l'action des eaux. (
trouve souvent sur nos côtes des graines de l'Amériq
occidentale, dont les cotylédons, ramollis par un au
long trajet, germent sur le champ. D'autres graines no
sont apportées par les oiseaux. Les fruits dont ils se nou
rissent en contiennent qui résistent aux forces digestive
et sont déposées avec les excrémens qui contribuent à
développer. Les semences légères des mousses et des
chens sont répandues dans toute l'atmosphère, et couvre
la surface de la mer.

t une des nourritures les plus substantielles
on connoisse, et cependant ils la refusent
bord (*).

ii on leur prépare une nourriture artificielle,

') Les observations suivantes, sur le choix des différentes
èces de fourrages qui conviennent aux brebis et aux
res animaux, sont de M. George Saint-Clair.

olium perenne, ray-grass. Les moutons préfèrent cette
be à toute autre dans les premiers temps de sa pousse ;
s aussitôt que les semences mûrissent, ils ne la recher-
nt plus. Une pièce de terre faisant partie du parc de
iburn, divisée en deux portions égales, fut ensemen-
, dans l'une de ray-grass, de trèfle blanc ; et dans
tre, de pieds-de-poules et de trèfle rouge. Depuis le
atemps jusqu'au milieu de l'été, ils se tinrent sans in-
ruption sur la première, et s'attachèrent avec la même
istance à la seconde, pendant le reste de la saison.

Dactylis glomerata, dactylis agglomérée ou pieds-de-
iles. Les bœufs, les chevaux, les moutons, mangent
te herbe avec avidité. Les premiers de ces animaux se
irrissent de la tige et des fleurs, depuis l'époque de la
raison jusqu'à celle où les semences entrent en maturité.
ixpérience ci-dessus en a donné la preuve. En général,
derniers montrent de la préférence pour le ray-grass,
trèfle blanc ; et les premiers, pour le trèfle rouge, la
ctylis agglomérée.

On lit dans les *Amœnitates academicœ*, que les bœufs
ettent celle-ci ; mais l'essai de Woburn est contraire à
ssertion des élèves de Linnée.

Alopecurus pratensis, alopécure des prés. Les chevaux et
moutons semblent avoir pour cette herbe plus de pen-
ant que les bœufs. Elle demande un sol qui tienne le

elle doit, autant que possible, se rapprocher (
celle qu'ils consomment habituellement. Ainsi
dans le cas où on leur administre du sucre,
doit être allié à une certaine quantité de paill

---

milieu entre la sécheresse et l'humidité, et donne des r
coltes abondantes. Elle forme une portion considérable (
l'excellent fourrage qu'on recueille dans les prairies hu
mides de Priestley. Elle occupe constamment la partie él
vée des ados, et s'étend à environ six pieds des deu
côtés des rigoles. L'espace au-dessous est garni de pieds
de-poules, de poa commun, de *festuca pratensis*, *festuc*
duriuscula, *agrostis stolonifera*, *agrostis palustris*, de flouv
odorante et de quelques autres espèces.

Phleum pratense, fléau des prés. Les bœufs, les che
vaux et les moutons en sont fort avides. Le docteur Pul
teney prétend que ceux-ci le rejettent; mais, dans le
endroits où il abonde, il ne paraît point qu'ils le rebutent
ni même qu'ils l'évitent; ils le consomment avec les au
tres plantes dont il est environné, et même ils le préfè
rent au *phleum nodosum*, au *phleum alpinum*, au *poa fertili*
et au *poa compressa*. Les lièvres en sont très-friands. Cett'
plante exige, pour réussir, un terrain argileux, riche el
profond.

Agrostis stolonifera, fiorin. On lit dans les *Amœnitate*
academicæ, que les chevaux, les moutons et les bœufs le
mangent avec avidité. On a essayé de vérifier cette ass''-
tion à la ferme que le duc de Bedford possède à Maulden.
On a placé dans les râteliers de petits paquets isolés de
fiorin et de foin, sans que les chevaux aient montré plus
d'empressement pour l'un que pour l'autre de ces fourrages. Mais il paraît hors de doute, d'après les expériences
du docteur Richardson, que les chevaux et les vaches le

de foin haché, afin que les fonctions de l'es-
mac et des intestins s'accomplissent comme à
ordinaire. C'est une conséquence du principe
r lequel est fondée la pratique du mélange

éfèrent au foin, lorsqu'il est vert. On a aussi acquis la
nviction que les doutes élevés par quelques personnes
nt dénués de fondement, et qu'il réussit parfaitement en
gleterre. Lady Hardwicke a rendu compte d'un essai
'elle a tenté sur ce fourrage. Elle a nourri pendant
inze jours vingt-trois vaches, un poulain et plusieurs
chons avec ce qu'elle en a récolté sur un seul acre.

Poa trivialis, poa commun. Les bœufs, les chevaux et
moutons le recherchent avidement. Les lièvres s'en
urrissent aussi, mais ils donnent la préférence au poa
s prés qui, sous beaucoup de rapports, a de l'analogie
ec cette plante.

Poa pratensis, poa des prés. Les bœufs et les chevaux
mgent cette herbe comme les autres; mais les moutons
nent mieux la festuque dure et celle *des moutons*, qui
mnent dans les mêmes sols. Elle épuise plus la terre
'aucune autre espèce de plantes. Ses racines sont nom-
euses, traçantes, et s'enlacent les unes dans les autres
moins de deux à trois ans. Son produit diminue alors
ns le même rapport que cette confusion augmente. Elle
oît communément dans les prés, sur les chaussées sè-
ies, et même sur les murs.

Cynosurus cristatus, cretelle des prés. Les brebis de quel-
ies cantons méridionuax, et les daims, paraissent man-
r cette herbe avec plaisir. Elle fait la plus grande partie
gazon dans quelques endroits du parc de Woburn, où
s animaux paissent de préférence, tandis qu'ils négli-
nt ceux où croissent l'*agrostis capillaris*, l'*agrostis pumi-*

17

d'orge et de paille dont nous avons déjà parlé dans le troisième chapitre.

Il faut avoir soin de ne pas employer, lorsqu'on lave les brebis, de l'eau qui contienne du

---

lus, la *festuca ovina*, la *festuca duriuscula* et la *festuca cambrica*. Des moutons du pays de Galles montrent des goûts tout opposés, ils recherchent les plantes dont il vient d'être question, et touchent à peine au *cynosurus cristatus*, au *lolium perenne* et au *poa trivialis*.

Agrostis vulgaris (*capillaris* Linn.), agrostis commun. C'est une plante très-commune dans tous les mauvais terrains sablonneux. Elle est peu agréable aux bestiaux aussi ne la mangent-ils jamais quand ils trouvent d'autres herbes à leur portée. Cependant les moutons du pays de Galles la préfèrent à toute autre, comme nous venons de le dire; et une chose digne de remarque, c'est que ceux même qui ont vu le jour à Woburn, et ont été élevés dans le parc, montrent constamment de la prédilection pour les plantes qui croissent naturellement dans les montagnes des contrées dont ils sont originaires. Le voisinage des meilleures graminées ne peut triompher de ce penchant, qui semble tenir à autre chose qu'à l'habitude.

Festuca ovina, festuque des moutons. Tous les bestiaux aiment cette herbe; mais il paraît, d'après les expériences qui ont été faites dans les sols argileux, qu'elle ne s'y maintient pas long-temps, et que les espèces dont la végétation est plus vigoureuse ne tardent pas à l'étouffer. Dans les terrains secs et peu profonds, qui ne peuvent supporter les plantes fortes, elle devrait être la principale, si ce n'est la seule graminée dont on soigne la culture. Dans son état naturel elle n'est jamais mélangée avec aucune autre.

Festuca duriuscula, festuque dure. Parmi les herbes peu

carbonate de chaux ; car cette substance décompose le suint, qui est un savon animal, et qui
tend naturellement à conserver la laine. Lorsque
celle-ci est fréquemment passée dans un liquide

élevées, c'est une des meilleures espèces. Tous les animaux
la mangent avec délices ; les lièvres la recherchent, la
broutent jusqu'à la racine, et tant qu'elle n'est pas entièrement consommée, ils ne touchent pas à la *festuca ovina*,
à la *festuca rubra* qui l'environnent. Elle se trouve dans
presque tous les bons prés et pâturages.

Festuca pratensis, festuque dès prés. Elle existe aux
mêmes lieux que la précédente; très-agréable aux chevaux,
aux moutons et surtout aux bœufs. Elle paraît avoir la
plus belle végétation possible quand on l'associe à la festuque dure et au poa commun.

Avena elatior, grand fromental. Cette plante très-pro-
ductive se rencontre fréquemment dans les prairies naturelles et artificielles ; mais le bétail ne l'aime pas, les chevaux surtout en font peu de cas. Elle ne donne qu'une
faible quantité de matières nutritives ; le sol qui paraît lui
convenir le mieux est la glaise tenace.

Avena flavescens, avoine jaunâtre. Cette herbe, qui
semble ne venir que dans les terres sèches et les prairies,
plaît aux moutons et aux bœufs, qui la mangent avec la
cretelle des prés et la flouve odorante, qui croissent naturellement avec elle. L'application d'un engrais calcaire en
double le produit à peu de chose près.

Holcus lanatus, holcus laineux. Il est très-commun et
croît dans les terrains les plus riches comme dans les plus
pauvres ; sa graine est légère, abondante, et se disperse
par l'action des vents. Il déplaît en général à tous les animaux; et, comme aucun d'eux ne le touche pour ainsi dire,

chargé de calcaire, elle devient rude et un peu
cassante. Les laines d'Espagne et de Saxe, qui
sont les plus fines, sont aussi celles qui abondent davantage en suint. M. Vauquelin a fait
l'analyse de plusieurs espèces de ce composé, et
a reconnu qu'il est principalement formé d'un
savon à base de potasse (c'est-à-dire d'une matière huileuse et de potasse) et d'un petit excès
de matière huileuse. Il a également reconnu qu'il
contient une quantité notable d'acétate de potasse,

il paraît être celle des plantes qui fournit le plus d'her-
bages ; mais il s'en faut bien que ce produit soit aussi
considérable qu'on serait tenté de le croire au premier
coup d'œil. Le foin qu'il donne est, à raison de la grande
quantité de duvet dont ses feuilles sont couvertes, constamment doux et spongieux.

Anthoxanthum odoratum, flouve odorante. Les chevaux,
les bœufs, les moutons, mangent cette herbe ; mais ils
l'abandonnent dès qu'ils trouvent l'alopécure des prés, le
trèfle blanc, le pied-de-poule, etc. M. Grant de Leighton
a converti en prairie une pièce, dont la moitié fut ense-
mencée de cette herbe, alliée à du trèfle blanc, et l'autre
d'alopécure et du trèfle rouge. Les moutons laissèrent la
première portion, et s'attachèrent à la seconde. L'auteur
de cette note a vu la pièce au moment où la récolte tou-
chait à sa maturité, et rien n'était plus satisfaisant. On avait
essayé de semer des quantités égales de trèfle blanc avec
chacune de ces deux graminées ; mais comme la flouve
s'élève peu, la végétation du trèfle, avec lequel elle était
mêlée, fut beaucoup plus belle que celle de la même
plante alliée avec l'alopécure.

un peu de carbonate et de muriate de la même base, ainsi qu'une matière animale odorante particulière.

M. Vauquelin rapporte que divers échantillons de laine perdent jusqu'à 45 pour cent dans l'opération du désuintage ; et que jamais, dans ses expériences, le déchet n'a été au-dessous de 35 pour cent.

Le suint protège la laine pendant la saison des pluies et du froid. Un peu de savon à base de potasse et avec excès d'huile, appliqué pendant l'hiver aux moutons tirés des climats chauds, ne serait pas sans avantages, dans le cas où l'on rechercherait la finesse de la laine. Cette méthode simple serait plus conforme à la nature que celle qui a été adoptée par M. Bakewell, quoique d'ailleurs fort ingénieuse. Mais à l'époque où il l'imagina, la nature chimique du suint n'était pas connue.

J'ai discuté toutes les questions que l'expérience et l'étude m'ont fait connaître sur la dépendance de la chimie et de l'agriculture.

J'ose espérer que quelques-unes des idées que j'ai émises contribueront au perfectionnement du plus utile et du plus important des arts.

D'autres continueront sans doute ces recherches ; et à mesure que la chimie fera des progrès, elle fournira de nouvelles méthodes à l'économie rurale.

Cette branche de connaissances, à la fois agréables et lucratives, ne peut manquer d'attraits pour les hommes capables de les étendre. La science ne doit pas être considérée comme un assemblage de théories spéculatives, mais comme une extension de nos facultés, que l'expérience éclaire, et qui substitue peu à peu aux préjugés populaires des principes rationels et incontestables.

La terre recèle des trésors immenses qui peuvent, s'ils sont employés d'une manière convenable, accroître nos richesses, notre population et nos forces physiques.

L'emploi des machines et la division du travail, donnent à notre nation des avantages qu'aucune autre ne possède ; et les mêmes ressources, la même aptitude dont nous avons fait preuve dans le commerce, les sciences et les arts, appliquées à la culture de la terre, produiront les plus heureux effets. L'industrie et la constance triomphent de tous les obstacles. Les vues et les affections de l'agriculteur sont aussi celles du patriote. Les hommes tiennent davantage à ce qu'ils ont gagné eux-mêmes. Le succès inspire de la confiance, on chérit mieux son pays lorsqu'on a contribué à sa prospérité par des talens et des efforts, et nos intérêts s'identifient avec les institutions auxquelles nous devons la sécurité, l'indépendance et les jouissances de la civilisation.

NOMS.	ÉPOQUE de la floraison.	ÉPOQUE de la maturité de la graine.
Anthoxanthum odoratum	29 Avril.	21 Juin.
Holcus odoratus. . . .	29 *Idem.*	25 *Idem.*
Cynosurus cœruleus. . .	30 *Idem.*	20 *Idem.*
Alopecurus pratensis . .	20 Mai.	24 *Idem.*
Alopecurus alpinus . . .	20 *Idem.*	24 *Idem.*
Poa alpina	30 *Idem.*	30 *Idem.*
Poa pratensis	30 *Idem.*	14 Juillet.
Poa cœrulea.	30 *Idem.*	14 *Idem.*
Avena pubescens	13 Juin.	8 *Idem.*
Festuca hordiformis. . .	13 *Idem.*	10 *Idem*
Poa trivialis	13 *Idem.*	10 *Idem.*
Festuca glauca	13 *Idem.*	10 *Idem.*
Festuca glabra.	16 *Idem.*	10 *Idem.*
Festuca rubra.	20 *Idem.*	10 *Idem.*
Festuca ovina.	24 *Idem.*	10 *Idem.*
Briza media.	24 *Idem.*	10 *Idem.*
Dactylis glomerata. . .	24 *Idem.*	14 *Idem.*
Bromus tectorum . . .	24 *Idem.*	16 *Idem.*
Festuca cambrica . . .	28 *Idem.*	16 *Idem.*
Bromus diandrus . . .	28 *Idem.*	16 *Idem.*
Poa angustifolia. . . .	28 *Idem.*	16 *Idem.*
Avena elatior	28 *Idem.*	16 *Idem.*
Poa elatior	28 *Idem.*	16 *Idem.*
Festuca duriuscula. . . .	1 Juillet.	20 *Idem.*
Milium effusum	1 *Idem.*	20 *Idem.*
Festuca pratensis. . . .	1 *Idem.*	20 *Idem.*
Lolium perenne.	1 *Idem.*	20 *Idem.*
Cynosurus cristatus. . .	6 *Idem.*	28 *Idem.*
Avena pratensis.	6 *Idem.*	28 *Idem.*
Bromus multiflorus . . .	6 *Idem.*	28 *Idem.*
Poa aquatica	23 *Idem.*	8 Août.
Bromus cristatus . . .	24 *Idem.*	10 *Idem.*
Elymus Sibericus	24 *Idem.*	10 *Idem.*

NOMS.	ÉPOQUE de la floraison.	ÉPOQUE de la maturité de la graine.
Aira cæspitosa.	24 Juillet. .	10 Août.
Avena flavescens	24 *Idem.*	15 *Idem.*
Bromus sterilis	24 *Idem.*	20 *Idem.*
Holcus mollis	24 *Idem.*	20 *Idem.*
Bromus inermis.	24 *Idem.*	20 *Idem.*
Agrostis vulgaris.	24 *Idem.*	20 *Idem.*
Agrostis palustris . . .	28 *Idem.*	28 *Idem.*
Panicum dactylon . . .	28 *Idem.*	28 *Idem.*
Agrostis stolonifera . . .	28 *Idem.*	28 *Idem.*
Agrostis stolonifera (var.)	28 *Idem.* .	28 *Idem.*
Agrostis canina.	28 *Idem.*	28 *Idem.*
Agrostis stricta	28 *Idem.*	30 *Idem.*
Festuca loliacea.	1 Juillet.	28 Juillet.
Poa cristata.	4 *Idem.*	28 *Idem.*
Festuca myurus.	6 *Idem.*	28 *Idem.*
Aira flexuosa	6 *Idem.*	28 *Idem.*
Hordeum bulbosum . . .	10 *Idem.*	28 *Idem.*
Festuca calamaria . . .	10 *Idem.*	28 *Idem.*
Bromus littoreus	12 *Idem.*	6 Août.
Festuca elatior	12 *Idem.*	6 *Idem.*
Nardus stricta.	12 *Idem.*	6 *Idem.*
Triticum (species). . . .	12 *Idem.*	10 *Idem.*
Festuca fluitans.	14 *Idem.*	12 *Idem.*
Festuca dumetorum. . .	14 *Idem.*	20 Juillet.
Holcus lanatus	14 *Idem.*	26 *Idem.*
Poa fertilis	14 *Idem.*	28 *Idem.*
Arundo colorata.	16 *Idem.*	28 *Idem.*
Poa (species).	16 *Idem.*	30 *Idem.*
Cynosurus erucæformis .	16 *Idem.*	30 *Idem.*
Phleum nodosum	16 *Idem.*	30 *Idem.*
Phleum pratense	26 *Idem.*	30 *Idem.*
Elymus arenarius	16 *Idem.*	30 *Idem.*
Elymus geniculatus . . .	18 *Idem.*	30 *Idem.*

NOMS.	ÉPOQUE de la floraison.	ÉPOQUE de la maturité de la graine.
Trifolium pratense . . .	18 Juillet.	30 Juillet.
Trifolium macrorhizum. .	18 *Idem.*	30 *Idem.*
Sanguisorba Canadensis.	18 *Idem.*	30 *Idem*
Bunias orientalis	18 *Idem.*	30 *Idem.*
Medicago sativa	18 *Idem.*	6 Août.
Hedysarum anobrychis. .	18 *Idem.*	8 *Idem.*
Hordeum pratense. . . .	20 *Idem.*	8 *Idem.*
Poa compressa	20 *Idem.*	8 *Idem.*
Festuca pennata.	28 *Idem.*	30 *Idem.*
Panicum viride	2 Août.	15 *Idem.*
Panicum sanguinale. . .	6 *Idem.*	20 *Idem.*
Agrostis lobata	6 *Idem.*	20 *Idem.*
Agrostis repens..	8 *Idem.*	25 *Idem.*
Agrostis fascicularis. . .	10 *Idem.*	30 *Idem.*
Agrostis nivea.	10 *Idem.*	30 *Idem.*
Triticum repens.	10 *Idem.*	30 *Idem.*
Alopecurus agrestis . . .	10 *Idem.*	8 Septemb.
Bromus asper.	10 *Idem.*	10 *Idem.*
Agrostis Mexicana. . . .	15 *Idem.*	25 *Idem.*
Stippa pennata	15 *Idem.*	25 *Idem.*
Melica cœrulea	20 *Idem.*	30 *Idem.*
Phalaris Cananiensis. . .	30 *Idem*	30 *Idem.*
Dactylis cynosuroïdes (*).	30 *Idem.*	20 Octobre.

(*) Dans les expériences faites pour déterminer la quantité de matière nutritive contenue dans les herbes coupées à l'époque de la maturité de la graine, les semences étaient toujours séparées ; et les calculs relatifs à la matière nutritive se rapportent, ainsi que le prouvent ces détails, à l'herbe et non au foin.

Des différens sols dont il est question dans cet Appendice.

Il y a dans les livres d'agriculture et de jardinage beaucoup de confusion et d'incertitude, faute de définitions qui caractérisent d'une manière exacte les différens sols. Les dénominations dont on fait communément usage, ne sont pas assez précises pour faire sentir les différences de composition qu'ils présentent : c'est pourquoi je vais exposer en peu de mots ce que signifient les termes employés ci-dessus.

On entend par glaise la combinaison d'une terre avec des substances animales décomposées ou des matières végétales.

La glaise argileuse est celle où l'argile prédomine.

La glaise sablonneuse, celle où le sable est en excès.

La glaise brunâtre est celle qui contient la plus grande proportion de matière végétale décomposée.

La riche glaise brunâtre est celle qui résulte de la combinaison à doses inégales de sable, d'argile, de matières végétales et animales.

DÉTAIL

DES EXPÉRIENCES

FAITES SUR LES HERBES,

PAR GEORGES SAINCLAIR,

Jardinier du duc de Bedford, et membre correspondant de la Société horticulaire d'Édimbourg.

———

I. Anthoxanthum odoratum. Bot. anglaise. 6077. Curt. Lond.

Holcus odorant, indigène en Angleterre.

A l'époque de la floraison, le produit d'une fraction d'acre, égale à 0,010091827364 d'une terre brunâtre, formée d'un mélange de glaise et de sable fumée, est de

Kil. par 4046m,6488

Herbe 330^g,979. Le produit de
4046^m,6488 est de . . . . 2551^k,328

141^g,730 d'herbe pèsent, quand
elle est sèche . . . . 38,098 ⎱ 952^k,737
Le produit de l'espace ci-dessus. 87,083 ⎰

Le poids perdu par le produit
de 4046^m,6488 en séchant,
est de . . . . 1592^k,591

Kil. par 4046m,6488.

113^g,384 d'herbe donnent de
matière nutritive. . . . . 1,772 }
Le produit de l'espace ci-dessus. 4,174 } 44^k,040

A l'époque où la graine entre en maturité, le produit est -

Herbe 255^g,114. Le produit
par 4046^m,6488 . . . . 2784^k,191

41^g,673 d'herbe pèsent, quand
elle est sèche . . . . 42,519 }
Le produit de l'espace ci-dessus. 76,206 } 833^k,457

Le poids perdu par le produit
de 4046^m,6488, en séchant,
est de . . . . 1960^k,734

113^g,384 d'herbe donnent de
matières nutrives . . . . . 5,493 }
Le produit de l'espace ci-dessus. 12,625 } 142^k,078

Le poids de la matière nutritive, qui est perdue en récoltant l'herbe au moment
où elle est en fleur, excé-
dant la moitié de sa valeur. . . . . 85^k,366

Le rapport des valeurs de l'herbe, aux momens où elle est en fleurs et où sa graine est en naturité, est celui de 4 à 13.

Le produit de la dernière coupe est

Herbe 283^g,46. Le produit de
4046^m,6488. 3086,879

Kil. par 4046m,6488.

1 13^g,384 d'herbe donnent de
matière nutritive. 3,896   116^k,59

Le rapport des valeurs de l'herbe coupée
lorsqu'elle est en regain et lorsqu'elle a atteir
l'époque de la maturité de sa graine, est à pe
de chose près celui de 9 à 13.

Le faible produit de cette herbe la rend im
propre à la confection des foins ; mais sa végé
tation hâtive et la quantité supérieure de la ma
tière nutritive qu'elle contient à la seconde coupe
comparée à celle qu'elle donne quand elle est e
fleur, l'a fait ranger parmi les meilleures gra
minées de pâturage lorsqu'elle rencontre des sol
qui lui conviennent ; telles sont les terres tour
beuses, profondes et humides.

II. *Holcus odoratus.* Host. G. A. Il croît dar
les bois.

Holcus odorant, indigène en Allemagne. Flor
germ. — *H. borealis.* Il vient dans les prairie
humides.

A l'époque de la floraison, le produit d'ur
fonds riche, composé de glaise et de sable, es
de

Herbe 396^g,844. Le produit
de 4046^m,6488 s'élève à. . . . . . . 4301^k,63
141^g,730 d'herbe pèsent, lors-
qu'elle est desséchée . . . . 35,794 ⎫
Le produit de l'espace ci-dessus. 101,184 ⎬ 1107^k,39

Kil. par 4046m,6488.

: poids perdu par le produit
de 4046^m,6488, en séchant,
est de . . . . 3530^k,818

3^s,384 d'herbes donnent de
matière nutritive . . . . 7,285 }
: produit de l'espace ci-dessus. 25,427 } 277^k,422

A l'époque où la graine est en maturité, le
·oduit est de

·rbe 133^s,840. Le produit
de 4046^m,6488. . . . . 12348^k,642

3^s,384 d'herbe pèsent,
quand elle est sèche. . . . 49,616 }
: produit de l'espace ci-dessus. 396,928 } 4301^k,631

: poids perdu par le produit
de 4046^m,6488 en , séchant,
de. . . . . 8014^k,032

3^s,384 d'herbe donnent de
matière nutritive . . . . . 9,037 }
: produit de l'espace ci-dessus. 92,488 } 1012^k,876

: poids de la matière nutritive, perdue en récoltant
l'herbe au moment où elle
est en fleur, s'élevant à plus
de la moitié de sa valeur,
donne. . . . . 725^k,896

Le rapport de ses valeurs aux époques de la
·oraison et de la maturité de sa graine, est celui
e 17 à 21.

Le produit de la seconde coupe est

Kil. par 4046m,6488.

Herbe 708g,65. Le produit

de 4046m,6488 s'élève à. 8717k,19

113g,384 d'herbe donnent de

matière nutritive   7,265   512k,48

L'herbe de la dernière coupe et celle qu'o
fauche au moment de la floraison , en prenan
leur masse entière et les quantités relatives d
matière nutritive qu'elles contiennent, sont entr
elles dans le rapport de 6 à 10 ; l'herbe fauché
lorsque la graine est mûre , surpasse en valeu
celle de la dernière coupe , comme 21 surpass
17. Quoique cette plante soit une des graminée
qui fleurissent, les plus printanières, elle est ter
dre et ne donne au printemps qu'un produit fai
ble; elle est cependant bien supérieure à la plupa
des espèces dont les fleurs s'épanouissent à pe
près dans le même temps , si on la compare ave
elles pour la quantité de matière nutritiv
qu'elle contient. Elle ne porte qu'un petit nombr
de tiges florales dont les dimensions sont beaucou
plus faibles que celles des feuilles. Cette cir
constance explique en partie comment la dernièr
coupe et la première , lorsque celle-ci est fait
à l'époque de la floraison , renferment des quar
tités égales de matière nutritive.

III. *Cynosurus cœruleus.* Bot. angl. 1613. Hos
G. A. 2. t. 98.

Indigène en Angleterre. *Sesleria cœrulea.*

A l'époque de la maturité de la graine, le produit d'un sol sablonneux léger est de

Kil. par 4046m,6488.

Herbe 283g,46. Le produit

de 4046m,6488. . . . . 3086k,879

1138,384 d'herbe donnent de

matière nutritive. 5,847 124k,176

Le produit de ce gramen est plus considérable qu'il ne paraît d'abord. Les feuilles parviennent rarement à plus de quatre ou cinq pouces de longueur, et les tiges florales ne s'élèvent pas davantage ; il ne croît que lentement dès qu'il a subi une première coupe, et ne semble pas capable de supporter le froid quand il se fait sentir avec vivacité aux premiers jours du printemps ; il souffre au point de ne pas fleurir à l'époque ordinaire. Sans ces inconvéniens, la quantité de matière nutritive qu'il renferme (car il donne beaucoup de paille) le placerait au rang des plantes les plus avantageuses dont on puisse composer des prairies.

IV. *Alopecurus pratensis.* Curt. Lond. Alop. myosuroïdes.

Alopécure des prés. Indigène dans la Grande-Bretagne. Bot. angl. 848.

A l'époque de la floraison, le produit d'une glaise argileuse est de

Kil. par 4046m,6488.

Herbe 845ᵍ,38. Le produit
  de 4046ᵐ,6488. . . . . 9260ᵏ,638
141ᵍ,730   d'herbe . pèsent ,
  quand elle est sèche. . . .   42,728 ⎫
Le produit de l'espace ci-dessus. 595,392 ⎬ 2778ᵏ,191
Le poids perdu par le produit
  de 4046ᵐ,6488 en séchant
  est de. 6492ᵏ,447
113ᵏ,384 d'herbe donnent de
  matière nutritive. . . . . .   2,126 ⎫
Le produit de l'espace ci-dessus.   19,669 ⎬ 125ᵏ,549

Le produit d'une glaise sablonneuse est de

Herbe 354ᵏ,330. Le produit
  de 4046ᵐ,6488 . . . . 3858ᵏ,599
141ᵍ;730 d'herbe pèsent, quand
  elle est sèche . . . .   42,528 ⎫
Le produit de l'espace ci-dessus. 106,320 ⎬ 1173ᵏ,509
113ᵍ,384 d'herbe donnent de
  matière nutritive . . . . .   1,772 ⎫
Le produit de l'espace ci-dessus.   5,404 ⎬ 60ᵏ,291

A l'époque de la maturité de la graine, le produit d'un fonds formé de glaise et d'argile est

Herbe 538ᵍ,574. Le produit de
  4046ᵐ,6488 . . . . 3858ᵏ,599
141ᵍ,730 d'herbe pèsent, quand
  elle est sèche . . . .   42,528 ⎫
Le produit de l'espace ci-dessus. 106,320 ⎬ 1173ᵏ,509

Kil. par 4046m,6488.

Le poids perdu par le produit
de 4046^m,6488, en séchant,
est de . . . . 3195^k,353

1135^g,384 d'herbe donnent de
matière nutritive. . . . . .   3,721 }
Le produit de l'espace ci-dessus. 17,675 }   209^k,085

Le poids de la matière nutritive
qu'on perd, en laissant la
récolte sur pied jusqu'à la
maturité de la graine, étant
le 25e. de sa valeur, est de . . . . . .   8^k,36

Le rapport des valeurs de l'herbe, à l'époque
de sa floraison et à celle de la maturité de sa
graine, est le même que celui des nombres 6
et 9.

La dernière coupe, produite par le même
terrain, est de

Herbe, 340^g,152. Le produit
de 4046^m,6488 . . . . 3704^k,255

1135^g,384 d'herbe donnent de
matière nutritive . . . . . .   3,544 }
Le produit de l'espace ci-dessus. 10,632 }   115^k,757

La valeur de la dernière coupe entière est à
celle qu'on récolte, au moment où la graine a
atteint sa maturité, comme 5 est à 9, et à celle
qu'on recueille à l'époque de la floraison comme
13 est à 24.

Ces détails prouvent clairement que le produit des sols composés de glaise et d'argile surpasse ceux des terres sablonneuses d'environ les
trois quarts , et que les herbes , suivant qu'elles
croissent dans les uns ou les autres , sont pour
la qualité dans le rapport de 6 à 4. La paille ,
que les seconds produisent , est inférieure sous
tous les points à celle que donnent les premiers.
Cette circonstance explique pourquoi elle contient des quantités inégales de matière nutritive.
La seconde coupe est à la récolte , faite au moment de la floraison , comme 4 est à 5 , différence
qui paraît extraordinaire quand on fait attention
au nombre de tiges florales dont les graminées
sont chargées à cette époque. Cette différence
est encore plus considérable dans l'*anthoxanthum odoratum*, et s'élève presqu'à celle des
nombres 4 et 9. Elle est nulle dans le poa des
prés ; mais toutes les graminées à floraison tardive que nous avons examinées , et dont les tiges
ressemblent à celles de l'*alopecurus pratensis* ou
de l'*anthoxanthum odoratum*, contiennent le
maximum de matière nutritive pendant qu'elles
sont fleuries. Quelle que soit la cause de ce fait,
il est clair qu'en récoltant les herbes dont il a
d'abord été question à l'époque où elles entrent
en fleurs , on éprouve une perte considérable.

V. *Alopecurus alpinus*. Bot. ang. 1126.

Alopécure des Alpes. Indigène en Écosse.

A l'époque où il est en fleurs, le produit d'une terre, composée de glaise et de sable qui a reçu quelques engrais, est

Kil. par 4046m,6488.

Herbe 226^g,768. Le produit
de 4046^m,6488.. . . . . 2469^k,503

206^g,320 d'herbe pèsent, quand
elle est sèche . . . . 28,346 ⎱
le produit de l'espace ci-dessus. 60,358 ⎰ 658^k,535

le poids perdu par le produit
de 4046^m,6488 en séchant. . . . . . 113^k,194

13^g,384 d'herbe donnent de
matière nutritive. . . . . . 1,772 ⎱
le produit de l'espace ci-dessus. 3,544 ⎰ 38^k,585

VI. *Poa alpina.* Bot. ang. 1003. Flo. Dan. 107.

Poa des Alpes. Indigène en Écosse.

A l'époque de la floraison, le produit d'un sol léger, composé de glaise et de sable, est de

Herbe 226^g,772. Le produit
de 4046^{m}6488. . . . . 2469^k,503

13^g,384 d'herbe donnent de
matière nutritive 2,126   57^k,879

VII. *Avena pubescens.* Bot. ang. Host. G. A. 2. t. 50.

Avoine pubescente. Indigène dans la Grande Bretagne.

A l'époque de la floraison ; le produit d'un riche sol sablonneux est

Kil. par 4046m,6488

Herbe 65¹ᵍ,958. Le produit
de 4046ᵐ6488. . . . . 7099ᵏ,82⁹

141ᵍ,730 d'herbe pèsent, quand
elle est sèche. . . . . . . : . . . 53,160 ⎫
Le produit de l'espace ci-dessus. 244,536 ⎭ 2662ᵏ,42⁵

Le poids perdu par le produit
de 4046ᵐ,6488 , en séchant. 4437ᵏ,396

113ᵍ,384 d'herbe donnent de
matière nutritive . . . . . . 3,126 ⎫
Le produit de l'espace ci-dessus. 14,530 ⎭ 176,ᵏ391

A l'époque où la graine est en maturité , le produit est

Herbe 283ᵍ,46. Le produit ,
de 4046ᵐ,6488 . . . . 308ᵏ,879

141ᵍ,730 d'herbe pèsent, quand
elle est sèche. . . . . 28,346 ⎫
Le produit de l'espace ci-dessus. 56,692 ⎭ 617ᵏ,375

Le poids perdu par le produit
de 4046ᵐ,6488 en séchant. 2469ᵏ,504

113ᵍ,384 d'herbe donnent de
matière nutritive . . . . .3,544 ⎫
Le produit de l'espace ci-dessus. 8,860 ⎭ 96ᵏ,463

Le poids de la matière nutritive
qui est perdue en laissant la

Kil. par 4046m,6488.

récolte sur pied jusqu'à l'é-
poque de la maturité de la
graine, dépassant la moitié
de sa valeur. . . . . 69^k,854

Le rapport des valeurs que possède l'herbe
aux époques de la floraison et de la maturité de
la graine, est celui des nombres 6 et 8.

Le produit de la dernière coupe est

Herbe 283^g,46. Le produit
de 4046^m,6488 . . . . 3084^k,879
13^g,384 d'herbe donnent de
matière nutritive. 3,544   96^k,463

Le rapport des valeurs de l'herbe, aux époques de la floraison et de la dernière coupe, est
encore celui de 6 à 8. L'herbe de la première récolte égale celle de la seconde.

Le duvet cotonneux, qui recouvre la surface
des feuilles de cette herbe, quand elle végète
dans des sols maigres, disparaît d'une manière
complète quand on la cultive dans un fonds riche. Elle possède plusieurs bonnes qualités qui
méritent d'être remarquées ; elle est vivace, printanière, et plus productive que la plupart de
celles qui viennent dans les mêmes expositions.
Fauchée, elle repousse assez rapidement, quoiqu'elle n'atteigne pas une grande hauteur lorsqu'on l'abandonne à elle-même. Comme le *poa
des prés*, elle ne donne des tiges florales qu'une

fois par an , et semble propre à former une prairie permanente dans les sols riches et légers.

VIII. *Poa pratensis*. Curt. Lond. Bot. ang.
1073.

Poa des prés. Indigène dans la Grande-Bretagne.

A l'époque de la floraison , le produit d'un mélange de terre marécageuse et d'argile est

Kil. par 4046m,6488.

Herbe 425^g,190. Le produit
  de 4046^m,6488. . . . . 4630^k,319

141^g,730 d'herbe pèsent, quand
  elle est sèche. . . . . 39,338 $\Big\}$ 1302^k,275
Le produit de l'espace ci-dessus. 119,078

Le poids perdu par le produit
  de 4046^m,6488 , en séchant . . . . . 3327^k,852

113^g,344 d'herbe donnent de
  matière nutritive. . . . . . 2,303 $\Big\}$ 163^k,331
Le produit de l'espace ci-dessus. 13,986

Lorsque la graine est en maturité , le produit
est

Herbe 362^g,828. Le produit
  de 4046^m,6488. . . . . 326^k,214

141^g,730 d'herbe pèsent, quand
  elle est sèche . . . . 56,692 $\Big\}$ 154^k,343
Le produit de l'espace ci-dessus. 141,730

Le poids perdu par le séchage
  dans le produit de 4046^m,6488. . . . 1851^k,24

Kil. par 4046m,6488.

₪ 15ᵍ,384 d'herbe donnent de
matière nutritive. . . . . . 5,126 ⎫
Le produit de l'espac. ci-dessus. 7,542 ⎭ 90ᵏ,433

Le poids de matière nutritive
qui se perd lorsqu'on laisse
la récolte sur pied jusqu'à la
maturité de la graine, s'élevant à plus du quart de sa
valeur. . . . . ‒ 36ᵏ,184

Le produit de la dernière coupe est

Herbe 168ᵍ,076. Le produit
de 4046ᵐ,6488 . . . . 1852ᵏ,127
₪ 13ᵍ,384 d'herbe donnent de
matière nutritive. 2,303   50ᵏ,908

Les valeurs de l'herbe de la seconde coupe et
celle de la coupe faite pendant la floraison, sont
entre elles comme 6 et 7. Le regain et la récolte faite au moment où la graine est en maturité sont équivalens.

Ainsi le moment où cette herbe a le moins
de prix est celui où la graine est mûre. Elle perd
plus d'un quart de sa valeur quand elle reste sur
pied jusqu'à cette époque. Les tiges sèchent, et
les racines des feuilles deviennent languissantes ;
celles du regain, au contraire, sont pleines de
force. La graminée qui nous occupe ne donne
de tiges florales qu'une fois l'année, et ces par-

18

tics sont celles qui valent le mieux pour la confection des foins. D'après cette circonstance, et la valeur de la seconde coupe comparée à celle de la récolte faite au temps où la graine entre en maturité, elle peut être considérée comme très-propre à la formation des prairies permanentes.

IX. *Poa cærulea.* — Var. *Poa pratensis.* Bot. ang. 100 {. *Poa subcærulea.* Poa bleuâtre. Indigène dans la Grande-Bretagne. H. Kew. 1. — 155. *Poa humilis.*

A l'époque de la floraison, le produit d'un sol de la nature du précédent est

Kil. par 4046m,6488.

Herbe 311s,806. Le produit
de 4046^m,6488 . . . . 3595^k,567
1138,584 d'herbe donnent de
matière nutritive. . . . . . 3,544 $\Big\}$ 106^k,111
Le produit de l'espace ci-dessus. 9,214
1418,760 d'herbe pèsent, quand
elle est sèche . . . . . . 47,726 $\Big\}$ 1018^k,680
Le produit de l'espace ci-dessus.
Le poids perdu dans le séchage
du produit de 4046^m,6488. . . . . . 2376^k,938

Le produit de cette variété est plus faible que celui d'aucune des graminées dont il a été question jusqu'ici ; elle ne paraît jouir d'aucune qualité supérieure. L'excès de puissance nutritive ne compense pas le déficit du produit de 80 livres de matière nutritive par 4046,6488.

X. *Festuca hordeiformis. Poa hordeiformis.*
H. Cant.

Poa hordeiforme. Indigène en Hongrie.

A l'époque de la floraison, le produit d'un sol sablonneux fumé est

Kil. par 4o46m,6488.

Herbe 566^g,92. Le produit
    de 4o46^m,6488 . . . . 6173^k,758
141^g,73o d'herbe pèsent, quand
    elle est sèche. . . . .   42,728 ⎫
Le produit de l'espace ci-dessus. 16o,112 ⎭ 1852^k,127
Le poids perdu dans le séchage
    par le produit de 4o46^m,6488 . . . . . 43o1^k,63 ı
115^g,384 d'herbe donnent de
    matière nutritive . . . . .   3,721 ⎫
Le produit de l'espace ci-dessus. 19,669 ⎭ 217^k,o45

C'est en quelque sorte une plante printanière, plus tardive cependant qu'aucune des espèces qui précèdent. Son feuillage est très-fin, ressemble à celui de la *F. duriuscula* avec laquelle elle paraît avoir quelque analogie, et dont elle ne diffère que par la longueur de quelques-unes de ses parties et sa couleur verdâtre. Les produits considérables qu'elle donne, la puissance nutritive dont elle paraît jouir, et sa croissance hâtive sont des qualités qui méritent qu'on fasse de nouveaux essais.

XI. *Poa trivialis.* Curt. Lond. Bot. angl. 1072.
Host. G. A. 2. t. 62.

Poa commun. Indigène en Angleterre.

A l'époque de la floraison , le produit d'une glaise brunâtre , légère, fumée, est

. Kil. par 4046m,6488.

Herbe 31¹ᵍ,806. Le produit de
4046ᵐ,6488. . . . . 3395ᵏ,567
141ᵍ,730 d'herbe pèsent, quand
elle est sèche . . . .   42,728 ⎫
Le produit de l'espace ci-dessus. 96,008 ⎭ 1018ᵏ,680
Le poids perdu par le produit
de 4046ᵐ,6488 en séchant. 2376ᵏ,938
113ᵍ,384 d'herbe donnent de
matière nutritive . . . . .   5,544 ⎫
Le produit de l'espace ci-dessus.   9,214 ⎭ 106ᵏ,111

A l'époque où la graine est mûre, le produit est

Herbe 325ᵍ,982. Le produit de
4046ᵐ,6488. . . . . 3549ᵏ,911
141ᵍ,730 d'herbe pèsent, quand
elle est sèche . . . .   63,792 ⎫
Le produit de l'espace ci-dessus. 145,835 ⎭ 1597ᵏ,461
Le poids perdu dans le séchage
du produit de 4046ᵐ,6488. . . . . . 1952ᵏ,485
113ᵍ,384 d'herbe donnent de
matière nutritive . . . . .   4,075 ⎫
Le produit de l'espace ci-dessus. 12,935 ⎭ 152ᵏ,534
Le poids de matière nutritive
perdue en faisant la récolte
au moment de la floraison ,

Kil. par 4046m,6488.

excédant un quart de la va-
leur. . . . . 46^k,422

Les récoltes faites à l'époque de la maturité de
la graine et de la floraison sont entre elles comme 8 est à 11.

Le produit du regain est

Herbe 198^g,422. Le produit de
  4046^m,6488. . . . . 2160^k,8i5
113^g,384 d'herbe donnent de
  matière nutritive. . . . . . . 5^g,3i6

Le regain et la coupe, faite à l'époque de la
floraison, sont entre eux comme 8 à 12. Le regain et la récolte, faite lorsque les graines sont
mûres, sont comme 11 à 12.

Il y a évidemment de l'avantage à ne faucher
qu'au moment où la graine est mûre. En récoltant cette plante, tant qu'elle est en fleur, on
éprouve des pertes considérables ; elle donne
beaucoup moins de foin. Son grand produit, la
puissance nutritive qu'elle possède à un degré
éminent, et la saison où elle parvient en maturité, sont autant de circonstances qui en font une
des graminées les plus précieuses parmi celles qui
prospèrent dans les bons sols humides et les situations ombrées ; mais elle réussit mal dans les
lieux secs, elle y languit et meurt souvent dans
l'intervalle de quatre à cinq jours.

XII. *Festuca glauca*. Curtis.

Festuque glauque. Indigène dans la Grande-Bretagne.

A l'époque de la maturité de la graine, le produit d'une glaise brune est

Kil, par 4046m,6488.

Herbe 396g,844. Le produit de
4046m,6488 . . . . 4301k,631
141g,730 d'herbe pèsent, quand
elle est sèche   56,692
Le produit de l'espace ci-dessus.   158,122 } 1728k,652
Le poids perdu dans le séchage
par le produit de 4046m,6488 . . . . . 2512k,224
113g,384 d'herbe donnent de
matière nutritive.   3,126
Le produit de l'espace ci-dessus.   9,037 } 1167k,081

A l'époque de la floraison, le produit est

Herbe 396g,844. Le produit de
4046m,6488 . . . . 4301k,631
141g,730 d'herbe pèsent, quand
elle est sèche   56,692
Le produit de l'espace ci-dessus.   158,121 } 1728k,652
Le poids perdu dans le séchage
par le produit de 4046m,6488 . . . . . 2512k,224
113g,384 d'herbe donnent de
matière nutritive   5,316
Le produit de l'espace ci-dessus.   18,74 } 1167k,081
Le poids de la matière nutri-
tive perdue en laissant la ré-

colte sur pied jusqu'à la maturité de la graine, étant la moi-
tié de la valeur de la récolte . . . . . 101^k,270

Les valeurs de l'herbe, prise au temps de la floraison et de la maturité de la graine, sont entre elles comme les nombres 6 et 12.

Les différences de valeur de cette plante, aux époques de la floraison et de la maturité de la graine, sont précisément l'inverse des espèces qui précèdent, et sont une nouvelle preuve de l'importance des pailles dans les herbes destinées à former du foin. Elles sont très-succulentes lorsque la plante est en fleur; mais depuis cette époque jusqu'à celle où la graine atteint sa maturité, elles se dessèchent et durcissent. Les racines des feuilles ne croissent et ne se multiplient plus. Toutes les parties cessent de prendre de l'augmentation à l'exception des racines et des vaisseaux des semences. Les tiges du *poa trivialis*, au contraire, sont faibles et tendres pendant que cette plante est fleurie; à mesure qu'elles approchent de la saison où les graines sont mûres, elles deviennent fermes et succulentes; cependant, cette époque passée, elles se dessèchent promptement, et ne paraissent bientôt plus que des substances privées de vie.

XIII. *Festuca glabra*. Wither. B. 2. p. 154. Festuque glabre. Indigène en Écosse.

A l'époque de la floraison, le produit d'une glaise argileuse fumée est

Herbe 595^g,266. Le produit par
4046^m,6488 . . . . 6482^k,504

141^g,760 d'herbe pèsent,quand
elle est sèche . . . . . . 56,704 }
Le produit de l'espace ci-dessus. 237,628 } 2592^k,978

Le poids perdu dans le séchage
du produit de 4046^m,6488 . . . . . . 3889^k,990

113^g,368 d'herbe donnent de
matière nutritive . . . . . 3,544 }
Le produit de l'espace ci-dessus. 18,07 } 202^k,560

A l'époque de la maturité de la graine, le produit est

Herbe 396^g,844. Le produit par
4046^m,6488 . . . . 4301^k,631

141^g,760 d'herbe pèsent, quand
elle est sèche . . . . . . 56,704 }
Le produit de l'espace ci-dessus. 158,16 } 1728^k,652

Le poids perdu par le séchage
du produit de 4046^m,6488. . . . . . 2512^k,224

113^g,368 d'herbe donnent de
matière nutritive. . . . . . 1,949 }
Le produit de l'espace ci-dessus. 7,287 } 84^k,386

Le poids de la matière nutritive
perdue en laissant la récolte
sur pied jusqu'à la maturité
de la graine, excédant la
moitié de sa valeur. . . . . 118^k,176

Les valeurs de l'herbe, au temps de la maturité de la graine et de la floraison, sont entre elles comme les nombres 5 et 8.

Le produit du regain est

Kil. par 4046m,6488.

Herbe 255^g,114. Le produit
de 4046^m,6488. . . . . 2778^k,291
113^g,368 d'herbe donnent de
matière nutritive .. . .   3,544 ⎫
Le produit de l'espace ci-dessus.   2,572 ⎭ 21^k,694

Les valeurs de l'herbe de la seconde coupe et de l'herbe récoltée pendant la floraison, sont entre elles comme les nombres 2 et 5.

Cette plante, au premier coup d'œil, ressemble presque à la *festuca duriuscula;* elle en diffère cependant d'une manière totale, et vaut moins sous beaucoup de rapports, comme il est facile de s'en assurer en comparant leurs divers produits les uns avec les autres. Mise en parallèle avec plusieurs autres graminées, cultivées en grand aujourd'hui, elle l'emporte de beaucoup, pourvu qu'elle soit dans un sol qui lui convienne. En prenant, par exemple, l'*anthoxanthum odoratum*, il paraît que la *festuca glabra* donne de matière nutritive

Récolte faite au temps de la
floraison . . . . 790,312 ⎫
Idem au temps de la maturité   ⎬ 2861^k,659
de la graine . . . . 529,592 ⎭

18*

Anthoxanthum odoratum.

Kil. par 4046m,6488.

A l'époque de la floraison. . . 216,184 ⎫
Idem de la maturité de la   ⎬ 196ᵏ,384
graine . . . . 551,092 ⎭

Le poids de matière nutritive
donnée par le produit de
4046ᵐ,6488 de la *festuca
glabra,* étant à celui de l'an-
thoxanthum odoratum à peu
près dans la proportion de 6 à 9. . . . .   90ᵏ,255

XIV. *Festuca rubra.* Wither. B. 2. p. 153.

Festuque rouge. Indigène en Angleterre.

A l'époque de la floraison, le produit d'un
sol sablonneux, léger, est

Herbe 425ᵍ,190. Le produit
par 4046ᵐ,6488 . . . .   463ᵏ,031
1418ᵍ,760 d'herbe pèsent, quand
elle est sèche . . . .   60,248 ⎫
Le produit de l'espace ci-dessus. 180,744 ⎬ 1613ᵏ,567
Le poids perdu dans le séchage
du produit de 4046ᵐ,6488. . . . . .   3016ᵏ,832
1138ᵍ,368 d'herbe donnent de
matière nutritive. . . . . .   2,112 ⎫
Le produit de l'espace ci-dessus.   40,304 ⎬ 108ᵏ,523

A l'époque de la maturité de la graine, le
produit est

Herbe 453ᵍ,544. Le produit
par 4046ᵐ,6488 . . . . : . . .   4979ᵏ,094

Kil. par 4046m,6488.

1 4 1ᵍ,760 d'herbe pèsent, quand
    elle est sèche. . . . . . .   63,792 }
Le produit de l'espace ci dessus.   204,11 } 2222ᵏ,553
Le poids perdu dans le séchage
    du produit de 4046ᵐ,6488. . . . . . . 2720ᵏ,501
1 1 3ᵍ,368 d'herbe donnent de
    matière nutritive. . . . . .   3,544 }
Le produit de l'espace ci-dessus.   14,176 } 154ᵏ,553
Le poids de matière nutritive
    qui est perdu en récoltant
    l'herbe pendant qu'elle est
    en fleur, étant à peu près le
    tiers de sa valeur. 45ᵏ,413

Les valeurs de cette plante, récoltée à l'époque de la floraison et à celle de la maturité de
la graine, sont entre elles comme les nombres
6 et 8.

Cette espèce est inférieure à tous égards à la
précédente : ses feuilles ont rarement plus de
trois à quatre pouces de long ; elle se plaît dans
les sols analogues à ceux où croît la *festuca ovina*,
à laquelle on pourrait la substituer avec avantage, ainsi que le démontre la comparaison de
leurs produits.

Le produit de la seconde coupe est

Herbe 1 4 1ᵍ,750. Le produit
    par 4046ᵐ,6488. . . . . 154ᵏ,553

Kil. par 4o46m,6488.

113ᵍ,368 d'herbe donnent de

matière nutritive   2,112   35ᵏ,915

Les valeurs de cette herbe, cueillie à la dernière récolte ou quand ses graines sont mûres, sont entre elles comme les nombres 6 et 8 ; la dernière et la première coupes sont égales.

XV. *Festuca ovina.* Botan. angl. 585. Wither. B. 2., p. 152.

Festuque des moutons. Indigène en Angleterre.

A l'époque de la maturité de la graine, le produit est

Herbe 226ᵍ,768. Le produit par 4046ᵐ,6488 . . . . 2469ᵏ,547

113ᵍ,368 d'herbe donnent de

matière nutritive . . . . . . 2,112 ⎫
                                        ⎬ 57ᵏ,855
Le produit de l'espace ci-dessus. 5,316 ⎭

Le produit de la dernière coupe est

Herbe 141ᵍ730. Le produit par 4046ᵐ,6488 . . . . 1543ᵏ,466

113ᵍ,368 d'herbe donnent de

matière nutritive   1,942   30ᵏ,144

Le poids de cette espèce sèche n'a pas été déterminé, parce que la faiblesse du produit la rend tout-à-fait impropre à la confection du foin. Si on compare sa puissance nutritive avec celle des

graminées qui précèdent, l'infériorité sera établie ainsi qu'il suit :

	Kil par 4046m,6488.
La *festuca ovina* (comme ci-dessus) donne de matière nutritive.	2,112
Idem donne *idem*, ...	1,942
Festuca rubra, idem, donne *idem.*	1,544
Idem idem idem.	2,112

Ainsi la force relative de nutrition que possède
l'herbe de la *festuca rubra* est à celle de la *festuca
ovina* dans le rapport des nombres 11 et 14.

D'après l'expérience dont je viens de donner
les détails, elle ne paraît pas jouir de la faculté
de nutrition qu'on lui attribue généralement.
Son feuillage est fin, et par cette raison elle
peut être plus convenable aux moutons que les
graminées plus fortes, qui sont cependant douées
d'une puissance nutritive plus considérable. Il résulte de là que dans les lieux où elle croît naturellement et sert de pâturage aux moutons,
elle peut n'être inférieure qu'à un petit nombre
d'autres. Elle se distingue par divers caractères
de la *festuca rubra.*

XVI. *Briza media.* Bot. angl. 340. Host. G.
A. 2. t. 29.

Briza des prés. Indigène dans la Grande-Bretagne.

A l'époque de la floraison, le produit d'une riche glaise brunâtre est

Kil. par 4046m,6488.

Herbe 396g,844. Le produit
  par 4046m,6488. . . . . 4322k,107
141g,760 d'herbe pèsent, quand
  elle est sèche.   46,072
Le produit de l'espace ci-dessus.   12,310 } 1404k,285
Le poids perdu dans le séchage
  par le produit de 4046m,6488 . . . . . 2917k,051
113g,568 d'herbe donnent de
  matière nutritive.   4,054
Le produit de l'espace ci-dessus.   16,30 } 181k,617

A l'époque de la maturité de la graine, le produit est

Herbe 396g,844. Le produit
  par 4046m,6488 . . . . 4322k,107
141g,760 d'herbe pèsent, quand
  elle est sèche   49,616
Le produit de l'espace ci-dessus.   118,476 } 1512k,597
Le poids perdu dans le séchage
  par le produit de 4046m,6488 . . . . . 2808k,575
113g,568 d'herbe donnent de
  matière nutritive.   5,493
Le produit de l'espace ci-dessus.   19,794 } 223k,460
Le poids de matière nutritive
  perdu en faisant la récolte
  à l'époque de la floraison,

Kil. par 4046m,6488.

étant, à peu de chose près,
le quart de sa valeur. . . . . 49^k,463

Les valeurs de l'herbe, récoltée à l'époque
ɔ la floraison et à celle de la maturité de la
·aine, sont entre elles comme les nombres 11
13.
Le produit de la dernière coupe est

erbe 340^g,15. Le produit
par 4046^m,6488. . . . . 4104^k,320
:3^g,368 d'herbe donnent de
matière nutritive. 3,544   115^k,758

Les valeurs que possède l'herbe, à l'époque
ɔ la floraison et à celle de la dernière coupe,
ɔnt entre elles comme les nombres 8 et 11. La
ɛrnière coupe et celle qui se fait lorsque la
:aine est mûre sont entre elles comme 8 et 13.

Cette plante mérite d'être cultivée; elle a une
uissance de nutrition considérable, et un pro-
uit assez fort, si on le compare à celui des autres
erbes qui croissent dans des sols semblables.

XVII. *Dactylis glomerata*. Bot. angl. 335. Fl.
)an. 743.

Dactylis agglomérée. Indigène en Angleterre.
A l'époque de la floraison, le produit d'une
iche glaise sablonneuse est

[erbe 1^{k}162. Le produit par
4046^{m}6488 . . . . 12656^k,428

Kil. par 4046m,6488.

1418,760 d'herbe pèsent, quand

elle est sèche. . . . .   60,24 }
Le produit de l'espace ci-dessus. 492,736 } 5418^k,982

Le poids perdu dans le séchage

du produit de 4046^{m}6488. . . . . . . 7277^k,446

113^g,368 d'herbe donnent de

matière nutritive. . . . . .   3,898 }
Le produit de l'espace ci-dessus. 44,72 } 497^k,910

A l'époque de la maturité de la graine, le pro-duit est

Herbe 1^k,105. Le produit par

4046^m,6488. . . . . 12039^k,041

113^g,368 d'herbe pèsent, quand

elle est sèche . . . .   70,88 }
Le produit de l'espace ci-dessus. 552,864 } 6019^k,520

Le poids perdu dans le séchage

du produit de 4046^{m}6488 . . . . . . 6019^k,520

115^g,368 d'herbe donnent de

matière nutritive. . . . . .   5,656 }
Le produit de l'espace ci-dessus. 60,322 } 658 ,404

L'accroissement de poids que

prend la matière nutritive

lorsqu'on laisse la récolte

sur pied jusqu'à la maturité

de la graine, étant plus du

tiers de sa valeur. . . . . 164^k,475

Les valeurs que possède l'herbe coupée, aux époques de la floraison et de la maturité de la graine, sont entre elles à peu près comme les nombres 5 et 7.

Le produit de la dernière coupe est

Kil. par 4046m,6488.

Herbe 496g,058. Le produit
par 4046m,6488. . . . . 540k,596
113,368 d'herbe donnent de
matière nutritive. 2,112 131k,738

Les valeurs de l'herbe à la dernière coupe, à la récolte faite à l'époque de la floraison et à celle de la maturité de la graine, sont entre elles comme les nombres 6, 10 et 14. 113,368 de tiges fleuries donnent 2,112 de matière nutritive. Les feuilles de la dernière récolte et les tiges ont une égale valeur proportionnelle. A raison de cette circonstance, la graminée dont il s'agit vaut mieux pour les pâturages que pour la confection des foins. D'après les détails dans lesquels nous venons d'entrer, on éprouve une perte qui s'élève à près d'un tiers de la valeur de la récolte quand on la laisse sur pied, jusqu'à ce que les graines soient mûres, quoique la valeur proportionnelle de l'herbe soit plus grande à cette époque dans le rapport de 5 à 7. Le produit n'augmente pas lorsqu'on laisse l'herbe sur pied après la floraison ; il décroît au contraire d'une manière uniforme, et la perte de la dernière coupe (d'après la croissance rapide du feuillage lorsque l'herbe est cueillie) est très-

considérable. Ces circonstances démontrent la
nécessité de faucher cette herbe ou de la faire
manger fréquemment par le bétail , si on veut
en retirer tout le parti dont elle est susceptible.

XVIII. *Bromus tectorum.* Host. G. A. 1. t. 15.

Brome des toits. Indigène en Europe. Introduite en 1776. H. K. I. 168.

A l'époque de la floraison, le produit d'un sol
sablonneux léger est

Kil. par 4046m,6488.

Herbe 311g,806. Le produit
  par 4046m,6488. . . . . 3399k,627

141g,760 d'herbe pèsent,quand
  elle est sèche. . . . . 74,424 } 1782k,703
Le produit de l'espace ci-dessus. 163,291 }

Le poids perdu dans le séchage
  du produit de 4046m,6488. . . . . . 1612k,92?

113g,368 d'herbe donnent de
  matière nutritive. . . . . 5,316 } 159k,169
Le produit de l'espace ci-dessus. 14,253 }

Cette espèce, étant rigoureusement annuelle,
ne donne pas de regain , ce qui fait que sa valeur comparative est plus faible.

XIX. *Festuca Cambrica.* Hudson. W. B. 2.,
p. 155.

Festuque de Cambridge. Indigène en Angleterre.

A l'époque de la floraison, le produit d'un
ol sablonneux léger est

Kil. par 4046m,6488.

erbe 283^g,46. Le produit
par 4046^m,6488. . . . . 3126^k,933
4 1^g,76o d'herbe pèsent, quand
elle est sèche. . . . . 6o,25 } 1351^k,947
e produit de l'espace ci-dessus. 12o,5oo
e poids perdu dans le séchage
du produit de 4046^m,6488 . . . . . . 1774^k,987
13^g,368 d'herbe donnent de
matière nutritive. . . . . . . 3,721 } 108^k,52o
e produit de l'espace ci-dessus. 9,391

Cette espèce se confond pour ainsi dire avec
1 *festuca ovina* dont elle diffère peu , si ce n'est
u'elle est plus grande à tous égards. Le produit
t la matière nutritive qu'elle donne seront
ouvés supérieurs à ceux de la *festuca ovina* ,
: on les compare.

XX. *Bromus diandrus*. Curt. Lond. Bot. angl.
oo6.
Brome à deux étamines. Indigène en Angle-
erre.
A l'époque de la maturité de sa graine , le
roduit d'une riche glaise brunâtre est

erbe 85o^g,38. Le produit par
4046^m,6488. . . . . 9261^k,201

Kil. par 4046m,6488.

1 4 1$,760 d'herbe pèsent, quand

elle est sèche   60,25

Le produit de l'espace ci-dessus.   561,488 } 4335^k,826

Le poids perdu dans le séchage

du produit de 4046^m,6488. . . . . . 5324^k,974

1 13^s,368 d'herbe donnent de

matière nutritive.   5,316

Le produit de l'espace ci-dessus.   39,345 } 434^k,100

Cette plante est, ainsi que la précédente, ri-goureusement annuelle : le produit ci-dessus n'est que celui d'un an. Si on le compare avec celui des plantes pérennes, on trouvera qu'il est bien inférieur, et que cette graminée doit être exclue de la culture.

XXI. *Poa angustifolia.* With. 2., p. 142.

Poa à feuilles étroites. Indig. dans la Grande-Bretagne.

A l'époque de la floraison, le produit d'une glaise brunàtre est

Herbe 765^s,342. Le produit par

4046^m,6488 . . . . 8734^k,721

1 4 1$,760 d'herbe pèsent, quand

elle est sèche   60,25

Le produit de l'espace ci-dessus.   325,230 } 3582^k,257

Le poids perdu dans le séchage

du produit de 4046^m,6488. . . . . . 4792^k,465

Kil. par 4046m,6488.

13g,568 d'herbe donnent de
matière nutritive. . . . . . 8,860 ⎱
.e produit de l'espace ci-dessus. 59, ⎰ 648k,747

A l'époque de la maturité de la graine , le
·roduit est

[erbe 396g,844. Le produit par
4046m,6488 . . . . 4322k,107
4 1g,760 d'herbe pèsent, quand
elle est sèche . . . . 56,70 ⎱
e produit de l'espace ci-dessus. 158,686 ⎰ 1768k,683
e poids perdu dans le séchage
du produit de 4046m,6488. . . . . . 2593k,024
13g,368 d'herbe donnent de
matière nutritive. . . . . . 9,037 ⎱
e produit de l'espace ci-dessus. 32,161 ⎰ 318k,117
e poids de la matière nutritive
perdue en laissant la récolte
sur pied jusqu'à la maturité
de la graine, excédant le tiers
de sa valeur 294k,357

La croissance printanière des feuilles de cette
:pèce de *poa* est une preuve manifeste que la
oraison hâtive des plantes n'est pas toujours en
ipport avec le produit printanier des feuilles
: plus abondant.

A cet égard , les diverses espèces que nous
vons examinées jusqu'à présent sont bien in-

férieures à celle dont il s'agit. Avant le mil
d'avril, les feuilles atteignent une longueur
plus de douze pouces ; elles sont, à cette ép
que, douces et succulentes. Au mois de ma
lorsque les tiges florales se montrent, toutes
parties de la plante sont sujettes à une malad
appelée rouille, qui se manifeste par la faibles
du produit de la récolte faite au moment de
maturité de la graine ; il est alors moitié moi
fort qu'à l'époque de la floraison. Quoique
maladie attaque d'abord la paille, les feuill
s'en ressentent vivement, et sont complèteme
desséchées quand la graine atteint la maturit
C'est pourquoi les tiges constituent la principa
partie de la récolte, et contiennent proportion
nellement plus de matière nutritive que les feui
les. Cette plante est surtout propre aux pâtur
ges. Son développement rapide et printanier
la maladie qui s'attache à ses tiges, indiquer
que la nature la destine à cet usage. Les plante
qui se rapprochent le plus de celle-ci, sous l
rapport d'un développement hâtif des feuilles
sont le *poa fertilis*, *dactylis glomerata*, *phleun
pratense*, *alopecurus pratensis*, *avena elatio
et bromus littoreus*.

XXII. *Avena elatior*. Curtis. Bot. angl. 81 ?
Holcus avenaceus.

Fromental. Indigène en Angleterre.

A l'époque de la maturité de la graine, le
produit est

	Kil. par 4046m,6488.
Herbe 680g,304. Le produit par 4046m,6488	7408k,637
41g,760 d'herbe pèsent, quand elle est sèche	63,792 }2593k,028
le produit de l'espace ci-dessus.	237,708
le poids perdu dans le séchage du produit de 4046m,6488.	4815k,620
13g,368 d'herbe donnent de matière nutritive.	1,772 } 115k,760
le produit de l'espace ci-dessus.	10,632

Le produit de la dernière récolte est

Herbe 566g,92. Le produit par 4046m,6488	6173k,868
13g,368 d'herbe donnent de matière nutritive.	1,949 120k,582
le poids de la matière nutritive qui est fournie par la dernière coupe, étant, à celui de la même matière qui est contenue dans la récolte faite lorsque la graine est mûre, dans la proportion à peu près de 26 à 25	4k,793

Cette plante pousse des tiges florales pendant
toute la saison. La dernière coupe en contient

presque autant que celle qui est faite pen
la floraison. Elle est sujette à la rouille,
elle ne l'éprouve jamais que lorsqu'elle
plus en fleur. Toutes les parties de la pl
sont affectées; elles blanchissent et sèchent l
que la graine est en maturité. Cela prouv
supériorité de valeur de la dernière coupe
la première, et fait voir qu'il convient de f
cher cette herbe quand elle est en fleur.

XXIII. *Poa elatior.* Curtis. 5o.

Indigène en Écosse.

A l'époque de la floraison, le produit d'r
glaise argileuse riche est

Herbe 5 1 o^g,228. Le produit par

Kil. par 4o46m,64$

4o46^m,6488. . . . . 5556^k,4

1 41^g,76o d'herbe pèsent, quand

elle est sèche . . . . . . 49,616 } 1948^k,7

Le produit de l'espace ci-dessus. 177,831 }

1 13^g,368 d'herbe donnent de

matière nutritive. . . . . 5,67o } 3o3^k,8

Le produit de l'espace ci-dessus. 27,111 }

Le poids perdu dans le séchage

par le produit de 4o46^m,6488 . . . . . 164o^k,9:

Les caractères botaniques de cette espèce so
presque les mêmes que ceux de l'*avena elatior*
ces deux plantes ne diffèrent que par les arètes
dont la première manque. C'est un des caractère
distinctifs des *holcus*, et depuis que l'*avena ela*

tior est rapportée à ce genre, elle peut en être considérée comme une variété.

XXIV. *Festuca duriuscula.* Bot. ang. 470. W. B. 2. P. 153.

Festuque à feuilles dures. Indigène en Angleterre.

A l'époque de la floraison, le produit d'une glaise sablonneuse légère est

Kil. par 4046m,6488.

Herbe 765g,342. Le produit par
 4046m,6488 . . . . 8734k,721
106g,32 d'herbe pèsent, quand
 elle est sèche. . . . .   63,792 ⎫
Le produit de l'espace ci-dessus.   344,028 ⎬ 4150k,616
Le poids perdu dans le séchage
 du produit de 4046m,6488. . . . . . 4583k,644
113g,368 d'herbe donnent de
 matière nutritive. . . . . .   5,670 ⎫
Le produit de l'espace ci-dessus.   41,186 ⎭ 455k,804

A l'époque de la maturité de la graine, le produit est

Herbe 793g,688. Le produit par
 4046m,6488 . . . . 8651k,578
141g,760 d'herbe pèsent, quand
 elle est sèche . . . .   63,792 ⎫
Le produit de l'espace ci-dessus.   355,592 ⎭ 4289k,537
Le poids perdu dans le séchage
 du produit de 4046m,6488 . . . . . . 4759k,878

Kil. par 4046m,6488.

1 13^g,368 d'herbe donnent de
matière nutritive. . . . . . 2,126$\Big\}$ 202^k,580
Le produit de l'espace ci-dessus. 18,074

Le poids de la matière nutritive
qui se perd lorsqu'on laisse
la récolte sur pied jusqu'à la
maturité de la graine, ex-
cédant la moitié de sa valeur. . . . . . 253^k,624

Les valeurs de l'herbe, récoltée à l'époque
de la maturité de la graine et de la floraison,
sont entre elles comme 6 à 14, à peu de chose
près.

Le produit de la dernière récolte est

Herbe 425^g,190. Le produit par
4046^m,6488 . . . . 4630^k,400
1 13^g,368 d'herbe donnent de
matière nutritive. 1,849   90^k,539

Les valeurs de la dernière récolte et de celles
qui sont faites pendant la floraison et à l'époque
de la maturité de la graine sont entre elles
comme 5, 14 et 6.

Ces détails confirment l'opinion avantageuse
qui a été émise sur cette herbe en parlant de la
festuca hordeiformis et de la *festuca glabra*. Le
produit, considérable à l'époque de la floraison,
l'est très-peu au printemps ; mais la qualité en
est excellente. Si on la compare avec les plantes

qui croissent dans des sols semblables à ceux où elle végète, telles que le *poa pratensis*, la *festuca ovina*, etc., considérées comme herbe à fourrage ou à pâture, on reconnaîtra qu'elle est bien au-dessus.

XXV. *Bromus erectus.* Bot. angl. 471. Host. G. A.

Brome à tiges droites. Indigène en Angleterre.

A l'époque de la floraison, le produit d'un riche sol sablonneux est

Kil. par 4046m,6488.

Herbe 538g,574. Le produit par
  4046m,6488 . . . . 5865k,174
141g,760 d'herbe pèsent, quand
  elle est sèche . . . .   63,792 } 2679k,428
Le produit de l'espace ci-dessus. 220,992 }
Le poids perdu dans le séchage
  du produit de 4046m,6488. . . . . . . 3225k,846
113g,368 d'herbe donnent de
  matière nutritive. . . . . .   4,074 } 252k,018
Le produit de l'espace ci-dessus. 23,040 }

XXVI. *Milium effusum.* Curt. Lond. Bot. angl. 1106.

Mil étalé. Indigène en Angleterre.

A l'époque de la floraison, le produit d'un sol sablonneux léger est

Herbe 325g,982. Le produit par
  4046m,6488. . . . . 5556k,501

Kil. par 4046m,6488.

1 4 1^g,76o d'herbe pèsent, quand
elle est sèche . . . . 54,932 $\Big\}$ 2154^k,138
Le produit de l'espace ci-dessus. 197,092

1 1 3^g,$36$8 d'herbe donnent de
matière nutritive. . . . . . 2,3o8 $\Big\}$ 151^k,934
Le produit de l'espace ci-dessus. 12,947

Cette espèce dans son état naturel semble particulière aux bois ; mais l'essai dont nous venons
de rendre compte confirme l'opinion où l'on
était qu'elle peut venir dans les lieux ouverts.
Elle produit du feuillage en abondance dès
les premiers jours du printemps ; mais sa puissance nutritive, comparée à celle de diverses
autres plantes, est peu considérable.

XXVII. *Festuca pratensis.* Bot. angl. 15g2.
C. Lond.

Festuque des prés. Indigène en Angleterre.

A l'époque de la floraison, le produit d'un sol
tourbeux, amendé avec des cendres de charbon
de terre, est

Herbe 566^g,92. Le produit par
4046^m,6488 . . . . 6173^k,868

1 4 1^g,76o d'herbe pèsent, quand
elle est sèche . . . . 67,336 $\Big\}$ 2932^k,588
Le produit de l'espace ci-dessus. 269,344

Le poids perdu dans le séchage
du produit de 4046^m,6488 . . . . . . 3241^k,280

Kil. par 4046m,6488.

113^g,368 d'herbe donnent de

matière nutritive. . . . . . 7,438 $\Big\}$ 434^k,100

Le produit de l'espace ci-dessus. 39,338

A l'époque de la maturité de la graine, le produit est

Herbe 793^g,688. Le produit par

4046^m,6488 . . . . 3609^k,076

141^g,760 d'herbe pèsent, quand

elle est sèche . . . . 56,704 $\Big\}$ 3454^k.365

Le produit de l'espace ci-dessus. 317,188

Le poids perdu dans le séchage

du produit de 4046^m,6488. . . . . . 5226^k,049

113^g,368 d'herbe donnent de

matière nutritive. . . . . . 2,126 $\Big\}$ 202^k,580

Le produit de l'espace ci-dessus. 18,074

Le poids de la matière nutritive

perdue en laissant la récolte

sur pied jusqu'à la maturité

de la graine, excédant la

moitié de sa valeur. . . . . 231^k,520

Les valeurs de cette herbe, aux époques de la maturité de la graine et de la floraison, sont entre elles comme 6 est à 18.

On fait de très-grandes pertes lorsqu'on laisse la récolte sur pied jusqu'à la maturité de la graine. Il se fait plus de déchet dans le séchage à cette époque de la croissance ; ce qui s'accorde très-bien avec la moindre quantité de matière

nutritive que contient la plante lorsque les graines sont mûres, proportionnellement à ce qu'elle
en contient lorsqu'elle fleurit. Les pailles, succulentes dans le premier cas, forment la plus
grande partie du poids, tandis que dans le second, où elles sont blanchies et desséchées, ce
sont les feuilles qui le constituent presqu'à elles
seules. On peut remarquer ici qu'il y a une
grande différence entre les tiges et les feuilles
desséchées après avoir été coupées dans un état
succulent, et celles qui ont éprouvé une dessiccation naturelle tant qu'elles étaient sur pied.
Les premières retiennent toutes leurs facultés
nutritives, et les secondes n'en conservent aucune si la dessiccation est parfaite.

XXVIII. *Lolium perenne*. Bot. angl. 315. Flo.
Dan. 747.

Raygrass. Indigène en Angleterre.

A l'époque de la floraison, le produit d'une
riche glaise brune est

Kil. par 4046m,6488.

Herbe 325^g,980. Le produit par
4046^m,6488 . . . . 3589^k,874

141^g,760 d'herbe pèsent, quand
elle est sèche. . . . . 60^g,248

Le produit de l'espace ci-dessus.   38,896 } 1506^k,809

Le poids perdu dans le séchage
par le produit de 4046^m,6488 . . . . . 2038^k,569

Kil. par 4046m,6488.

113^g,368 d'herbe donnent de
matière nutritive. . . . . .   3,898 }
Le produit de l'espace ci-dessus.   12,540 }   138^k,670

A l'époque de la maturité de la graine , le produit est

Herbe 623^g,612. Le produit par
4046^m,6488 . . . . 6791^k,255
141^g,760 d'herbe pèsent, quand
elle est sèche.. . . . . . .   42^g,528 }
Le produit de l'espace ci-dessus.   186,470 } 2037^k,376
Le poids perdu dans le séchage
du produit de 4046^m,6488 . . . . . 4757^k,878
113^g,368 d'herbe donnent de
matière nutritive. . . . . .   4^g,075 }
Le produit de l'espace ci-dessus.   26,084 }   291^k,810
Le poids de matière nutritive
qui se perd quand on fait la
récolte au moment de la floraison , étant près de la moi-
tié de sa valeur . . . . 154^k,085

Les valeurs de l'herbe , aux époques de la floraison et de la maturité de la graine , sont entre elles comme les nombres 10 et 11.

Le produit de la dernière récolte est

Herbe 141^g,730. Le produit par
4046^m,6488 . . . . 1543^k,467
113^g,368 d'herbe donnent de
matière nutritive.   1,772   24^k,115

Les valeurs de l'herbe à la dernière récolte, à la floraison et à l'époque de la maturité de la graine, sont entre elles comme les nombres 4, 10 et 11.

XXIX. *Poa maritima.* Bot. angl. 1140.

Poa maritime. Indigène en Angleterre.

A l'époque de la floraison, le produit d'une glaise brunâtre légère est

Kil. par 4046m,6488.

Herbe 510g,228. Le produit par
4046m,6488 . . . . 5556k,581
141g,760 d'herbe pèsent, quand
elle est sèche . . . . . . 56,704 ⎫
Le produit de l'espace ci-dessus. 204,170 ⎭ 322k,365
Le poids perdu dans le séchage
du produit de 4046m,6488. . . . . . 3353k,661
113g,368 d'herbe donnent de
matière nutritive. . . . . . 7,442 ⎫
Le produit de l'espace ci-dessus. 35,517 ⎭ 430k,671

Le produit de la dernière récolte est

Herbe 510g,228. Le produit par
4046m,6488 . . . . 556k,501
113g,368 d'herbe donnent de
matière nutritive. 1,772   86k,852

Les valeurs de l'herbe de la dernière récolte et de la floraison sont entre elles comme les nombres 4 et 18.

XXX. *Cynosurus cristatus.* Bot. angl. 318. Host. G. A. 2. t. 96.

Cretelle des prés.

A l'époque de la floraison , le produit d'une glaise brune , avec engrais , est

Kil. par 4046m,6488.

Herbe 255ᵍ,114. Le produit par
  4046ᵐ,6488 . . . . 2777ᵏ,333
141ᵍ,760 d'herbe pèsent, quand
  elle est sèche   42,528
Le produit de l'espace ci-dessus. 76,196 } 873ᵏ,473
Le poids perdu dans le séchage
  du produit de 4046ᵐ,6488. . . . . . 1948ᵏ,768
113ᵍ,368 d'herbe donnent de
  matière nutritive.   7,265
Le produit de l'espace ci-dessus. 16,302 } 184ᵏ,492

A l'époque de la floraison , le produit est

Herbe 510ᵍ,228. Le produit par
  4046ᵐ,6488 . . . . 556ᵏ,501
141ᵍ,760 d'herbe pèsent, quand
  elle est sèche   56,704
Le produit de l'espace ci-dessus. 203,930 } 322ᵏ,365
Le poids perdu dans le séchage
  du produit de 4046ᵐ,6488. . . . . . 333ᵏ,887
113ᵍ,368 d'herbe donnent de
  matière nutritive.   3,898
Le produit de l'espace ci-dessus. 19,689 } 217ᵏ,449
Le poids de la matière nutritive
  perdue en faisant la récolte
  au moment de la floraison ,

Kil. par 4046m,6488.

dépassant un sixième de sa
valeur . . . . 32^k,558

XXXI. *Avena pratensis*. Bot. angl. 1204. Fl.
Dan. 1083.

Avoine des prés. Indigène en Angleterre.

A l'époque de la floraison, le produit d'une
riche glaise sablonneuse est

Herbe 283^g,46. Le produit par
    4046^m,6488 . . . . 4136^k,934
141^g,760 d'herbe pèsent, quand
    elle est sèche . . . . 38,98 ⎱ 888^k,908
Le produit de l'espace ci-dessus. 77,96 ⎰
Le poids perdu dans le séchage
    du produit de 4046^m,6488. . . . . . 2236^k,396
113^g,368 d'herbe donnent de
    matière nutritive. . . . . . 3,721 ⎱ 108^k,520
Le produit de l'espace ci-dessus. 9,294 ⎰

A l'époque de la maturité de la graine, le
produit est

Herbe 396^g,844. Le produit par
    4046^m,6488.. . . . . 4322^k,107
141^g,760 d'herbe pèsent, quand
    elle est sèche . . . . . . 42,528 ⎱ 1336^k,912
Le produit de l'espace ci-dessus. 118,874 ⎰
Le poids perdu dans le séchage
    du produit de 4046^m,6488. . . . . . 3025^k,195

Kil. par 4046m,6488.

113ᵍ,368 d'herbe donnent de matière nutritive. . . . . . $\left.\begin{matrix}1,772\\5,670\end{matrix}\right\}$ 67ᵏ,926

Le produit de l'espace ci-dessus.

Le poids de matière nutritive qui se perd en laissant la récolte sur pied jusqu'à la maturité de la graine, excédant un tiers de sa valeur. 40ᵏ,989

Les valeurs des récoltes faites aux temps de la maturité de la graine et de la floraison, sont entre elles comme les nombres 4 et 9.

XXXII. *Bromus multiflorus.* Bot. angl. 1884. Host. G. A. 1. t. 11.

Brome à fleurs nombreuses. Indigène en Angleterre.

A l'époque de la floraison, le produit d'une glaise argileuse est

Herbe 935ᵍ,379. Le produit par
4046ᵐ,6488 . . . . 15175ᵏ,865
141ᵍ,760 d'herbe pèsent,
quand elle est sèche . . . $\left.\begin{matrix}77ᵍ,968\\313,94\end{matrix}\right\}$ 101338ᵏ,225
Le produit de l'espace ci-dessus. . . . .

Le poids perdu dans le séchage du produit de 4046ᵐ,6488. . . . . . 4584ᵏ,096
113ᵍ,368 d'herbe donnent de
matière nutritive. . . . . . $\left.\begin{matrix}8,860\\72,829\end{matrix}\right\}$ 795ᵏ,850
Le produit de l'espace ci-dessus.

Cette espèce est annuelle, et on n'a encore découvert aucune qualité bien importante dans sa graine. On a seulement remarqué qu'elle se rencontre fréquemment dans les mauvaises terres à fourrage, et quelquefois dans les prés. Il paraît, d'après les détails ci-dessus, qu'elle possède des facultés nutritives égales à celles de quelques-unes des meilleures espèces perennes, si on la fauche pendant qu'elle est en fleurs. Mais si on la laisse sur pied jusqu'à la maturité de la graine (ce qui, attendu qu'elle est hâtive, arrive souvent), elle a beaucoup moins de valeur, ses feuilles et ses tiges étant tout-à-fait sèches.

XXXIII. *Festuca loliacea*. Curt. Lond. Bot. angl. 1821.

Festuque loliacée. Indigène en Angleterre.

A l'époque de la floraison, le produit d'une riche glaise brunâtre est

Kil. par 4046m,6488.

Herbe 680g,304. Le produit par
4046m,6488 . . . . 7408k,637
141g,760 d'herbe pèsent, quand
elle est sèche. . . . . 62,02 } 3241k,280
Le produit de l'espace ci-dessus. 297,696 }
Le poids perdu dans le séchage
du produit de 4046m,6488. . . . . . 4171k,760
113g,363 d'herbe donnent de
matière nutritive. . . . . . 5,316 } 250k,813
Le produit de l'espace ci-dessus. 31,396 }

Le produit de la dernière coupe est

	Kil. par 4046m,6488.	
Herbe 14^g,760. Le produit par 4046^m,6488		346^k,274
113^g,368 d'herbe donnent de matière nutritive.	1,949	30^k,330
Le poids de matière nutritive perdue en laissant la récolte sur pied jusqu'à la maturité de la graine, excédant le quart de sa valeur		96^k,464

Les valeurs de cette plante, coupée aux temps de la floraison et de la maturité de la graine, sont entre elles comme les nombres 12 et 13. Celles de la dernière coupe et des récoltes faites aux époques de la floraison et de la maturité des semences, sont entre elles comme les nombres 5, 12 et 13.

Cette espèce ressemble beaucoup au raygrass par son apparence et les lieux où elle croît; mais elle lui est bien supérieure, soit pour la confection du foin, soit pour les pâturages permanens. Elle paraît devenir d'autant plus productive qu'elle avance plus en âge, ce qui est directement l'inverse du *lolium perenne*.

XXXIV. *Poa cristata*. Host. G. A. 2, t. 75. — *Aira cristata*. Bot. angl. 648.

Poa à crêtes. Indigène en Angleterre.

A l'époque de la floraison, le produit d'une glaise sablonneuse est

Kil. par 4o46m,6488.

Herbe 453ᵍ,544. Le produit

par 4o46ᵐ,6488 . . . .   4979ᵏ,094

141ᵍ,76o d'herbe pèsent, quand

elle est sèche. . . . .   6,792 }

Le produit de l'espace ci-dessus. 204,08o } 2222ᵏ,591

Le poids perdu dans le séchage

du produit de 4o46ᵐ,6488 . . . . . .   2720ᵏ,5o2

113ᵍ,368 d'herbe donnent de

matière nutritive . . . . . .   3,544 }

Le produit de l'espace ci-dessus.   14,176 } 154ᵏ,346

Le produit de cette espèce et la matière nu‑
tritive qu'elle donne égalent ceux de la *festuca
ovina* à l'époque où la graine entre en maturité.
Elles se plaisent l'une et l'autre dans les sols
secs. La grosseur de son herbe et de son feuil‑
lage, par rapport à son poids, rend la *festuca
cristata* inférieure à la *festuca ovina*.

XXXV. *Festuca myurus.* Bot. angl. 1412.
Host. G. A. 2. t. 93.

Cultivée en Angleterre.

A l'époque de la floraison, le produit d'un
sol sablonneux léger est

Herbe 396ᵍ,844. Le produit

par 4o46ᵐ,6488. . . . .   4322ᵏ,107

141ᵍ,76o d'herbe pèsent, quand

elle est sèche. . . . .   42,528 }

Le produit de l'espace ci-dessus. 118,724 } 1336ᵏ,912

Kil. par 4o46m,6488.

Le poids perdu dans le séchage

   du produit de 4046^m,6488 . . . . . . 3025^k,195

113^g,368 d'herbe donnent de

   matière nutritive . . . . .   2,126 }

Le produit de l'espace ci-dessus. 9,037 } 101^k,289

Cette espèce est rigoureusement annuelle ; elle est aussi sujette à la rouille, et les nombres exprimant son produit, que nous venons de rapporter, la rangent parmi les dernières plantes à fourrages.

XXXVI. *Aira flexuosa*. Bot. angl. 1519. Host. G. A. 2. t. 43.

Aira tortueux. Indigène en Angleterre.

A l'époque de la floraison, le produit d'un sol de bruyère est

Herbe 341^g,052. Le produit

   par 4046^m,6488 . . . . , . 4104^k,320

141^g.760 d'herbe pèsent, quand

   elle est sèche. . . . . 54,932 }

Le produit de l'espace ci-dessus. 131,728 } 1435^k,424

Le poids perdu dans le séchage

   du produit de 4046^m,6488. . . . . . 2268^k,896

115^g,368 d'herbe donnent de

   matière nutritive . . . . . 2,126 }

Le produit de l'espace ci-dessus. 7,442 } 86^k,820

XXXVII. *Hordeum bulbosum*. Hort. Kew. 2. P. 179.

Orge bulbeuse. Indigène en Italie et dans le Levant. Introduite en Angleterre par M. Richard en 1770.

A l'époque de la floraison, le produit d'une glaise argileuse fumée est

Kil. par 4046m,6488.

Herbe 992^g,110. Le produit

par 4046^{m}6488 . . . . 10843^k,871

141^g,760 d'herbe pèsent, quand

elle est sèche. . . . . 164,796 ⎫
⎬ 4496^k,760
Le produit de l'espace ci-dessus. 409,332 ⎭

Le poids perdu dans le séchage

du produit de 4046^m,6488 . . . . . . 6347^k,150

113^g,368 d'herbe donnent de

matière nutritive. . . . . . 5,570 ⎫
⎬ 590^k,858
Le produit de l'espace ci-dessus. 53,597 ⎭

XXXVIII. *Festuca calamaria.* Bot. angl. 1005.

Festuque calamaria. Indigène en Angleterre.

A l'époque de la floraison, le produit d'une terre argileuse est

Herbe 2k,267. Le produit par

4046^m,6488. . . . . 24695^k,460

141^{g}760 d'herbe pèsent, quand

elle est sèche. . . . . 49,616 ⎫
⎬ 8643^k,414
Le produit de l'espace ci-dessus. 793,856 ⎭

Le poids perdu dans le séchage

du produit de 4046^m,6488 . . . . . . 16051^k,956

Kil. par 4046m,6488.

113ᵍ,368 d'herbe donnent de
matière nutritive. . . . . . 7,442 ⎫
                                    ⎬ 1776ᵏ,800
Le produit de l'espace ci-dessus 159,48 ⎭

Au temps de la maturité de la graine, le produit est

Herbe 2ᵏ,125. Le produit par
  4046ᵐ,6488. . . . . 23152ᵏ,003
141ᵍ,760 d'herbe pèsent, quand
  elle est sèche. . . . . 33,668 ⎫
                                      ⎬ 5498ᵏ,597
Le produit de l'espace ci-dessus. 501,476 ⎭
Le poids perdu dans le séchage
  du produit de 4046ᵐ,6488. . . . . . 18053ᵏ,406
113ᵍ,368 d'herbe donnent de
  matière nutritive. . . . . 5,316 ⎫
                                    ⎬ 1085ᵏ,249
Le produit de l'espace ci-dessus. 99,409 ⎭
Le poids de matière nutritive
  perdue en laissant la récolte
  sur pied jusqu'à la maturité
  de la graine, étant près du
  tiers de sa valeur. 651ᵏ,155

Les valeurs de l'herbe récoltée aux époques de la maturité de la graine et de la floraison sont entre elles comme les nombres 12 et 18.

Cette herbe, ainsi que nous l'avons déjà remarqué, donne du feuillage dès les premiers jours du printemps. Son produit et sa faculté nutritive sont considérables. D'après les détails rapportés plus haut, elle est surtout propre à

la confection du foin. Elle est sujette à une maladie très-singulière qui détruit parfois ses semences. Quelques botanistes donnent le nom
de clavus à cette affection. Elle se manifeste par
un gonflement qui triple les dimensions de la
graine. Le docteur Willdenow en décrit deux
espèces bien distinctes : le clavus simple qui
est farineux, de couleur foncée, insipide et inodore ; le clavus compliqué qui est d'un violet
bleu noirâtre, dont l'intérieur est aussi d'une
teinte bleuâtre, d'une odeur fétide et d'un goût
très-piquant. Le pain fait avec le grain affecté de
cette dernière espèce de maladie, est de couleur
bleuâtre ; il cause des crampes et des vertiges à
ceux qui en mangent.

XXXIX. *Bromus littoreus.* Host. G. A.
p. 7, t. 8.

Brome des rivages. Indigène en Allemagne,
croît sur les bords du Danube et autres rivières.

A l'époque de la floraison, le produit d'une
glaise argileuse est

Kil par 4046m,6488.

Herbe 1^k,728. Le produit par
    4046^m,6488 . . . . 1883^k,120
141^g,760 d'herbe pèsent, quand
    elle est sèche. . . . . 72,652 ⎫
Le produit de l'espace ci-dessus. 886,354 ⎬ 9650^k,926
Le poids perdu dans le séchage
    par le produit de 4046^m,6488. . . . . . 935^k,832

Kil. par 4046m,6488.

1 13^g,368 d'herbe donnent de
matière nutritive. . . . . .   2,126 ⎱
Le produit de l'espace ci-dessus.   39,603 ⎰ 441^k,323

A l'époque de la maturité de la graine , le produit est

Herbe 1^k,587. Le produit par
4046^m,6488 . . . . 17686^k,829
14 1^g,760 d'herbe pèsent, quand
elle est sèche. . . . .   60,70 ⎱
Le produit de l'espace ci-dessus.   634,076 ⎰ 6914^k,732
Le poids perdu dans le séchage
par le produit de 4046^m,6488 . . . . . 10412^k,098
1 13^g,368 d'herbe donnent de
matière nutritive. . . . . .   570,6 ⎱
Le produit de l'espace ci-dessus.   347,312 ⎰ 949^k,373
Le poids de la matière nutriti-
ve qui est perdue en faisant
la récolte pendant la floraison , excédant la moitié de
sa valeur. . . . .   504^k,039

Les valeurs de l'herbe cueillie , aux époques de la floraison et de la maturité de la graine , sont entre elles comme les nombres 6 et 14.

Cette espèce a toute l'apparence extérieure de la précédente , mais elle lui est inférieure en qualité, comme on peut le voir en comparant les produits et la matière nutritive qu'elle con-tient. Elle est aussi plus grossière proportion-

nellement à son poids. Sa semence est sujette
aux maladies qui détruisent celles des espèces
qui précèdent.

XL. *Festuca elatior*. Bot. angl. 1593. Host.
G. A. 2. t. 79.

Festuque élevée. Indigène en Angleterre.

A l'époque de la floraison , le produit d'une
riche glaise noire est

Kil. par 4046m,6488.

Herbe 2ᵏ,126. Le produit par
    4046ᵐ,6488 . . . . .23152ᵏ,005
141ᵍ,760 d'herbe pèsent, quand
    elle est sèche. . . . . 49,616 ⎫
Le produit de l'espace ci-dessus. 744,24 ⎬ 8143ᵏ,228
Le poids perdu dans le séchage
    du produit de 4046ᵐ,6488 . . . . . . 15052ᵏ,801
113ᵍ,368 d'herbe donnent de
    matière nutritive. . . . . . 8,860 ⎫
Le produit de l'espace ci-dessus. 165,527 ⎬ 1815ᵏ,149

A l'époque de la maturité de la graine, le
produit est

Herbe 2ᵏ,126. Le produit par
    4046ᵐ,6488. . . . . .23151ᵏ,720
141ᵍ,760 d'herbe pèsent, quand
    elle est sèche. . . . . 49,616 ⎫
Le produit de l'espace ci-dessus. 744,24 ⎬ 8143ᵏ,228
Le poids perdu dans le séchage
    du produit de 4046ᵐ,6488 . . . . . . 15052ᵏ,801

Kil. par 4046m,6488.

1135,368 d'herbe donnent de
   matière nutritive . . . . . .   5,316 }
Le produit de l'espace ci-dessus.   99,402 } 1085k,248
Le poids de la matière nutritive
   perdue en laissant la récolte
   sur pied jusqu'à la maturité
   de la graine , excédant le
   tiers de sa valeur 1177k,043

Les valeurs de l'herbe récoltée , aux époques
de la maturité de la graine et de la floraison ,
sont entre elles comme les nombres 12 et 20.

Le produit de la dernière coupe est

Herbe 6515,958. Le produit
   par 4046m,6488. . . . . 6999k,947
1135,368 d'herbe donnent de
   matière nutritive.   7,088   444k,146

Les valeurs de l'herbe à la dernière coupe et
à la première , sont entre elles comme les nombres 16 et 20.

Cette espèce a les plus grandes analogies avec
la *festuca pratensis* , dont elle ne diffère qu'en
ce qu'elle est plus grande à tous égards. Son
produit est presque égal au triple de celui de la
festuca pratensis , et les puissances nutritives
de l'une et de l'autre sont comme les nombres
6 et 8.

XLI. *Nardus stricta.* Bot. angl. , 290. Host.
G. V. 2. t. 4.

Nard serré. Indigène en Angleterre.

A l'époque de la maturité de la graine,
produit est

Kil. par 4o46m,648(

Herbe 255ᵍ,114. Le produit

par 4048ᵐ,6488. . . . . 2778ᵏ,2

141ᵍ,76o d'herbe pèsent, quand

elle est sèche. . . . . 53,16o }
Le produit de l'espace ci-dessus. 1o5,682 } 115ıᵏı2(

Le poids perdu dans le séchage

du produit de 4o46ᵐ,6488 . . . . . . 1666ᵏ,9(

113ᵍ,368 d'herbe donnent de

matière nutritive. . . . . 3,721 }
Le produit de l'espace ci-dessus. 8,89o } 97ᵏ,6(

XLII. *Triticum sp.*

Blé.

A l'époque de la floraison , le produit d'un
riche glaise sablonneuse est

Herbe 51oᵍ,228. Le produit

par 4o46ᵐ,6488 . . . . 4556ᵏ,48

141ᵍ,76o d'herbe pèsent, quand

elle est sèche. . . . . 56,7o4 }
Le produit de l'espace ci-dessus. 2o4,o3o } 2222ᵏ,59

Le poids perdu dans le séchage

du produit de 4o46ᵐ,6488. . . . . . 3333ᵏ,88(

113ᵍ,368 d'herbe donnent de

matière nutritive. . . . . 3,898 }
Le produit de l'espace ci-dessus. 19,669 } 217ᵏ,33(

XLIII. *Festuca fluitans*. Curt. Lond. Bot. ang. 1520. *Poa fluitans*.

Festuque flottante. Indigène en Angleterre.

A l'époque de la floraison , le produit d'une argile tenace et compacte est

Herbe 566^g,92. Le produit par   Kil. par 4046m,6488.

    4046^m,6488. . . . . 6173^k,867

141^g,760 d'herbe pèsent, quand

    elle est sèche. . . . . 42,528 }

Le produit de l'espace ci-dessus,   170,112 } 1856^k,161

Le poids perdu dans le séchage

    par le produit de 4046^m,6488.. . . . . 4322^k,108

113^g,368 d'herbe donnent de

    matière nutritive. . . . . 2,303 }

Le produit de l'espace ci-dessus.   14,707 } 167^k,815

Le produit dont on vient de rendre compte a été évalué sur l'herbe qui était en terre depuis quatre ans , pendant lesquels il s'était constamment accru. Ce qui paraît contraire à l'opinion de quelques personnes qui regardent cette plante comme peu susceptible d'être cultivée pour les pâturages permanens.

XLIV. *Holcus lanatus*. Curt. Lond. Fl. Dan. 181.

Holcus laineux , herbe du Yorkshire. Indigène en Angleterre.

A l'époque de la floraison, le produit d'
glaise argileuse forte est

Kil. par 4046m,6

Herbe 793^g,688. Le produit par
  4046^m,6488 . . . . 8643^k

1 4 1^g,760 d'herbe pèsent, quand
  elle est sèche. . . . . 46,072 } 5021^k,
Le produit de l'espace ci-dessus. 278,618 }

Le poids perdu dans le séchage
  du produit de 4046^m,6488. . . . . . 5622^k,

1 13^g,368 d'herbe donnent de
  matière nutritive. . . . . . 7,088 } 540^k,
Le produit de l'espace ci-dessus. 49,586 }

A l'époque de la maturité de la graine,
produit est

Herbe 793^g,688. Le produit par
  4046^m,6488 . . . . 8643^k,3

1 4 1^g,760 d'herbe pèsent, quand
  elle est sèche. . . . . 27,852 } 1768^k,5
Le produit de l'espace ci-dessus. 158,122 }

Le poids perdu dans le séchage
  du produit de 4046^m,6488 . . . . . . 6914^k,7

1 13^g,368 d'herbe donnent de
  matière nutritive. . . . . . 4,078 } 411^k,7
Le produit de l'espace ci-dessus. 33,844 }

Le poids de la matière nutritive
  perdue en laissant la récolte
  sur pied jusqu'à la maturité
  de la graine, excédant le tiers
  de sa valeur . . . . 167^k,8

Les valeurs de l'herbe, récoltée aux époques de la maturité de la graine et de la floraison, sont entre elles comme 11 est à 12.

XLV. *Festuca dumetorum* Flor. Dan. 700.

Festuque des buissons. Indigène en Angleterre.

A l'époque de la floraison, le produit d'une glaise sablonneuse noire est

Kil. par 4046m,6488.

Herbe 453g,544. Le produit par
4046m,6488 . . . . 4979k,094
141g,760 d'herbe pèsent, quand
elle est sèche. 70,88
Le produit de l'espace ci-dessus. 286,768 } 2469k,547
Le poids perdu dans le séchage
du produit de 4046m,6488. . . . . . 2469k,547
113g,368 d'herbe donnent de
matière nutritive. 1,772
Le produit de l'espace ci-dessus. 7,088 } 485k,363

XLVI. *Poa fertilis* Host. G. A.

Poa fertile. Indigène en Allemagne.

A l'époque de la floraison, le produit d'une glaise argileuse est

Herbe 623g,612. Le produit par
4046m,6488 . . . . 6791k,255
141g,760 d'herbe pèsent, quand
elle est sèche 74,424
Le produit de l'espace ci-dessus. 327,248 } 3605k,408

20

Kil. par 4046m,6486.

Le poids perdu dans le séchage
du produit de 4046ᵐ,6488 . . . . . . 3225ᵏ,279

1138,368 d'herbe donnent de
matière nutritive. . . . . .   7,442⎫
Le produit de l'espace ci-dessus.   43,059⎭ 477ᵏ,509

Si on compare le produit et la puissance nutritive de cette espèce avec ceux des plantes de la même famille , ou autres qui ont les mêmes habitudes et se plaisent dans les mêmes sols , on reconnaîtra qu'elle est bien supérieure , et se place au rang des herbes les plus précieuses. Après elle vient le *poa angustifolia* qui donne , dès les premiers jours du printemps , une grande quantité de feuillage d'excellente qualité , qui compense le retard de sa floraison.

XLVII. *Arundo colorata* Hort. Kew. 1. p. 174. Bot. angl. 402. *Phalaris arundinacea.*

Roseau coloré. Indigène en Angleterre.

A l'époque de la floraison , le produit d'une glaise noire et sablonneuse est

Herbe 1ᵏ,135. Le produit par
4046ᵐ,6488 . . . . 12347ᵏ,735

1418,760 d'herbe pèsent, quand
elle est sèche. . . . .   63,792⎫
Le produit de l'espace ci-dessus. 687,536⎭ 4556ᵏ,480

1138,368 d'herbe donnent de

matière nutritive . . . . . . $7,088$ $\Big\}$ $771^k,733$
Le produit de l'espace ci-dessus. $70,88$

La grande puissance nutritive dont elle jouit
la recommande à l'attention de ceux qui possèdent des terres argileuses fortes, incapables
d'être desséchées. Son produit est considérable,
et son feuillage ne paraîtra pas grossier si on le
compare avec ceux des plantes qui en donnent
la même quantité.

XLVIII. *Trifolium pratense.* W. Bot. 3. p.137.
Trèfle des prés. Indigène en Angleterre.

A l'époque de la maturité de la graine, le
produit d'une riche terre argileuse est

Herbe $2^k,041$. Le produit par
    $4046^m,6488.$ . . . . $22225^k,923$
$141^g,760$ d'herbe pèsent, quand
    elle est sèche. . . . . $35,44$ $\Big\}$ $4556^k,267$
Le produit de l'espace ci-dessus. $687,536$
Le poids perdu dans le séchage
    du produit, de $4046^m,6488$ . . . . . . $1666^k,887$
$113^g,368$ d'herbe donnent de
    matière nutritive. . . . . . $3,898$ $\Big\}$ $868^k,200$
Le produit de l'espace ci-dessus $79,74$

Si l'on compare le déchet qu'éprouve dans le
séchage cette espèce de trèfle avec celui que supportent plusieurs autres herbes naturelles, on

reconnaîtra qu'il vaut mieux pour être mangé
en vert ou en pâturage que pour la confection
des foins ; car il est certain qu'il est d'autant plus
difficile d'en faire de bons , que la quantité
d'eau superflue dans l'herbe est plus considérable. On se convaincra mieux de sa valeur comme
fourrage vert ou pâturage , en la comparant avec
les plantes qui sont regardées comme les meilleures pour cet objet.

Trifolium pratense (comme plus haut)
donne de matière nutritive   3,898

XLIX. *Trifolium repens* (trèfle blanc)
d'une égale quantité d'herbe   3,544

L. *Idem*, variété avec feuilles brunes,
idem   3,898

L'herbe du *trifolium pratense* est à
celle du *trifolium repens* comme 8 à 10 ;
elle égale celle de la variété brune.

LI. Burnet (*poterium sanguisorba*) ,
pimprenelle, donne de matière nutritive   3,898

LII. *Bunias orientalis* (plante nouvellement introduite) , *idem*   3,898

Les valeurs de ces deux dernières , celles du
trifolium pratense et de la variété du *trifolium
repens* à grandes feuilles brunes , égales entre
elles , sont au *trifolium repens* comme les nombres 8 et 10.

La valeur comparative de ces quatre dernières espèces par acre n'a pas été déterminée d'une manière exacte.

LIII. *Trifolium macrorhizum.*

Trèfle à grosses racines. Indigène en Hongrie.

A l'époque de la maturité de la graine, le produit d'une riche glaise argileuse est

Kil. par 4046m,6488.

Herbe 4^k,081. Le produit par 4046^m,6488. . . . . 4485^k,847

1418^g,760 d'herbe pèsent, quand elle est sèche . . . . 60,244 ⎱ 18892^k,035
Le produit de l'espace ci-dessus. 1,738 ⎰

Le poids perdu dans le séchage par le produit de 4046^m,6488. . . . . 25529^k,813

1153^g,368 d'herbe donnent de matière nutritive. . . . . . 4,075 ⎱ 1910^k,040
Le produit de l'espace ci-dessus. 175,428 ⎰

La racine de cette espèce de trèfle est bisannuelle ; elle pénètre à des profondeurs considérables, elle est en conséquence peu affectée des variations de sécheresse et d'humidité ; elle exige un bon abri et un sol profond. Son produit, comparé à celui des autres herbes qui ont des habitudes analogues et se plaisent aux mêmes lieux, prouve sa grande supériorité.

Les détails dans lesquels je vais entrer, et qui

se rapportent aux résultats établis ci-après, la feront encore mieux sentir.

Trifolium pratense. Trèfle à larges feuilles.
$\left\{\begin{array}{l}\text{Produit par } 4046^m,6488,\\ \quad \text{herbe} \ldots \ldots \ldots 22225^k,923\\ \textit{Idem} \qquad \text{foin}\ldots \ldots 4556,367\\ \text{Donne de matière nutri-}\\ \quad \text{tive} \ldots \ldots \ldots \ldots 868,033\end{array}\right.$

Medicago sativa. Luzerne. D'un sol de la même nature.
$\left\{\begin{array}{l}\text{Produit par } 4046^m,6488,\\ \quad \text{herbe}. \ldots \ldots \ldots 32108,112\\ \textit{Idem} \qquad \text{foin}. \ldots 13241,644\\ \text{Donne de matière nutri-}\\ \quad \text{tive}. \ldots \ldots \ldots \ldots 752,429\end{array}\right.$

Hedysarum onobrychis. Sainfoin.
$\left\{\begin{array}{l}\text{Produit par } 4046^m,6488,\\ \quad \text{herbe}. \ldots \ldots \ldots 4453,357\\ \textit{Idem} \qquad \text{foin}. \ldots 1605,092\\ \text{Donne de matière nutri-}\\ \quad \text{tive} \ldots \ldots \ldots \ldots 142,412\end{array}\right.$

Le poids de la matière nutritive donnée par le produit du *trifolium macrorhizum*, et celui du *trifolium pratense*, étant entre eux comme les nombres 7 et 15. . . . . $1041^k,957$

Les valeurs de l'herbe du *trifolium pratense* et du *trifolium macrorhizum* sont entre elles comme 10 et 11.

Le poids de la matière nutritive donnée par le *trifolium macrorhizum*, étant à celui de la *medicago sativa* à peu près dans le rapport des nombres 13 et 33 . . . . . . $1157^k,613$

La valeur proportionnelle de l'herbe est dans le rapport de 11 à 6.

Le poids de matière nutritive donnée
par le produit du *trifolium macrorhizum*,
étant à celui de l'*hedysarum onobrychis* à
peu près comme 5 à 67.. . . . . $1767^k,629$
  La valeur proportionnelle de l'herbe,
ainsi que celle du *trifolium pratense*, est
dans le rapport de 11 à 10.

Le produit de chacune des espèces ci-dessus
était évalué sur des herbes qui avaient crû dans
un même terrain et dans la même situation ; on
peut en conséquence le considérer comme positif pour ces sortes de sols. Il est évident qu'un
acre de *trifolium macrorhizum* donne autant
de matière nutritive qu'un espace double couvert de *trifolium pratense*. Sa courte durée
dans la terre (car s'il est semé de bonne heure
dans l'automne, sur un sol riche et léger, il
n'est qu'annuel) ne le rend propre qu'à être
mangé en vert, où à donner du foin ; dans le
dernier cas, il diminue de valeur comparativement au *trifolium pratense*. Il possède la propriété essentielle de produire de bonnes graines
en abondance, et, si le sol est propre, il se sème
lui-même, végète, croît rapidement sans avoir
été recouvert ni avoir reçu de préparation d'aucune espèce. Depuis quatre ans, il se propage
lui-même sur l'espace qu'il occupe aujourd'hui,
et où nous l'avons récolté pour en évaluer le
produit. Celui des fourrages qui se rapproche

le plus de cette espèce est la luzerne ; elle lui est presque égale pour la quantité ; mais, quant à la matière nutritive qu'elle contient, elle lui est inférieure dans le rapport de 13 à 33. Le seul avantage de la luzerne au-dessus de cette plante est d'être plus vivace : si le cultivateur ne recherche que cette qualité, elle mérite la préférence.

La valeur de l'herbe du sainfoin égale celle du *trifolium pratense* ; mais elle est inférieure à celle du *trifolium macrorhizum*, dans le rappors de 10 à 11. La quantité en est très-petite, et ne peut entrer en comparaison lorsque la plante est cultivée dans les sols de la nature de ceux que nous avons décrits. Attendu néanmoins l'excès de valeur de l'herbe, il est possible que, dans les situations montagneuses ou dans les sols crayeux, elle soit supérieure à tous égards.

LIV. *Medicago sativa.* Wither. E. 3. p. 643.

Luzerne. Cultivée en Angleterre.

A l'époque de la maturité de la graine, le produit d'une riche glaise argileuse est

Kil. par 4046m,6488.

Herbe 2^k,948. Le produit par
4046m,6488. . . . . 32108^k,112
1415,760 d'herbe pèsent, quand

Kil. par 4046m,6488.

elle est sèche. . . . . . .   56,704 ⎫
Le produit de l'espace ci-dessus.   1k,178 ⎭ 13241k,644

Le poids perdu dans le séchage
   du produit de 4046m,6488 . . . . . .   19262k,467
1135,368 d'herbe donnent de
   matière nutritive. . . . .   2,126 ⎫
Le produit de l'espace ci-dessus.   69,108 ⎭ 3473k,703

LV. *Hedysarum onobrychis.* Wither. 3.
p. 628.

Sainfoin. Cultivé en Angleterre.

A l'époque de la maturité de la graine, le
produit d'une riche glaise argileuse est

Herbe 3685,498.   Le produit
   par 4046m,6488 . . . .   4453k,432
1415,760 d'herbe pèsent, quand
   elle est sèche. . . . . . .   56,704 ⎫
Le produit de l'espace ci-dessus.   147,466 ⎭ 1606k,045

Le poids perdu dans le séchage
   par le produit de 4046m,6488 . . . . .   2408k,208
1135,368 d'herbe donnent de
   matière nutritive. . . . . .   3,898 ⎫
Le produit de l'espace ci-dessus.   14,264 ⎭ 156k,758

LVI. *Hordeum pratense.* Bot. ang. 409. Host.
G. A. 1 t. 33.

Orge des prés. Indigène en Angleterre.

A l'époque de la floraison, le produit d'une
glaise brune fumée est

20*

Kil. par 4046m,6488,

Herbe 34 1ᵍ,o52. Le produit par

4046ᵐ,6488. . . . . 1404ᵏ,32o

1 4 1ᵍ,76o d'herbe pèsent, quand

elle est sèche. . . . . 56,7o4 ⎫
⎬ 1481ᵏ,728
Le produit de l'espace ci-dessus. 118,9o1 ⎭

Le poids perdu dans le séchage

du produit de 4o46ᵐ,6488 . . . . . . 2222ᵏ,592

1 13ᵍ,368 d'herbe donnent de

matière nutritive . . . . . 5,847 ⎫
⎬ 217ᵏ,339
Le produit de l'espace ci-dessus. 19,669 ⎭

LVII. *Poa compressa.* Bot. angl. 365.

Poa comprimé. Indigène en Angleterre.

A l'époque de la floraison , le produit d'un sol graveleux fumé est

Herbe 14 1ᵍ,73o. Le produit

par 4o46ᵐ,6488. . . . . 2543ᵏ,467

1 4 1ᵍ,76o d'herbe pèsent, quand

elle est sèche . . . . 6o,248 ⎫
⎬ 655ᵏ,973
Le produit de l'espace ci-dessus. 6o,248 ⎭

Le poids perdu dans le séchage

du produit de 4o46ᵐ,6488. . . . . . . 887ᵏ,494

1 13ᵍ,368 d'herbe donnent de

matière nutritive . . . . . 8,86o ⎫
⎬ 120ᵏ,575
Le produit de l'espace ci-dessus. 10,809 ⎭

Le caractère spécifique de cette espèce est tout-à-fait le même que celui du *poa fertilis* , dont il ne diffère que par la forme comprimée des feuilles et par la propriété traçante des racines. Si elle donnait un produit plus considérable, elle serait une des herbes les plus précieuses, attendu qu'elle donne de bonne heure des feuilles au printemps, et possède à un haut degré les propriétés nutritives.

LVIII. *Poa aquatica.* Curt. Lond. Bot. angl. 1815.

Poa aquatique. Indigène en Angleterre.

A l'époque de la floraison, le produit d'une argile forte et tenace est

Kil. par 4046m,6488.

Herbe 5^k,272. Le produit par
    4046^m,6488. . . . . 57416^k,970
14^g,760 d'herbe pèsent, quand
    elle est sèche, ... 85,056 $\Big\}$ 34450^k,182
Le produit de l'espace ci-dessus. 3^k,163
Le poids perdu dans le séchage
    du produit de 4046^m,6488 . . . . . . 22961^k,187
113^g,368 d'herbe donnent de
    matière nutritive . . . . . 3,898 $\Big\}$ 2242^k,850
Le produit de l'espace ci-dessus. 205,552

LIX. *Aira aquatica.* Curt. Lond. Bot. angl. 1557.

Aira aquatique. Indigène en Angleterre.

A l'époque de la floraison, le produit est

Herbe 453^g,544. Le produit
    par 4046^{m}6488. . . . . 4979^k,094

Kil. par 4046m,6488.

1 41$,760 d'herbe pèsent, quand
  elle est sèche . . . .   42,528$\Big\}$ 1481^k,728
Le produit de l'espace ci-dessus. 135,217

Le poids perdu dans le séchage
  du produit de 4046^k,6488 . . . . . . 3457^k,365
1 13^g,368 d'herbe donnent de
  matière nutritive. . . . . .   3,721$\Big\}$ 177^k,640
Le produit de l'espace ci-dessus. 15,948

LX. *Bromus cristatus. Triticum cristatum.*
H. G. A. 2. t. 24. *Secale prostratum.* Jacquin.
Indigène en Allemagne.

Au temps de la floraison, le produit d'une
glaise argileuse est.

Herbe 568^g,498. Le produit
  par 4046^m,6488 . . . . 4453^k,375
1 41^g,760 d'herbe pèsent, quand
  elle est sèche. . . . .   56,704$\Big\}$ 1606^k,045
Le produit de l'espace ci-dessus. 147,253
Le poids perdu dans le séchage
  du produit de 4046^m,6488. . . . . . 2408^k,208
1 13^g,368 d'herbe donnent de
  matière nutritive. . . . . .   35,794$\Big\}$ 156^k,757
Le produit de l'espace ci-dessus. 14,576

LXI. *Elymus sibericus* Hort. K. 1. p. 176.
Cultivé en 1758 par M. P. Millard.

Elyme de Sibérie. Indigène en Sibérie.

A l'époque de la floraison, le produit d'une glaise argileuse fumée est

Kil. par 4046m,6488.

Herbe 680g,304. Le produit
    par 4046^m,6488 . . . . 7408^k,641
141^g,760 d'herbe pèsent, quand
    elle est sèche . . . . . . 49,616⎫
Le produit de l'espace ci-dessus. 237,503⎭ 2593^k,024
Le poids perdu dans le séchage
    du produit de 4046^m,6488. . . . . . 4815^k,618
113^g,368 d'herbe donnent de
    matière nutritive. . . . . . 3,721⎫
Le produit de l'espace ci-dessus. 23,390⎭ 231^k,859

LXII. *Aira cæspitosa*. Host. G. V. 2. t. 42. Bot. angl. 1557.

Aira touffue. Indigène en Angleterre.

A l'époque de la maturité de la graine, le produit d'une argile forte et tenace est

Ierbe 425$_g$,190, Le produit
    par 4046^m,6488. . . . . 4630^k,401
141^g,760 d'herbe pèsent, quand
    elle est sèche . . . . 46,072⎫
Le produit de l'espace ci-dessus. 239,610⎭ 1509^k,816
Le poids perdu dans le séchage
    du produit de 4046^m,6488 . . . . . 3165^k,520
113^g,368 d'herbe donnent de
    matière nutritive. . . . . . 3,544⎫
Le produit de l'espace ci-dessus. 12,758⎭ 144^k,700

LXIII. *Hordeum murinum*. Curt. Lond. Bot. angl. 1971.

Orge des murailles. Indigène dans la Grande-Bretagne.

A l'époque de la floraison, le produit d'une glaise argileuse est

Kil. par 4046m,6488.

Herbe 510^g,228. Le produit

par 4046^m,6488 . . . . 4556^k,480

141^g,760 d'herbe pèsent, quand

elle est sèche . . . . . . 49,616$\rbrace$ 1948^k,768

Le produit de l'espace ci-dessus. 177,770$\rbrace$

Le poids perdu dans le séchage

du produit de 4046^m,6488 . . . . . . 3611^k,712

113^g,368 d'herbe donnent de

matière nutritive . . . . . 5,316$\rbrace$ 75^k,956

Le produit de l'espace ci-dessus. 5,936$\rbrace$

LXIV. *Avena flavescens*. Curt. Lond. Bot. angl. 952.

Avoine jaunâtre. Indigène en Angleterre.

A l'époque de la floraison, le produit d'une glaise argileuse est

Herbe 341^g,052. Le produit

par 4046^m,6488 . . . . 4104^k,520

141^g,760 d'herbe pèsent, quand

elle est sèche. . . . . . . 49,616$\rbrace$ 1336^k,912

Le produit de l'espace ci-dessus. 118,90$\rbrace$

Le poids perdu dans le séchage

du produit de 4046^m,6488 . . . . . . 2408^k,808

Kil. par 4046m,6488.

13g,368 d'herbe donnent de
matière nutritive. . . . . .   5,847 }
e produit de l'espace ci-dessus. 19,669 } 217k,339

A l'époque de la maturité de la graine , le
roduit est

erbe 510g,228. Le produit
par 4046m,6488 . . . . 4556k,480
{1g,760 d'herbe pèsent, quand
elle est sèche. . . . . . .   56,704 }
produit de l'espace ci-dessus. 204,082 } 2222k,592
e poids perdu dans le séchage
du produit de 4046m,6488 . . . . . . 3333k,885
3g,368 d'herbe donnent de
matière nutritive. . . . . .   3,721 }
produit de l'espace ci-dessus. 17,808 } 195k,345
e poids de matière nutritive
perdue en laissant la récolte
sur pied jusqu'à la maturité
de la graine , excédant le
dixième de sa valeur 21k,704

Les valeurs de l'herbe, aux époques de la
aturité de la graine, et de la floraison , sont
itre elles comme les nombres 9 et 15.

Le produit de la dernière coupe est

erbe 170g,076. Le produit
par 4046m,6488 . . . . 1856k,161
3g,368 d'herbe donnent de
matière nutritive. 36k,174

Les valeurs de l'herbe cueillie à la dernière coupe , aux époques de la floraison et de la maturité de la graine , sont entre elles comme les nombres 5 , 15 et 9.

Cette espèce est cultivée dans plusieurs parties de l'Angleterre , et les détails dans lesquels nous venons d'entrer prouvent qu'elle n'est pas sans quelque prix , quoiqu'elle soit inférieure à beaucoup d'autres.

LXV. *Bromus sterilis*. Bot. angl. 1030. Host. G. V. 1. t. 16.

Brome stérile. Indigène dans la Grande-Bretagne.

A l'époque de la floraison , le produit d'un sol sablonneux est

Kil. par 4046m,6488

Herbe 1^k246. Le produit par 4046^m,6488. . . . . 13582^k,509

141^g,760 d'herbe pèsent, quand elle est sèche. . . . . 79,74 $\left.\begin{array}{l} \\ \end{array}\right\}$ 7684^k,161
Le produit de l'espace ci-dessus. 701,712

Le poids perdu dans le séchage du produit de 4046^m,6488 . . . . . . 5942^k,347

113^g,568 d'herbe donnent de matière nutritive. . . . . . 8,860 $\left.\begin{array}{l} \\ \end{array}\right\}$ 1061^k,22
Le produit de l'espace ci-dessus. 97,460

113^g,368 de fleurs donnent de matière nutritive 3^s,898 : la puissance nutritive des pailles et des feuilles est en conséquence deux fois aussi grande que celle des fleurs. Cette espèce, étant strictement annuelle, n'a comparativement que peu de valeur. Les détails que nous avons exposés plus haut prouvent que sa puissance nutritive est bien supérieure à ce que sa dénomination semble comporter lorsqu'on la considère pendant qu'elle est en fleur ; mais si on la laisse sur pied jusqu'au moment de la maturité de la graine, elle éprouve, comme toutes les plantes annuelles, un déchet considérable.

LXVI. *Holcus mollis.* Curt. Lond. Wither. B. 2, p. 134.

Holcus velouté. Indigène en Angleterre.

A l'époque de la floraison, le produit d'un sol sablonneux est

Kil. par 4046m,6488.

Herbe 88^g,60. Le produit par
4046^m,6488 . . . . 1544^k,349
141^g,760 d'herbe pèsent, quand
elle est sèche. . . . . 56,704 } 6173^k,867
Le produit de l'espace ci-dessus. 567,04
Le poids perdu dans le séchage
du produit de 4046^m,6488. . . . . . 9257^k,441
113^g,368 d'herbe donnent de
matière nutritive. . . . . . 7,442 } 1085^k,679
Le produit de l'espace ci-dessus. 99,382

A l'époque de la maturité de la graine, le produit est

Herbe 878^g,726. Le produit

par 4046^m,6488 . . . . 9059^k,494

141^g,760 d'herbe pèsent, quand

elle est sèche. . . . .   56,704$\Big\}$3827^k,697

Le produit de l'espace ci-dessus.   351,139

Le poids perdu dans le séchage

du produit de 4046^m,6488. . . . . . 5741^k.797

113^g,568 d'herbe donnent de

matière nutritive. . . . . .   5,670$\Big\}$ 523^k,331

Le produit de l'espace ci-dessus.   47,462

Le poids de la matière nutritive

perdue en laissant la récolte

sur pied jusqu'à la maturité

de la graine, étant près de la

moitié de sa valeur. . . . . 562^k,307

113^{g}368 de racines donnent de

matière nutritive.   9,214

Les valeurs de l'herbe récoltée aux époques de la maturité de la graine et de la floraison, sont entre elles comme les nombres 14 et 18.

Les détails ci-dessus prouvent que la plante qui nous occupe jouit des qualités qui la rangent parmi les meilleures herbes. La petite perte de poids qu'elle éprouve dans le séchage est une conséquence de sa composition, et cette perte ne varie à aucune période. L'herbe donne le maximum de matière nutritive pendant qu'elle est en fleur, circonstance qui la rend très-propre à la confection des foins.

LXVII. *Poa fertilis.* Var. B. Host. G. A. L'espèce.

Poa fertile. Variété. 1. Indigène en Allemagne.

A l'époque de la floraison , le produit d'une glaise argileuse brune est

Kil. par 4046m,6488.

Herbe 65 1ᵍ958. Le produit par

4046^m,6488 . . . . 7099^k,948

14 1ᵍ,760 d'herbe pèsent, quand

elle est sèche . . . . . . 50,248 } 3017^k,655
.e produit de l'espace ci-dessus. 277,140

.e poids perdu dans le séchage

du produit de 4046^m,6488. . . . . . 4082^k,293

13ᵍ,368 d'herbe donnent de

matière nutritive. . . . . . 5,316 } 332^k,810
.e produit de l'espace ci-dessus. 30,302

A l'époque de la maturité de la graine, le produit est

Ierbe 623ᵍ,612. Le produit

par 4046,^{m}6488. . . . . 6791^k,255

41ᵍ,760 d'herbe pèsent, quand

elle est sèche. . . . . 77,968 } 4135^k, 190
.e produit de l'espace ci-dessus. 342,350

.e poids perdu dans le séchage

du produit de 4046,6488^m. . . . . . 3056^k,464

13ᵍ,368 d'herbe donnent de

matière nutritive. . . . . . 8,860 } 530^k,567
.e produit de l'espace ci-dessus. 48,198

Kil. par 4046m,6488

Le poids de matière nutritive
perdue en faisant la récolte
à l'époque de la floraison,
surpassant un tiers de sa va-
leur. . . . . 197^k,778

Les valeurs de l'herbe, aux époques de la
floraison et de la maturité de la graine, sont
entre elles comme les nombres 12 et 20.

Le produit de la dernière récolte est

Herbe 198^g,422. Le produit
par 4046^m,6488. . . . . 2160^k,855
113^g,368 d'herbe donnent de
matière nutritive. . . . . 50^k,644

Les valeurs de l'herbe prise à la dernière
coupe pendant la floraison et la maturité de la
graine, sont entre elles comme les nombres 6,
12 et 20.

LXVIII. *Cynosurus erucæformis. Beckman-
nia erucæformis.* Host. G. V. 3. t. 6.
Indigène en Allemagne.

A l'époque de la maturité de la graine, le
produit est

Herbe 510^g,228. Le produit
par 4046^m,6488 . . . . 4556^k,480
141^g,760 d'herbe pèsent, quand
elle est sèche 63,792
Le produit de l'espace ci-dessus. 231,005 } 2500^k,416

Kil. par 4046m,6488.

Le poids perdu dans le séchage
 par le produit de 4046^m,6488 . . . . . . 3053^k,o54
113^g,368 d'herbe donnent de
 matière nutritive. . . . . .   5,493 }
Le produit de l'espace ci-dessus.   25,25 }   282^k,164

LXIX. *Phleum nodosum*. W. B. 2. p. 118.

A l'époque de la floraison, le produit d'une glaise argileuse est

Herbe 510^g,228. Le produit
 par 4046^m,6488 . . . . 4556^k,480
141^g,760 d'herbe pèsent, quand
 elle est sèche. . . . . . . ,   97,336 }
Le produit de l'espace ci-dessus. 242,409 } 2639^k.426
Le poids perdu dans le séchage
 du produit de 4046^m,6488 . . . . . . 2917^k,152
113^g,368 d'herbe donnent de
 matière nutritive. . . . . .   3,898 }
Le produit de l'espace ci-dessus.   19,669 }   217^k,210

Cette herbe est inférieure, sous plusieurs rapports, au *phleum pratense;* elle ne se trouve que rarement dans les prés. D'après le nombre de bulbes dont ses tiges se couvrent, on pourrait croire qu'elle contient une plus grande quantité de matière nutritive; elle semble être une preuve que ces bulbes ne forment pas dans la plante une partie aussi précieuse que les joints qui sont si visibles dans le *phleum pratense*, et dont la puissance nutritive est à celle du *phleum nodosum* comme 8 est à 28.

LXX. *Phleum pratense*. Wither. 2 p. 117.

Fléau des prés. Indigène en Allemagne.

A l'époque de la floraison, le produit d'une glaise argileuse est

Kil. par 4046m,6488.

Herbe 1^k,700. Le produit par
4046^m,6488. . . . . 18561^k,603

141^g,760 d'herbe pèsent, quand
elle est sèche. . . . . 60,248 }
Le produit de l'espace ci-dessus. 722,976 } 7771^k,781

Le poids perdu dans le séchage
du produit de 4046^m,6488. . . . . . 10653^k,922

113^g,368 d'herbe donnent de
matière nutritive . . . . . . 3,898 }
Le produit de l'espace ci-dessus. 65,918 } 723^k,388

Le poids de la matière nutritive
perdue en laissant la récolte
sur pied jusqu'à la maturité
de la graine, excédant la
moitié de sa valeur. . . . . 940^k,709

A l'époque de la maturité de la graine, le produit est

Herbe 1^k,700. Le produit par
4046^m,6488. . . . . 18561^k,803

141^g,760 d'herbe pèsent, quand
elle est sèche. . . . . 67,336 }
Le produit de l'espace ci-dessus. 808,032 } 8797^k,761

Kil. par 4.46m,6488.

Le poids perdu dans le séchage
du produit de 4046ᵐ,6488 . . . . . . 9723ᵏ,843
1138,368 d'herbe donnent de
matière nutritive. . . . . .   9,391 ⎫
Le produit de l'espace ci-dessus. 152,469 ⎭ 1666ᵏ,449

Le produit de la dernière récolte est

Herbe 396ᵍ,844. Le produit
par 4046ᵐ,6488. . . . . 4322ᵏ,108
1138,368 d'herbe donnent de
matière nutritive   3,544   135ᵏ,054

113ᵍ,368 de paille donnent de matière nutritive
128404. La puissance nutritive des pailles simples est donc à celle des feuilles comme 28 est à
3 , et les herbes prises aux époques de la florai-
on et de la maturité de la graine ont entre elles
e même rapport que les nombres 10 et 23. La
ernière récolte est à l'herbe coupée pendant la
loraison , comme 8 est à 10.

D'après les détails dans lesquels nous venons
'entrer , cette plante , comparée aux autres ,
juit de grandes qualités , parmi lesquelles il
ut ranger l'abondance de feuillage qu'elle
onne dès les premiers jours du printemps ; elle
e le cède , sous ce rapport , qu'au *poa fertilis*
t au *poa angustifolia*. La valeur des tiges , au
loment où la graine entre en maturité , est à
elle de l'herbe, à l'époque de la floraison, comme
8 est à 10 ; circonstance qui la rend supérieure

à une foule de plantes , en ce qu'elle permet (
cueillir le précieux feuillage qu'elle dévelop]
de si bonne heure , à une époque avancée de
saison , sans nuire à la récolte du foin , qui :
réduirait de près de moitié , s'il s'agissait d'autr
herbes dont les tiges florales sont printanières
cette propriété des tiges rend surtout la plan
propre à la confection du foin.

LXXI. *Phleum pratense*. Var. Minor. Wither
B. 2. 118. Var. 1.

Fléau des prés, petite var. Indigène en An
gleterre.

A l'époque de la maturité de la graine , le pro
duit d'une glaise argileuse est

Kil. par 4046m,6488.

Herbe 1ᵏ,133. Le produit par
4046ᵐ,6488 . . . . .12347 ,73

141ᵍ,760 d'herbe pèsent, quand
elle est sèche. 62,048
Le produit de l'espace ci-dessus. 481,984 } 5247ᵏ,78

Le poids perdu dans le séchage
du produit de 4046ᵐ,6488. . . . . . 7099ᵏ,94

113ᵍ,368 d'herbe donnent de
matière nutritive. 4,252
Le produit de l'espace ci-dessus. 481,944 } 530ᵏ,56

Le produit de la dernière coupe est

Herbe 396ᵍ,844. Le produit
par 4046ᵐ,6488 . . . . 4322ᵏ,108

Kil. par 4o46m,6488.

$113^g,368$ d'herbe donnent de
matière nutritive. . . . . $102^k,289$

LXXII. *Elymus arenarius.* Bot. angl. 1672.

Elyme des sables. Indigène en Angleterre.

A l'époque de la maturité de la graine, le produit d'une glaise argileuse est

Herbe 1^k813. Le produit par
   $4046^m,6488$. . . . . $19756^k,576$
$141^g,760$ d'herbe pèsent, quand
   elle est sèche. . . . . $79^g,740$ }
Le produit de l'espace ci-dessus. $1^k,021$ } $11112^k,962$
Le poids perdu dans le séchage
   du produit de $4046^m,6488$ . . . . . . $8998^k,060$
$141^g,760$ d'herbe donnent de
   matière nutritive. . . . . . $8,860$ }
Le produit de l'espace ci-dessus. $141,750$ } $7543^k,467$

LXXIII. *Elymus geniculatus.* Bot. angl. 1586.

Elyme coudée. Indigène dans la Grande-Bretagne.

A l'époque de la floraison, le produit d'un sol
sablonneux est

Herbe $850^g,38$. Le produit par
   $4046^m,6488$ . . . . $9261^k,202$
$141^g,760$ d'herbe pèsent, quand
   elle est sèche . . . . $56,704$ }
Le produit de l'espace ci-dessus. $340,224$ } $4104^k,320$

21

Kil. par 4046m,6488.

Le poids perdu dans le séchage
du produit de $4046^m,6488$ . . . . . $5556^k,481$

$113^g,368$ d'herbe donnent de
matière nutritive. . . . . . $\left.\begin{array}{l}5,493\\42,793\end{array}\right\}$ $470^k,273$

Le produit de l'espace ci-dessus.

LXXIV. *Bromus inermis.* Host. G. A. 1. t. 9.

Brome sans arête. Indigène en Allemagne ; introduit en Angleterre par M. Hunneman , en 1794.

A l'époque de la maturité de la graine , le produit d'un sol sablonneux noirâtre est

Herbe $2^k,496$. Le produit
par $4046^m,6488$. . . . . $5556^k,481$

$141^g,760$ d'herbe pèsent, quand
elle est sèche. . . . . . . $\left.\begin{array}{l}62,020\\223,272\end{array}\right\}2430^k,960$
Le produit de l'espace ci-dessus.

Le poids perdu dans le séchage
du produit de $4046^m,6488$. . . . . $3165^k,520$

$113^g,368$ d'herbe donnent de
matière nutritive. . . . . . $\left.\begin{array}{l}7,265\\33,774\end{array}\right\}$ $369^k,004$
Le produit de l'espace ci-dessus.

Le produit de la dernière coupe est

Herbe $368^g,498$. Le produit par
4046^m6488 . . . . $4453^k,414$

$113^g,368$ d'herbe donnent de
matière nutritive . . . . . $1,949$. $78^k,378$

LXXV. *Agrostis vulgaris*. Whiter. Bot. 2 , 132. Hud. *A. capillaris*, docteur Smith. *A. arenaria*.

Agrostis commun. Indigène en Angleterre.

A l'époque de la maturité de la graine , le produit d'un sol sablonneux est

Kil. par 4046m,6488.

Herbe 396g,814. Le produit
   par 4046m,6488. . . . . 4322k,108
1418,760 d'herbe pèsent, quand
   elle est sèche. . . . . . 70,88 ⎫
Le produit de l'espace ci-dessus. 198,464 ⎬ 2139k,753

Le poids perdu dans le séchage
   du produit de 4046m,6488. . . . . . 2139k,753
1135,368 d'herbe donnent de
   matière nutritive. . . . . 2,159 ⎫
Le produit de l'espace ci-dessus. 9,048 ⎬ 113k,951

C'est une des plantes les plus communes et les plus pritanières de cette famille. Sous ce dernier rapport, elle l'emporte sur toutes les autres , mais elle le cède à plusieurs d'entre elles , soit pour le produit, soit pour la quantité de matière nutritive qu'elle contient. Comme les espèces de cette famille sont généralement rejetées par les agriculteurs , parce qu'elles ne fleurissent que tard , et que cette circonstance , ainsi que nous l'avons déjà observé , n'entraîne pas toujours un retard proportionnel dans le développement du feuillage , on peut mieux les apprécier en ne les considérant que sous le point de vue de leur feuillage hâtif.

	Temps où elles fleurissent.	Leur puissance nutritive.
Agrostis *vulgaris*,	mi-avril,	2,258
palustris,	une semaine plus tard,	4,075
stolonifera,	deux *idem*,	5,670
canina,	*idem idem*,	2,303
stricta,	*idem idem*,	2,126
nivea,	trois *idem*,	3,544
littoralis,	*idem idem*,	5,316
repens,	*idem idem*,	5,316
mexicana,	*idem idem*,	3,544
fascicularis,	*idem idem*,	3,544

LXXVI. *Agrostis palustris.* Wither. Bot. 2. P. 129. Var. 2. *alba.* Bot. angl. 1189. *A. alba.*

Agrostis des marais.

A l'époque de la floraison, le produit d'une terre marécageuse est

Kil. par 4046m,6488.

Herbe 425g,190. Le produit
de 4046m,6488 . . . . 4630k,400

141g,760 d'herbe pèsent, quand
elle est sèche . . . . 63,792 } 2083k,680
Le produit de l'espace ci-dessus. 191,276 }

Le poids perdu dans le séchage
du produit de 4046m,6488 . . . . . . 2746k,720

113g,368 d'herbe donnent de
matière nutritive . . . . . 4,075 } 195k,761
Le produit de l'espace ci-dessus. 17,908 }

Au temps de la maturité de la graine, le produit est

Kil. par 4046m,6488.

Herbe 566^g,920. Le produit par
   4046^m,6488 . . . . 6173^k,867
141^g,760 d'herbe pèsent, quand
   elle est sèche . . . .   56,704 }
Le produit de l'espace ci-dessus. 226,816 } 2469^k,557
Le poids perdu dans le séchage
   du produit de 4046^m,6488. . . . . . 4104^k,920
113^g,368 d'herbe donnent de
   matière nutritive. . . . . .   4,075 }
Le produit de l'espace ci-dessus.   23,567 } 269^k,283
Le poids de matière nutritive
   qui est perdue en faisant la
   récolte pendant la floraison,
   étant le quart de sa valeur . . . . . . 66^k,320

La valeur de l'herbe dans chaque coupe est égale.

LXXVII. *Panicum dactylon.* Bot. angl. 850. Host. G. A. 2. t. 18.

Chiendent. Indigène en Angleterre.

A l'époque de la floraison, le produit d'une glaise sablonneuse fumée est

Herbe 1^k,303. Le produit par
   4046^m,6488. . . . . , . . 14200^k,296
141^g.760 d'herbe pèsent, quand

Kil. par 4046m,6488.

elle est sèche . . . .   63,792 ⎱
                                       ⎰ 6394ᵏ,353
Le produit de l'espace ci-dessus. 586,672 ⎰

Le poids perdu dans le séchage
    du produit de 4046ᵐ,6488 . . . . . . 7809ᵏ,942
115ᵍ,568 d'herbe donnent de
    matière nutritive. . . . . .   3,544 ⎱
                                          ⎰ 44426ᵏ,707
Le produit de l'espace ci-dessus. 40,756 ⎰

LXXVIII. *Agrostis stolonifera*. Bot. angl. 1532. Wither. Bot. 2. 181.

(Fiorin , docteur Richardson).

Agrostis traçant. Indigène en Angleterre.

A l'époque de la floraison , le produit d'un sol marécageux est

Herbe 757ᵍ,096. Le produit par
    4046ᵐ,6488 . . . . 8026ᵏ,028
141ᵍ,760 d'herbe pèsent, quand
    elle est sèche . . . .   62,020 ⎱
                                          ⎰ 5611ᵏ,712
Le produit de l'espace ci-dessus. 522,504 ⎰

Le poids perdu dans le séchage
    par le produit de 4046ᵐ,6488 . . . . . 4414ᵏ,315
115ᵍ,568 d'herbe donnent de
    matière nutritive . . . . .   5,670 ⎱
                                          ⎰ 438ᵏ,925
Le produit de l'espace ci-dessus. 44,300 ⎰

A l'époque de la maturité de la graine , le produit est

Herbe 795ᵍ,688. Le produit
    par 4046ᵐ,6488 . . . . 8643ᵏ,415

Kil. par 4046m,6488.

1418,760 d'herbe pèsent, quand
  elle est sèche . . . .   63,792 ⎫
Le produit de l'espace ci-dessus. 356,592 ⎭ 4289^k,536

Le poids perdu dans le séchage
  du produit de 4046^m,6488. . . . . . 4757^k,878

1138,368 d'herbe donnent de
  matière nutritive. . . . . .   5,670 ⎫
Le produit de l'espace ci-dessus. 42,882 ⎭ 472^k,687

Le poids de matière nutritive
  perdue quand on fait la récolte au moment de la floraison, étant près d'un qua-
  torzième de sa valeur. . . . .   33^k,764

LXXIX. *Agrostis stolonifera.* Var. *angustifolia.*

Agrostis traçant, à feuilles étroites. Indigène
en Angleterre.

A l'époque de la maturité de la graine, le produit d'un sol marécageux est

Kil. par 4046m,6488.

Herbe 6808,304. Le produit
  par 4046^m,6488. . . . . 7408^k,641

1418,760 d'herbe pèsent, quand
  elle est sèche. . . . .   63,792 ⎫
Le produit de l'espace ci-dessus. 305,350 ⎭ 3333^k,889

Le poids perdu dans le séchage
  par le produit de 4046^m,6488 . . . . . 4478^k,752

1138,368 d'herbe donnent de
  matière nutritive. . . . . .   5,316 ⎫
Le produit de l'espace ci-dessus. 31,896 ⎭ 347^k,281

Kil. par 4046m,6488.

Le poids de matière nutritive
donnée par le produit de
4046^m,6488 d'*agrostis stolonifera*, étant à celui de la
variété comme 6 est à 8. . . . .   125^k,407

Ces détails donneront à l'agriculteur la faculté
de décider du mérite comparatif de cette herbe.
Pour peu qu'on l'examine, on reconnaîtra qu'elle
possède des qualités dignes d'attention, moindres
cependant qu'on ne les avait supposées d'abord,
si on tient un compte exact de ses habitudes et
des lieux où elle croît.

LXXX. *Agrostis canina*. Bot. angl. 1856.

Agrostis des chiens. Indigène dans la Grande-
Bretagne.

A l'époque de la floraison, le produit d'une
glaise argileuse brune est

Herbe 255^s,114. Le produit
par 4046^m,6488 . . . .   2778^k,240
141^s,760 d'herbe pèsent, quand
elle est sèche. . . . . . .   60,248 ⎫
Le produit de l'espace ci dessus.   111,986 ⎭ 1223^k,668
Le poids perdu dans le séchage
par le produit de 4046^m,6488 . . . .   1558^k,972
113^s,368 d'herbe donnent de
matière nutritive. . . . .   3,898 ⎫
Le produit de l'espace ci-dessus.   9,240 ⎭ 108^k,524

LXXXI. *Agrostis canina.* Var. *mutica.*

Indigène en Angleterre.

A l'époque de la maturité de la graine, le produit d'un sol argileux est

Kil. par 4046m,6,88.

Herbe 595^g,266. Le produit
 par 4046^m,6488. . . . . 6482^k,561
141^g,760 d'herbe pèsent, quand
 elle est sèche . . . . 42,528 ⎫
Le produit de l'espace ci-dessus. 177,766 ⎭ 1948^k,768
Le poids perdu dans le séchage
 du produit de 4046^m,6488 . . . . . . 4537^k,793
113^g,368 d'herbe donnent de
 matière nutritive. . . . . . 2,303 ⎫
Le produit de l'espace ci-dessus. 16,080 ⎭ 177^k,256

Le poids de matière nutritive
 dont le produit de 4046^m,6488
 de cette variété excède celui
 de la variété qui précède . . . . . . 68^k,731

LXXXII. *Agrostis stricta.* Curt. *A. rubra.*

Agrostis serré. Indigène en Angleterre.

A l'époque de la maturité de la graine, le produit d'un sol marécageux est

Herbe 312^g,806. Le produit
 par 4046^m,6488. . . . . .3399^k,627
141^g,760 d'herbe pèsent, quand
 elle est sèche . . . . 51,388 ⎫
Le produit de l'espace ci-dessus. 112,952 ⎭ 1230^k,890

		Kil. par 4046m,6488.
Le poids perdu dans le séchage du produit de 4046m,6488		2164k,737
113g,368 d'herbe donnent de matière nutritive	2,126	79k,584
Le produit de l'espace ci-dessus.	7,974	

LXXXIII. *Agrostis nivea.*

Agrostis blanc. Indigène en Angleterre.

A l'époque de la maturité de la graine, le produit d'un sol sablonneux est

Herbe 198g,422. Le produit par 4046m,6488		2139k,753
141g,760 d'herbe pèsent, quand elle est sèche	38,984	594k,227
Le produit de l'espace ci-dessus.	53,726	
Le poids perdu dans le séchage du produit de 4046m,6488.		1566k,626
113g,368 d'herbe donnent de matière nutritive.	3,544	67k,927
Le produit de l'espace ci-dessus.	6,436	

LXXXIV. *Agrostis fascicularis.* Huds. Var. *canina.* Curt.

Agrostis fasciculaire. Indigène en Angleterre.

A l'époque de la floraison, le produit d'un sol sablonneux léger est

Herbe 113g,368 Le produit par 4046m,6488		1234k,773

Kil. par 4046m,6488.

14 1g,760 d'herbe pèsent, quand
elle est sèche . . . .   35,44 ⎫
Le produit de l'espace ci-dessus. 28,346 ⎭ 312^k,693

Le poids perdu dans le séchage
du produit de 4046^m,6488. . . . . . .   926^k,080

113g,368 d'herbe donnent de
matière nutritive . . . . . .   3,544 ⎫
Le produit de l'espace ci-dessus. 3,544 ⎭ 42^k,586

LXXXV. *Festuca pinnata. Bromus pinnatus.*
Bot. angl. 730.

Festuque pennée. Indigène en Angleterre.

A l'époque de la maturité de la graine, le
produit d'un sol sablonneux léger, avec engrais,
est

Herbe 850^g,38. Le produit par
4046^m,6488. . . . . 9261^k,202

14 1g,760 d'herbe pèsent, quand
elle est sèche . . . .   56,692 ⎫
Le produit de l'espace ci-dessus. 340,224 ⎭ 4104^k,920

Le poids perdu dans le séchage
par le produit de 4046^m,6488 . . . . 1021^k,041

113g,368 d'herbe donnent de
matière nutritive. . . . . .   1,949 ⎫
Le produit de l'espace ci-dessus. 16,113 ⎭ 181^k,274

LXXXVI. *Panicum viride.* Curt. Lond. Bot.
angl. 875.

Panis vert. Indigène en Angleterre,

A l'époque de la maturité de la graine, le produit d'un sol sablonneux léger est

Kil. par 4046m,6488.

Herbe 226^g,768. Le produit par
4046^m,6488 . . . . 2446^k,954
141^g,760 d'herbe pèsent, quand
elle est sèche . . . . 56,692 ⎫
Le produit de l'espace ci-dessus. 90,724 ⎬ 988^k,218
Le poids perdu dans le séchage
du produit de 4046^m,6488. . . . . . 1481^k,728
113^g,368 d'herbe donnent de
matière nutritive. . . . . . 2,126 ⎫
Le produit de l'espace ci-dessus. 5,316 ⎬ 57^k,880

LXXXVII. *Panicum sanguinale*. Curt. Lond. Bot. angl. 849.

Panis sanguin. Indigène en Angleterre.

A l'époque de la maturité de la graine, le produit d'un sol sablonneux est

Herbe 283^g,46. Le produit
par 4046^m,6488. . . . . 3126^k,933
113^g,368 d'herbe donnent de
matière nutritive. 1,794   54^k,368

Cette espèce et la précédente sont rigoureusement annuelles, et ne paraissent jouir que de très-faibles propriétés nutritives. Schreber décrit la graine de la première (in Beschreibung der Graser) comme l'herbe de la manne. En Pologne, en Lithuanie, etc., on en cueille des quantités considérables lorsqu'elle est tout-à-fait séparée de ses cosses, et qu'elle peut être employée. Bouillie avec du miel ou du vin, elle forme une nourriture très-agréable au goût. On en fait une grande consommation; on la prépare à la manière du sagou, auquel on la préfère généralement.

LXXXVIII. *Agrostis lobata*. Curt. *Lobata* et *arenaria*.

Agrostis lobé.

A l'époque de la floraison, le produit d'un sol sablonneux est

	Kil par 4046m.6488.
Herbe 283g,46. Le produit par 4046m,6488.	5126k,953
141g,760 d'herbe pèsent, quand elle est sèche 70,88	
Le produit de l'espace ci-dessus. 141,760	1543k,467
Le poids perdu par le produit de 4046m,6488 en séchant.	1643k,47
113g,368 d'herbe donnent de matière nutritive 5,316	
Le produit de l'espace ci-dessus. 12,758	144k,703

LXXXIX. *Agrostis repens*. Wither. Bot. angl. *Agrostis nigra*.

Agrostis rampant. Indigène en Angleterre.

A l'époque de la floraison, le produit d'une glaise argileuse est

kil. par 4046m,6488.

Herbe 255g,114. Le produit par

4046^m,6488 . . . . 2778^k,240

141g,760 d'herbe pèsent,quand

elle est sèche. . . . . 62,020 ⎫
Le produit de l'espace ci-dessus. 111,636 ⎭ 1215^k,409

Le poids perdu dans le séchage

du produit de 4046^m,6488 . . . . . . 1562^k,760

113g,368 d'herbe donnent de

matière nutritive. . . . . . 5,316 ⎫
Le produit de l'espace ci-dessus. 11,163 ⎭ 134^k,229

XC. *Agrostis mexicana*. Hort. Kew. 1. p. 150.

Agrostis du Mexique. Indigène dans l'Amérique du sud. Introduit en Angleterre par M. G. Alexandre, en 1780.

A l'époque de la floraison, le produit d'un sol sablonneux noirâtre est

Herbe 793g,688. Le produit par

4046^m,6488. . . . . 8643^k,415

141g,760 d'herbe pèsent,quand

elle est sèche . . . . 49,616 ⎫
Le produit de l'espace ci-dessus. 278,000 ⎭ 3025^k,194

Le poids perdu dans le séchage

du produit de 4046^m,6488. . . . . . . 5622^k,220

113g,368 d'herbe donnent de

matière nutritive . . . . . 3,544 ⎫
Le produit de l'espace ci-dessus. 24,808 ⎭ 270^k,107

XCI. *Stupa pennata*. Bot. angl. 1356.

Stipe plumeux. Indigène en Angleterre.

A l'époque de la floraison , le produit d'un sol de bruyères est

Kil. par 4046m,6488.

Herbe 596ᵍ,844. Le produit par
   4046ᵐ,6488. . . . . 4522ᵏ,108
141ᵍ,760 d'herbe pèsent,quand
   elle est sèche . . . .   51,388⎱
Le produit de l'espace ci-dessus. 144,418⎰ 1566ᵏ,619
Le poids perdu dans le séchage
   du produit de 4046ᵐ,6488 . . . . . . 2755ᵏ,088
113ᵍ,368 d'herbe donnent de
   matière nutritive. . . . . .   4,075⎱
Le produit de l'espace ci-dessus.   16,590⎰ 185ᵏ,698

XCII. *Triticum repens*. Bot. angl. 909.

Froment rampant. Indigène en Angleterre.

A l'époque de la floraison , le produit d'une glaise argileuse légère est

Herbe 510ᵍ,228. Le produit
   par 4046ᵐ,6488. . . . . 5556ᵏ,480
141ᵍ,760 d'herbe pèsent,quand
   elle est sèche . . . .   56,704⎱
Le produit de l'espace ci-dessus. 203,795⎰ 2222ᵏ,592
Le poids perdu dans le séchage
   du produit de 4046ᵐ,6488. . . . . . 3333ᵏ,889
113ᵍ,368 d'herbe donnent de
   matière nutritive. . . . . .   3,544⎱
Le produit de l'espace ci-dessus.   15,948⎰ 177ᵏ,640

113,368 de racines donnent de matière nutritive 9,391. La valeur des racines est en conséquence à celle de l'herbe comme 23 est à 8.

XCIII. *Alopecurus agrestis*. Bot. angl. 848. A. Myosuroïdes.

Alopécure des champs. Indigène en Angleterre. Curt. Lond.

A l'époque de la floraison, le produit d'une glaise sablonneuse légère est

Kil. par 4046m,6488.

Herbe 341g,052. Le produit par
4046m,6488 . . . . 4104k,320
141g,760 d'herbe pèsent, quand
elle est sèche . . . . 54,932 ⎱
Le produit de l'espace ci-dessus. 131,410 ⎰ 1435k,424
113g,368 d'herbe donnent de
matière nutritive. . . . . . 2,303 ⎱
Le produit de l'espace ci-dessus. 9,037 ⎰ 101k,289

XCIV. *Bromus asper*. Bot. angl. 1172. Curt. Lond. *Bromus hirsutus*. Huds. *Bromus ramosus*. *Bromus sylvaticus*. Volger. *Bromus altissimus*.

Brome rude. Indigène en Angleterre.

A l'époque de la floraison, le produit d'un sol sablonneux léger est

Herbe 566g,920. Le produit par
4046m,6488 . . . . 6173k,867
141g,760 d'herbe pèsent, quand

Kil. par 4046m,6488.

elle est sèche . . . . 42,528 }
Le produit de l'espace ci-dessus. 170,112 } 1856^k,161

Le poids perdu dans le séchage
   du produit de 4046^m,6488. . . . . . 4322^k,108

113^g,368 d'herbe donnent de
   matière nutritive . . . . . 3,544 }
Le produit de l'espace ci-dessus. 17,720 } 192^k,933

XCV. *Phalaris Canariensis*. Bot. angl. 1310.

Alpiste des Canaries. Indigène en Angleterre.

À l'époque de la floraison , le produit d'une glaise argileuse est

Kil. par 4046m,6488.

Herbe 2^k,267. Le produit par
   4046^m,6488. . . . . 24469^k,547

141^g,760 d'herbe pèsent, quand
   elle est sèche . . . . . . 46,072 }
Le produit de l'espace ci-dessus. 737,152 } 8025^k,637

Le poids perdu dans le séchage
   du produit de 4046^m,6488. . . . . . 16668^k,830

113^g,368 d'herbe donnent de
   matière nutritive. . . . . . 2,126 }
Le produit de l'espace ci-dessus. 53,160 } 890^k,926

XCVI. *Melica cœrulera*. Curt. Lond. Bot. angl. 750.

Mélica bleu. Indigène en Angleterre.

A l'époque de la floraison, le produit d'un sol sablonneux léger est

Kil. par 4046m,6488.

Herbe 412^g,806. Le produit
de 4046^m,6488. . . . . 3399^k,627
141^g,760 d'herbe pèsent, quand
elle est sèche. . . . . . . 53,160 }
Le produit de l'espace ci-dessus. 116,952 } 1313^k,360
Le poids perdu dans le séchage
du produit de 4046^m,6488 . . . . . . 2122^k,249
113^g,368 d'herbe donnent de
matière nutritive. . . . . . 2,126 }
Le produit de l'espace ci-dessus. 7,176 } 78^k,137

XCVII. *Dactylis cynosuroïdes*. Lin. Fil. Fasci. 1. p. 17.

Faux cynosurus. Indigène dans l'Amérique septentrionale.

A l'époque de la floraison, le produit d'une glaise argileuse est

Herbe 2^k,891. Le produit
par 4046^m,6488. 31486,413
141^g,760 d'herbe pèsent, quand
elle est sèche.. . . . . . 85,056 }
Le produit de l'espace ci-dessus. 1^k,735 } 18892^k,035
Le poids perdu dans le séchage
du produit de 4046^m,6488. . . . . . 12594^k,690
113^g,368 d'herbe donnent de
matière nutritive. . . . . . 2,303 }
Le produit de l'espace ci-dessus. 81,600 } 901^k,340

DE L'ÉPOQUE

A laquelle différentes terres produisent des fleurs et des graines.

ON ne peut assigner d'une manière positive l'époque où une herbe donne constamment des fleurs ou des graines parfaitement mûres ; trop de circonstances accessoires s'y opposent ; chaque espèce semble jouir d'une vie particulière dont les phases sont distinctes suivant l'âge, les saisons, les sols, l'exposition et le mode de culture.

La table, qui indique le temps où les herbes cultivées à Woburn fleurissent et donnent des semences en maturité, doit être considérée comme un terme de comparaison pour les diverses graminées qui végètent dans des circonstances analogues.

FIN.

www.ingramcontent.com/pod-product-compliance
Lightning Source LLC
Chambersburg PA
CBHW060928220326
41599CB00020B/3050